窑洞，陕西省，中国（柳泽究摄影）虽在逐渐减少，但是仍有许多人居住在黄河中游一带的窑洞中。冬暖夏凉的地下住居，积蓄着舒适生活的智慧。

窑洞的内部

卡帕多西亚，土耳其（森田一弥摄影）。据说是逃过镇压的基督教徒移居到此的。比地下住居更巨大的地下城市。

毡包,蒙古(山根周摄影)
毡包(优鲁特,包)是人类发明的移动住居的最高杰作。从欧亚大陆向西北迁徙的追逐猛犸象、驯鹿的人们,发明了圆锥形住居以及雅兰格,在蒙古高原产生了毡包,进而,与游牧民一起遍及欧亚大陆。

贵宾用毡包的内部

朗迪耶,土耳其(孙晓钢摄影),游牧民朗迪耶人的住居。由于频繁移动,他们的住居首先考虑的是移动的便捷性。移动时从建筑材料到家财用具一整套放在骆驼的背上,三四个女性半天的时间就能完成。

阿尔贝罗贝洛,意大利(藤井昌宏摄影)。顶部为圆锥形半圆屋顶的住居 trullo 构成的街景,这个地方的地表土下有石灰岩石层,容易得到石材,所以孕育了这种住居。

塔玛什克,布基纳法索(藤冈悠一郎摄影)根据产业的季节性区分住居的农牧民塔玛什克的家。用土坯砖垒成圆筒状的墙体,上面覆盖掺有稻科草本植物的茎做成的屋顶。

望度波德朗堡(Wangdue phodrang)不丹(前田昌弘摄影)位于山顶盆地的聚落。版筑,屋面为石板的传统建筑。

木结构的住居成立的最关键要素是架构方式。世界各地可以实地看到许多架构方式。但是这种方式并不是无限的。为支撑屋顶、楼板的荷载，有必要考虑结构力学，根据长年经验的积累选择几种，延续下来。（除部分外都是布野修司摄影）

① 巴达多巴住居的山墙饰，北苏门答腊，印度尼西亚
② Bahal bahil 中庭，加德满都，尼泊尔
③ 米南加保的住居，西苏门答腊，印度尼西亚
④ 巴塔克，西马伦根人的住居，北苏门答腊，印度尼西亚
⑤ 泰国的传统住居，大城府，泰国
⑥ 清真寺使用的佳格洛架构　中部爪哇，印度尼西亚
⑦ 巴杜侬的米仓，西爪哇，印度尼西亚
⑧ 巴厘的住居内部架构，巴厘，印度尼西亚

③

④

⑦

⑤

⑥

⑧

奥林达的街景,累西腓,巴西(布野修司摄影)海岸部坡地上的联排住宅。葡萄牙的引以为豪的街景手法,一度被荷兰破坏,后被修复。

加勒比海风格的住居,威廉斯塔特,库拉索岛,荷属安的列斯群岛(山根周摄影)以美丽的运河住居形成街景而著称的荷兰各城市,与采用乡土形式的亚洲不同,欲将卡里布建成荷兰城市。

巴巴,乔尼亚的店屋,马六甲,马来西亚(布野修司摄影)最初是葡萄牙建设的马六甲,被荷兰、英国继承,其骨架的构成是从中国传来的商住屋。

甘榜（Kampong 马来文）的街景，苏门答腊，东爪哇，印度尼西亚（布野修司摄影）以英语 compound（被围合区域）为语源的甘榜是乡村的意思。从荷兰带来的红砖房中掩映着绿地。

韩屋的街景，开城，朝鲜（布野修司摄影）世界遗产级别的街景，位于三八线以南，在朝鲜战争时后期由于归属不清而幸免一难。

约翰内斯堡的棚屋,南非共和国(布野修司摄影)。都是使用镀锌铁皮等金属板、工业制品的废弃物建成。还有循环再生的产业化社会的未来吗?

苏门答腊的棚屋,东爪哇,印度尼西亚(布野修司摄影)不法占领者在运河、河川、海岸等土地所有权不明确的地方居住的很多,被称为边界居住地。

世界住居

[日]布野修司 编

胡惠琴 译

中国建筑工业出版社

著作权合同登记图字：01-2008-5851

图书在版编目（CIP）数据

世界住居/（日）布野修司编；胡惠琴译. —北京：中国建筑工业出版社，2010.12
ISBN 978-7-112-12476-3

Ⅰ.①世… Ⅱ.①布…②胡… Ⅲ.①住居-建筑艺术-世界
Ⅳ.①TU241.5

中国版本图书馆CIP数据核字（2010）第183987号

原书书名：世界住居誌
原书编者：布野修司
原书出版社：昭和堂
本书由布野修司授权翻译出版

责任编辑：刘文昕
责任设计：陈　旭
责任校对：王金珠　王雪竹

世界住居

[日]布野修司　编

胡惠琴　译

＊

中国建筑工业出版社出版、发行（北京西郊百万庄）
各地新华书店、建筑书店经销
北京嘉泰利德公司制版
北京中科印刷有限公司印刷

＊

开本：880×1230毫米 1/32　印张：12$\frac{1}{2}$　插页：4　字数：518千字
2011年1月第一版　2011年1月第一次印刷
定价：39.00元
ISBN 978-7-112-12476-3
　　　（19710）

版权所有　翻印必究
如有印装质量问题，可寄本社退换
（邮政编码100037）

序　言

　　人类，迄今为止住在什么样的住居？而当下住在什么样的住居？本书想为思考古今中外人类曾经居住过的，而且现在正在居住的住居提供线索和素材。

　　本书力图在尽可能宽泛的视角下重新认识我们身边倍感亲切的住居。

　　钢铁和玻璃以及混凝土为建筑材料的现代住居在全球范围内蔓延以来，世界中的住居开始变得相似起来。由于是工业材料的产品，屋顶、墙壁都是同一个色系，同一种质感；而且建造遵循同样的方法，因此住居的形式雷同。日本的住宅小区那种集合住宅、超高层建筑公寓那种千篇一律的形式就是象征。

　　但是，尽管如此住居还是多样的。有居住在奢华的豪宅里的，也有不少无家可归、露宿街头的。

　　另一方面，现在世界各地仍可以看到历史上使用当地乡土材料，依靠传统手法建造的非常优秀的住居。是什么产生了住居的多样性？这些多样的住居之间是否有着共性？是否可以归纳分类？

　　B·鲁道夫斯基（Bernard Rudofsky）《没有建筑师的建筑》（Architecture without Architects）[1] 问世是 1964 年。当时现代建筑在世界中正处于鼎盛期，在这样的时代背景下他的主张的确与"现代建筑师"们的理念和手法有着鲜明的不同。他"发现"的是"无名氏"们建造的无数的出色的乡土（vernacular）建筑。那以后乡土建筑的概念为人们所熟知。

　　所谓乡土是"其土地固有的"、"风土的"意思。源自意为"扎根的"、"居住"、"自家制"的拉丁语。

　　地球上现在生活着 60 多亿人口，如按平均五口之家一个住房计算，世界上就应有 12 亿住房。按照 B·鲁道夫斯基的观点世界上的住居 80% 不是建筑师建造的。P·奥利弗认为，假设总户数为 10 亿，那么建筑师经手的不足 1%[2]。的确"建筑师"把住居作为作品来设计是众所周知的，但是谁都有可能成为建筑师，因为人们生活在自己建造的住居中，谁都是建筑师。住居对每个人来讲都是须臾不可离的。

　　那么，住居是怎样发生的？原初的形态如何？可以思考其原型吗？

　　住居，根据《广辞源》的解释为"人的栖处，居所"。"住居"就是"居住"

同义的反复。作为类似语在日语中有住宅、家、家屋、人家、住处、栖等。"住宅"被解释为"人居住的家、栖";"家"被解释为1)居住用建筑物,屋内、自宅、自家;2)在同一个屋檐下居住的人的集合体;3)祖祖辈辈传下来的家,或者视为家产的;4)家的状态;5)(对出家而言)在家,俗生活;6)装小工具的箱子,在茶道中指装茶叶的容器;总之是与建筑有关的物件,以致还有一些包含日本社会的状态在内的拓展性解释。

在英语中有 housing, home, dwelling 等词汇。据最普通的英语词典解释,首先是 a building for people to live in, 接着是 the people in such building。同样也用于含有 a building for animals or goods 意思的。表示自家的 home 是 house where one lives 的意思,但是 family one belongs to 的语气更强烈。此外, dwell 是 live 的古语,像 dwelling house 那样使用。

所谓住居,朴素的原意是指作为物理实体的"居住"场所、建筑物、空间,进而引申意味着在其中"居住"的家族或集团。本书的主题首先是非常具体地探索对人类来说迄今居住在哪里,居住在什么样的场所、什么样的空间。

居住是什么,这一设问属于哲学的范畴。因为所谓"居住"就是"生存"。对每个人来讲生活不可缺少的是住居。美学、人类学、考古学、历史学、民俗地理学、心理学、社会学……所有的领域都与住居有关。因为住居作为"世界中的存在"占据了人类核心的位置。

日语中的"sumu(住的发音)"日本汉字表意,有住、凄、栖、澄、清、济等,据《岩波古语词典》解释,是同根的,意为到处漂游后,在一个地方定居下来的意思。此外还被认为是与"巢"同源的,意为生物确定了巢的场所后就开始营生。

一般,可以认为定居一开始,住居就随之发生了。因为为了定居,就要建造"恒久的"构筑物。在这之前的人类,为了采集和狩猎的移动是基本的,充其量是利用自然(洞穴、树上、树荫……)或者临时搭建的棚户(掩体)为住居。但是在一个场所定居下来并不一定就是住居的本质。家船(船上住居)、车房(车上移动住居)的形态自古以来就有,定居以后,仍然一边从事游牧、烧田农业的同时继续移动的人群很多。人类的历史从宏观上来看,定居前的移动生活的时间远为长久。其记忆注定会遗留在人类的脑细胞中。

注:
1)B·鲁道夫斯基《没有建筑师的建筑》渡边武信译,鹿岛出版会,1975年
2)Oliver, P."Dwelling: The House Acoross the World", Phidon,1987

目 录

序言

序章　住居的诞生

01　住居的诞生 — 2
02　住居的遗传因子 — 11
03　住居的形——依附于地域生态系的住居体系 — 23
04　住居的变化 — 28

I　北亚、东亚

panorama — 34

01　雅兰格，折线圆锥形住居 —— 西伯利亚，俄罗斯 — 38
02　旧汉城，北村的韩屋 —— 首尔，韩国 — 40
03　两班家和草房 —— 良洞村，韩国 — 42
04　里弄和入口，三多岛 —— 济州岛，韩国 — 44
05　毡包，移动住居的一大杰作 —— 蒙古，欧亚大陆 — 46
06　四合院 —— 中国 — 48
07　里弄，租界的迹象 —— 上海，中国 — 50
08　湿地的三合院 —— 周庄，江苏省，中国 — 52
09　窑洞，下沉式和靠崖式 —— 黄土高原，中国 — 54
10　竹楼 —— 傣，云南省，中国 — 58
11　白石崇拜的家 —— 阿坝，四川省，中国 — 60
12　带有通堂的家 —— 永宁，云南省，中国 — 62

v

13	联排式住居和三坊一照壁	纳西，丽江，云南，中国	64
14	有佛坛的家	拉萨，西藏，中国	66
15	春秋屋	雅美，兰屿，台湾，中国	68

II 东南亚

panorama ———— 84

01	八角形住居（inayan）	噶伦堡，吕宋岛，菲律宾	86
02	台风岛的石头房	伊巴丹，巴丹群岛，菲律宾	88
03	balay na tisa，西班牙瓦的木结构住宅	宿务岛，菲律宾	90
04	木骨架石结构的家	维甘，菲律宾	92
05	长屋	达雅克，中部加里曼丹，印度尼西亚	94
06	高床与土间—村多样的住居	柔佛巴鲁，马来西亚	96
07	鞍形屋顶的家	巴达多巴，北苏门答腊，印度尼西亚	98
08	四坡山墙封檐板的纳骨堂 木构架的基本原理	巴塔克卡罗，北苏门答腊，印度尼西亚	100
09	卵形的家	尼亚斯，苏门答腊，印度尼西亚	102
10	水牛角的家	米南加保，西苏门答腊，印度尼西亚	104
11	16 根柱之家	亚齐，北苏门答腊，印度尼西亚	106
12	佳格洛，印度爪哇的宇宙哲学	爪哇，印度尼西亚	108
13	巴厘，满者伯夷的家	巴厘，印度尼西亚	110
14	依南巴尔，住居之母	萨萨克，龙目岛，印度尼西亚	112
15	"罗马同古"（主屋）	马都拉，印度尼西亚	114
16	巴杜依：自闭的世界	巴杜依，巽他，印度尼西亚	116
17	船屋：作为象征的顶梁柱	托拿加，苏拉威西，印度尼西亚	118

18 乌玛（住居）和卡雷卡（住居） —— 松巴，怒沙登加拉，印度尼西亚 —— 120

19 有露台的家 —— 泰国 —— 126

20 舶来的商住屋 —— 曼谷，泰国 —— 128

21 神灵之家与世人之家 —— 阿卡，泰国 —— 130

III 中亚、南亚

panorama —— 138

01 海拔以下的绿洲住居 —— 吐鲁番，中国 —— 140

02 向阿以旺开放的家 —— 维吾尔，中国 —— 142

03 尼瓦族住居，最顶层的厨房 —— 尼瓦，加德满都盆地，尼泊尔 —— 144

04 把土壶用作隔断的家 —— 塔鲁，特莱平原，尼泊尔 —— 146

05 版筑墙的住居，用捣棒建造的家 —— 不丹 —— 148

06 建在断层上的家，tag 结构 —— 克什米尔，印度 —— 150

07 哈维里豪宅 —— 北印度，印度 —— 152

08 印度王都的联排住宅 —— 斋浦尔，印度 —— 154

09 街路，小广场，门（前庭）里弄，耆那教街区的里弄 —— 艾哈迈德巴德，印度 —— 156

10 有家畜围栏的家（delo）—— 古吉拉特，印度 —— 158

11 印度南部的住居，建筑史书的蓝本 —— 耐伊尔，克拉拉，印度 —— 160

12 马杜赖的住居，同心圆方形街道的城镇 —— 马杜赖，印度 —— 162

13 瓦斯科·达伽马的家 —— 科钦，印度 —— 164

14 森林中的小屋 —— 斯里兰卡中北部，斯里兰卡 —— 166

15 荷兰式阳台，要塞中的商家 —— 古尔，斯里兰卡 —— 168

IV 西亚

panorama —————————————————————————— 180

01 用芦苇建造的家 ———————— 马丹，伊拉克 ——————— 182

02 羊毛的家（毡房），
波斯型帐篷和阿拉伯型帐篷 —— 库尔德，伊朗 ——————— 184

03 风塔的家 ——————————— 亚兹德，伊朗 ——————— 186

04 塔状住居 ——————————— 萨那，也门 ———————— 188

05 瞭望塔的家 ————————— 阿希尔，沙特阿拉伯 ———— 190

06 蜂窝，纺锤形半圆顶的家 —— 姆斯里米耶，叙利亚 ———— 192

07 伸出河面的家，层状的街景景观 — 阿玛西亚，土耳其 ———— 194

08 顶棚高度不同的家 —————— 博德鲁姆，土耳其 ————— 196

09 巨大的地下城市 ——————— 卡帕多西亚，土耳其 ———— 198

10 夏季的房间和冬季的房间 —— 番红花，土耳其 —————— 200

V 欧洲

panorama —————————————————————————— 210

01 式样的长廊 ————————— 皮利翁，希腊 ——————— 212

02 外楼梯的街道 ———————— 奥斯图尼，意大利 ————— 214

03 岩场的洞穴住居 ——————— 马泰拉，意大利 —————— 216

04 圆顶建筑（trullo），圆石的家 — 阿尔贝罗贝洛，意大利 ——— 220

05 商住两用住房(Sukiera)，
列柱门廊的街景 ———————— 博洛尼亚，意大利 ————— 222

06 花岗石的家 ————————— 米尼奥，山后，葡萄牙 ——— 224

07 石垒和木垒 ————————— 彩布斯特，瑞士 —————— 226

08 果酒农家 —————————— 凯尔西，法国 ——————— 228

viii

09	门之家	Champagne，法国	230
10	麦秆屋面的住宅	北部石勒苏益格·荷尔斯泰因，德国	232
11	运河住宅	阿姆斯特丹，荷兰	234
12	公寓	苏格兰，英国	236
13	栈桥，英格兰的木造住居	英格兰，英国	238
14	拉普人的住居，风雪穿堂入室的帐篷	拉普兰，北极圈	240
15	烟小屋的平面进化，寒地的圆木小屋	芬兰	242
16	波兰独特样式（zakopane）	塔特拉，波兰	244
17	垒木结构的华美	俄罗斯北部	246
18	奥斯曼帝国的家	杰拉布纳，葡萄牙	248

VI 非洲

panorama —— 256

01	自由自在的膜结构	伯伯尔人，北非	258
02	骑在骆驼上的家	朗迪耶族，肯尼亚	260
03	叶小屋，用叶子覆盖的家	巴卡俾格米，喀麦隆	262
04	茅草屋顶的圆形住居：Jefor大街排列的家	古拉格，埃塞俄比亚	264
05	中庭和柱廊	阿散蒂，加纳	266
06	居住单位，房屋，围墙	西鲁克，上泥罗州，苏丹	268
07	皮帐篷，草房，土坯房，雨季的家和旱季的家	塔玛什克，布基纳法索	270
08	草屋顶的壶型仓库	古尔语族，凯内多古县，布基纳法索	272
09	富贵的象征：入口门廊	杰内，马里	274

10	黑非洲王都的住居	通布,马里	276
11	棘刺林的家	安坦德罗,马达加斯加	278
12	宅院(egumbo),迷宫般的院落住宅	奥万博,纳米比亚	280
13	草敷半圆屋顶(indlu),围绕中庭的家	祖鲁,南非共和国	282
14	开普敦样式	开普敦,南非共和国	284

VII 北美洲

panorama —— 294

01	伊格鲁,雪屋	爱斯基摩,北极地区	298
02	锥形帐篷(tepee)	土著美国印第安人,加拿大	300
03	荷兰风格的农宅:新阿姆斯特丹的遗风	哈得孙,美利坚合众国	302
04	英里网格上的农家	密歇根,美利坚合众国	304
05	气球结构的家	大草原,美利坚合众国	306
06	克里奥耳住居	路易斯安那,美利坚合众国	308
07	公共房屋(kivas)	普韦布洛印第安人,美利坚合众国	310
08	落基山脉的圆木屋	科罗拉多,美利坚合众国	312

VIII 拉丁美洲

panorama —— 318

01	龙舌兰的家	欧托米,墨西哥盆地,墨西哥	320
02	死后烧毁的家	玛雅,尤卡坦半岛,中美	322
03	淡雅色调的联排住宅	威廉斯塔德,库拉索,荷属安的列斯群岛	324

04	bohio 住居和 caney 住居	圣地亚哥，多米尼加	326
05	澳基多木的住居	皮亚罗亚，委内瑞拉	328
06	固定住居和圆形的半游牧住居	亚马孙尼亚，亚马孙，巴西	330
07	Luka，神圣土地的共同空间	马普切，智利	332
08	草原住宅，开放的田园住居	潘帕，阿根廷	334
09	家的嘴，隐喻身体的住居	欣古，巴西	336

IX 大洋洲——美拉尼西亚、波利尼西亚、密克罗尼西亚

panorama ——— 346

01	地下住居 白人的潜穴	库帕佩迪，澳大利亚	348
02	康奈尔轻花园	阿德雷德，澳大利亚	350
03	男性的家，女性的家	达尼族，莫厘族，新几内亚	352
04	小住居	毛利族，新西兰	354
05	森林之神建造的家	帕劳，密克罗尼西亚	356

column

column 1 纸火——死者居住的理想住居	56
column 2 从竹楼，木楼到砖楼——中国云南省傣族传统住居的变迁	57
column 3 客家的圆形土楼	70
column 4 柬埔寨的高床住居	122
column 5 洞里萨湖的家船和筏宅——东南亚内河流上的水上居住	124
column 6 米纳哈萨传统住居	132
column 7 文明交流和住居设计的丰富——白沙瓦的传统城市住宅	170
column 8 萨马拉文化期的格子状住居	202
column 9 桑托利岛的洞窟住居	218
column 10 英国的聚落保护	250
column 11 迷宫卡斯巴	286

column 12 领域的单位——撒哈拉沙漠的复合型住居 ———— 289

column 13 巴西的临时野营地 ———— 338

lecture

lecture 1 身体与住居 ———— 73

lecture 2 屋顶和住居 ———— 77

lecture 3 装饰与住居 ———— 133

lecture 4 住居的构成 ———— 171

lecture 5 解读聚落的设计 ———— 175

lecture 6 世界的厨房 ———— 203

lecture 7 世界的厕所 ———— 206

lecture 8 家庭和住居 ———— 251

lecture 9 英国殖民地的邦克楼 ———— 290

lecture 10 灾害的住居志 ———— 314

lecture 11 沐浴的世界史 ———— 340

lecture 12 住居的接近空间学 ———— 358

结语 ———— 369

图片来源 ———— 371

参考文献 ———— 375

执笔者介绍（以日文发音为序） ———— 387

序章

住居的诞生

01 住居的诞生

1 赤裸的"人类"

南美大陆的南端和麦哲伦（Magallanes）海峡相隔而成的三角形状的岛名为火地岛（Tierra del Fuego），意为"火之岛"，麦哲伦在世界环游的途中到访此岛时（1520年），看到到处篝火通明，由此而冠名。

年平均气温为6℃，最暖期为11℃，最冷期为1℃左右，无论酷暑严寒，土著人都生活在简陋的半地下小屋内，除有兽皮裹身以外近乎裸身赤体。他们被称为雅甘（Yaghan）、阿拉卡卢夫（Alakalouf）、奥纳（Ona）三集团，都是采集狩猎民。陆上动物的捕猎使用的是装有石镞的枪矛、投石器具和圈套。雅甘人主要居住在海边，使用皮艇采集海产物，女性潜入海中采拾海藻和贝类。

19世纪前半叶，创立进化论的达尔文（1809～1882年），作为无薪酬博物学者乘坐海军的小猎犬号测量船访问过火地岛（1831～1836年）。在《小猎犬号航海记》一书中也有涉及，作为地球上现存的最原始社会居民之一，火地岛岛民被频繁引为例证。

麦哲伦的船队发现火地岛之年，从西班牙出发的拉斯卡萨斯（Las Casas）后来揭露了欧洲人不把印第安人（indio, 西班牙语为印度人，现通译为印第安人——译者注）当人看待的残虐行径[1]。

长久以来，对于欧洲人来说，位于亚洲东端的"印度"是只有一只脚的影足（Skiapodes）、犬头人（Kynokephaloi）以及狮身的曼提克拉（mantichora）和独角兽（Unicorn）等怪物居住的"怪异之国"[2]。1545年在巴塞尔被翻印的克劳迪奥（Ptolemaios Klaudios）的《地理学》中刊载的亚洲地图的周围就画有这些怪物。拉斯卡萨斯本人也曾为克里斯托瓦尔·哥伦（哥伦布）提供了罗马时代所写的被称为"怪物百科全书"的大普林尼的《博物志》[3]，作为航海线索的信息[4]。

然而，克里斯托瓦尔·哥伦的报告也提及看到的不是"怪物"而是"相貌美丽的人类"。以参加麦哲伦航海后返回的船员们的见闻为素材编撰的《马鲁古群岛志》一书中也写到，马克西米利安（Maximiliano）环游了世界一周却没有遇到怪物，由此可见源于古代的怪物传说并非真实[5]。

那么，被"发现"的印第安人，究竟是不是"真正的人类"引起了很大的争论。1537年罗马教皇保罗三世提出印第安人也是理解天主教教义的"真正人类"。究竟是怎样的"人类"，在1550年的"巴拉多利德（Valladolid）论战"中也引起争议。拉斯卡萨斯主张他们和欧洲人是完全同等的人类。

如果印第安人是"真正的人类"，那么他们的直系祖先是谁，如何到达"新大陆"的，对于欧洲人来说成为大疑问。勉强给出答案的是荷西·迪亚科斯达（Jose de Acosta），他认为印第安人起源于亚洲[6]。因为亚洲是诺亚的儿子雅弗的后裔居住的地方，倘若亚洲人中游渡到"新大陆"的是印第安人的话，当然他们也就是"人类"。

欧洲人所发现的是赤裸的"人类"。拉斯卡萨斯在高度评价印第安人的人性时，也描述到"一般，他们的衣服是用兽皮做的，只是遮住了阴部……。他们在席子上过夜，条件最好的伊斯帕尼奥拉岛（Española）的人们也不过是睡在被称为"阿马卡"的吊在树上的网子里"[7]。"阿马卡"即为吊床（hammock）的意思。麦哲伦在麦克坦（Mactan）岛被拉普拉普王杀害之前（1521年）见到的菲律宾群岛上的人也是"赤裸的身上涂着颜色，用木纤维做成的布头遮住阴部周围[8]"那样的人类。

旧圣约书《创世纪》写到偷吃禁果的亚当和夏娃开始以裸体为耻，这是对裸体产生羞涩的最初智能，也视为是原罪的契机。印第安人们是赤裸的未开化人或野蛮人，这与认为亚洲是有先天劣根性的奴隶们聚集之地的欧洲中心论世界观不谋而合。

像火地岛岛民那样，直到19世纪极寒地区还生活着近似赤裸的人群。即便是现在，在非洲例如博茨瓦纳共和国的卡拉哈迪（Kalahari）沙漠上还有近乎赤裸生活的散族（san，也称 push man）。这些事实，让我们思考衣服和住居对于人类来说到底是不是不可或缺的本质所在。即使是在日本，直至最近还存在着居无定所过着漂泊生活的散户（山窝、散家、山稼、山家）那样的人类[9]。

确切地说，人类是可以赤裸的、即没有衣服和住居也能生活的动物。

把"无所有"作为教义的耆那教的"空衣"派，连衣服都予以排斥，与"白衣"派形成对立。有名的希腊犬儒派哲学家"樽之第的欧根尼 Diogens"主张排除所有物质的虚饰，依靠最低限度的生活必需品生活的自然状态才是人类最大的幸福，就是不穿衣服、不穿鞋，像野犬一样露宿街头，以大瓶（酒樽）为栖身之处，在光天化日之下与女性发生关系。

序章　住居的诞生　——　3

没有必要再进行高深的宗教性思索或哲学性探索了吧。现实是在这个世界上，无论是发达国家还是发展中国家，至今还存在着无数的无家可归的人群。

2 人类最古老的住居

人经过长期的进化过程脱掉了毛皮，成为"赤身裸体的猴子 naked ape"（D·莫里斯）。在这个过程中获得了多种能力，建造住居的能力就是其中的一种。

400 万年前出现的猿人（Australopithecus），已经获得了"立体视觉"，可以用"手"拿东西，靠"双腿行走"进行长距离的移动。

至今，还未找到猿人使用工具的证据。能人（Homo habilis）出现于 200 万年前，开始了"工具的使用"。虽然猩猩也能制作工具，但具有制作精致工具能力的只有人类。

180 万年前左右，直立原人（Homo erectus）诞生了。原人的生存战略是将婴儿和母亲安置在安全的场所（home base）。把食物从找到的场所搬到居所里食用的动物除人类以外几乎没有。很容易理解拥有了固定的居所，就提高了种群的生存可能性，也提高了其进化的速度。回到居住地休息，可恢复和积蓄体能。

至今遗留下来的最古老的"建造物"遗址被确认为是东非坦桑尼亚的奥杜威（olduvai）峡谷。奥杜威文化大约始于 250 万年前，一直持续到 120 万年前。那时虽使用了石器，但却尚未出土固定形状的石器。建造物是石砌的挡风用的掩体，被推定为 190 万年前[10]。灵长类中拥有固定居住地的只有人类。

原人能在 100 万前左右[11]扩散到欧洲和亚洲各地，拥有居所也是原因之一。在法国遗迹特拉·阿玛达（Terra Amata，西方社会发现最早的人类聚居点——译者注）发现的被推定为 23 万年前人为排列的石头和洞穴，可认为是小屋状的住居遗址。

原人开始了"火的使用"。逐渐完成了"脑的大规模化"，"幼儿成形"，"发情期的消失"等可视的进化。说到和居住的关系，与"食肉（杂食）"、尤其是大型动物的狩猎的开始关系很大。可以认为自 30 万年左右前开始了所谓的大型野兽的狩猎（big game hunting）。

由于食肉摄取了大量的蛋白质，使身体机能增强的同时，食料的储藏也赢得了休息和余暇时间。另一方面，为追逐动物的移动也成为必需。人类的生活领域扩大了，开辟出新的居所。就这样，狩猎促进了捕获和屠宰技术的发达。尤其是以集团为单位进行猎物捕捉，又使交往技术得以发展。此外，还获得了经验的记忆和积累的能力。但是语言的诞生则是在原

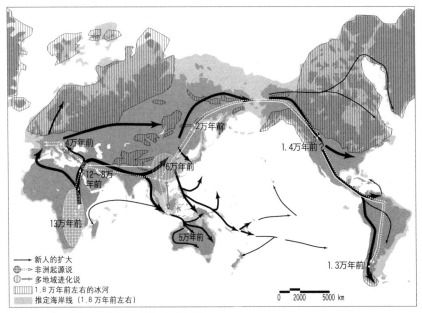

图 0-1 新人的扩大（非洲起源说，夏娃假说）

人消失很久以后的事情了。

之后，尼安德塔（Neanderthal，旧人、公元前 23 万~前 3 万年）出现了，智人（Homo Sapiens）的时代到来了。不仅在欧洲，马格里布、中东、伊朗、中亚，以致中国也出土了化石人骨和道具，表明智人与现代人并无关联。然而，由于葬礼的举行，墓地即为死者建造的住居引人关注，并得知建造了大规模的住居。在乌克兰的摩尔多瓦（Moldova）Ⅰ号遗迹发掘出推定为 44000 年前的椭圆形结构的住居群遗址，其骨架是用猛犸骨建造的。

新人的出现约在 13 万年前，例如法国的多尔多涅（Dordogne）河流域有连续数万年的人类生活的洞穴，最新的痕迹推断为最近的冰河期后半叶。人类最古的住居，常识上一般是洞窟、岩阴。正像人们所熟知的那样，公元前 35000 年以后，发现了许多洞窟壁画。最后的冰河期结束的公元前 9000 年左右，不知何因洞窟壁画消失了。

确定新人的存在是后期旧石器时代（35000~10000 年前），从东欧到乌克兰发现了许多竖穴式住居遗址。

就新人的起源有非洲单一起源（图 0-1）理论，居住在各地域的原人以及旧人分别进化等多地域进化理论。

据线粒体 DNA 的分析，根据"夏娃假说"或"非洲以外（out of

Africa)"的假说可以认为新人出现在非洲是13万年前,首先向中东(12万~8万年前)继而向欧洲东南部(4万年前)以及亚洲(6万年前)移动,分别定居下来(图0-1)。

到了后期旧石器时代,依靠遗传因子的进化时代结束了。那以后人类身体能力基本上没有什么进化。依靠经验和学习获取文化,创造是历史的原动力。来自非洲的人类由于各地的气候、地形、风土的原因,其肤色、发质、头部及面目骨骼等发生了变化。大致分成了白色人种、黑色人种、黄色人种三类。

到达桑达兰(sundaland,印度尼西亚苏门答腊岛)的集团被称为黄色人种,成为极东亚和东南亚的诸民族。而经西伯利亚(公元前2万年前)到达南北美大陆的是14000~13000年前。1000年左右之间他们到达火地岛。55000年前向澳大利亚莎湖陆棚(sahul)大陆移动,成为澳大利亚土著居民(aborigines)的祖先,可以认为其源头与极东亚东南亚的诸民族一样[12]。

直到公元前1万年,主要人种在各地定居下来。到了15世纪末以后,即白种人再次发现新大陆之前,各人种没有大的迁徙。

麦哲伦船队穿过海峡后,黄色人种朝着经过数万年拓展的海域世界逆行而上,遇到了他们的末裔(图0-2)。

3 定居革命——农耕和畜牧

公元前1万年左右是人类居住史最初的分界线。是"新石器时代"的开始。最后的冰河期结束,洞窟壁画消失。人类分散在地球上各个地域,暂时定居下来。人类开始农耕和畜牧是公元前1万年左右,称为定居革命[13]以及农耕革命(图0-3)。

迄今为止通常认为农耕、畜牧开始后才有定居。但是,有了定居后农耕才开始的理论更有说服力。水产资源的开发、食料资源的储藏、气候的变动等成为契机定居首先出现[14]。日本的绳文时代也并没有进行农耕,但是由于有丰富的海洋资源的支撑定居性很高。

河川流域沿海地方等食料资源丰足的地方采集狩猎民族开始定居,人口增加的结果,溢出外围部的集团开始了农耕畜牧,这是来自人口压力的假说[15]。"围攻狩猎"是家畜化的转机。也有由于采集狩猎能力的丧失人类开始了定居的理论[16]。

总之,并不是在某个时期一起开始定居、开始农耕畜牧的。实际上已经表明日本的绳文时代就存在着定居的采集狩猎民族,即便是农耕畜牧开始以后也存在着定居和非定居、农耕和游牧之间各种中间形态。

可以认为农耕畜牧分别始于中非、中国北部、印度河流域、东南亚、美国东北部、中美、南美。只是,非

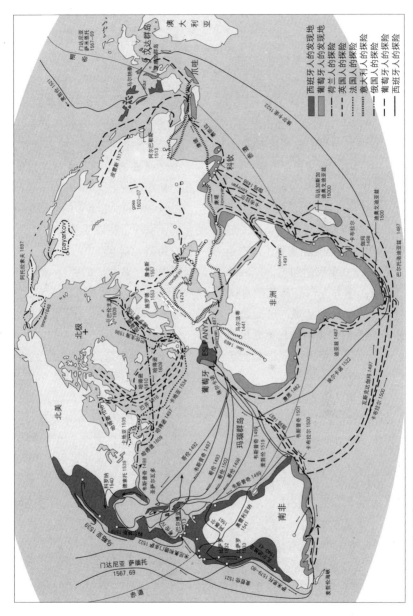

图0-2 地球的"再"发现

洲大陆和欧亚大陆存在很多适合家畜化的动物。此外一般把西亚作为农耕畜牧的发祥地的学者很多。

西亚的小麦农耕据说是始于公元前8000年～前7500年左右的爱琴海诸岛[17]。然后从肥沃的三日月地带向西小亚细亚整体扩展，经由巴尔干半岛或地中海沿岸，公元前5000～前4000年到达多瑙河和莱茵河流域。进而公元前3000年左右普及到整个欧洲。东北方向是经由伊朗高原，于公元前2500年左右传播到咸海南部地方；东南方向是经由美索不达米亚于公元前2000年到达印度西部的印度河流域；南方方向是公元前4000年左右到达尼罗河流域，进而公元前3000年左右经由阿拉伯半岛传播到非洲东北部。经由中亚于公元前2000年左右传播到中国。

当时世界上从热带到温带的湿地有20多种野生稻在自然生长。大体分为非洲稻和亚洲稻。关于非洲稻考古学的发掘很少，尚不清楚。亚洲稻的栽培起源地，根据河姆渡遗迹的发掘（1973年）有着长江起源说等几种理论[18]。渡部忠世[19]提示了通过计测发现土坯砖中参有稻壳，中川原捷洋[20]通过遗传因子的分析证实了从云南到阿萨姆邦的地域范围的理论颇具说服力。但是云南的稻作起源只能上溯到公元前3000年左右，因此长江下游为首的多数地域独立栽培水稻的理论成立。

与稻子、大麦并列的三大谷物之一是玉米，从欧洲传来与山芋、芋头、南瓜、西红柿、辣椒等都是哥伦布航海以后的事了。起源地根据原始品种的存在、品种的多样性等因素被认为是墨西哥高原到得克萨斯州。根据考古学得知最古老的证据是墨西哥发掘的推定为7000年前的遗存。

最初被家畜化的是犬，即狼的祖先。接下来是山羊和绵羊被家畜化。表明绵羊的饲养最古的遗迹是伊朗北部，发现于扎格罗斯西山脚下，年代应为公元前6500年左右（先土器新石器文化B中、后期）。然后是牛从原牛开始，野猪从乳猪开始由农民家畜化。马和鸡的家畜化被认为是公元前3000年左右。

出土的住居遗址（法国，庞斯班遗迹）表明到了公元前1万年，出现了使用兽皮做的圆锥形帐篷顶的住居。在西亚最早的开拓地聚落遗迹是位于巴勒斯坦的加里利湖畔的恩葛布（Engebu）遗迹（公元前13000万年左右）。然后是公元前8000年左右（苏丹文化）的农耕聚落的遗迹是约旦河西岸的杰里科遗迹。此外还有最古老的城市遗迹，被推定为公元前6000年的小亚细亚的恰塔勒胡尤克（Catalhoyuk）遗迹。都是使用土坯砖建造的构筑物[21]。

木结构建筑的遗迹也是在公元前6000年左右在德国发掘。公元前5000年左右有河姆渡遗迹高床式建筑

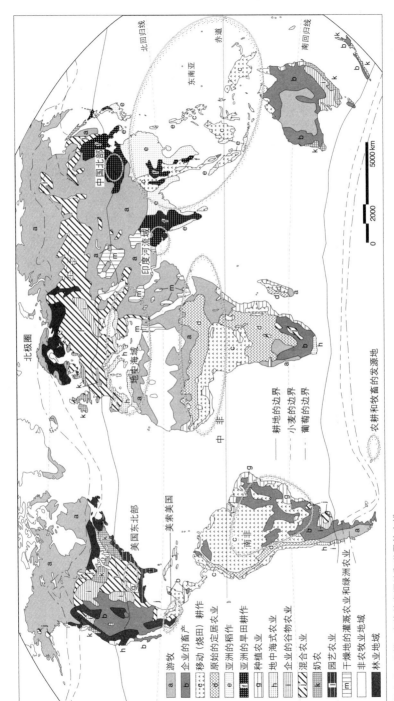

图 0-3 农耕、畜牧的发源地和世界的农耕

序章 住居的诞生 —— 9

的遗产。在日本青森的三内丸山遗迹等大型木造建筑的遗存不断被发掘。

从西亚的聚落遗存可以看出，聚落逐渐大规模化、固定化。杰里科为2.5公顷，公元前7000～前6000年时超过10公顷的聚落也有发掘。有趣的是从遗迹看出住居是从圆形向矩形、从一室向多室变化的。

定居农耕聚落确立后，开始了游牧。这个过程可作如下的假设：首先家畜的围栏开放了，然后聚落内的饲养发展为聚落外"早出晚归"的日放牧。为追逐牧草地逐渐远走，日放牧发展为短期逗留型。随着控制群畜的技术发达，开始了乳制品的加工利用，游牧生活的自律条件得到调整。城市或农村之间的某种关系成立了。这就是贝多因人（在阿拉伯半岛和北非沙漠地区从事游牧的阿拉伯人——译者注）的世界。大约为公元前6000年前半期到中期。当时，在移动的每个地方安营扎寨，建造简易的住居。不久出现了用山羊毛或羊毛编制的布搭建的帐篷住居。

加拿大Mc.Gill大学名誉教授N.Schoenauer撰写的《6000年住居》(6,000 Years of Housing)[22]三卷中的第1卷，以先城市时代的住居为题，以G·修巴尔茨的《世界住宅地理》[23]为蓝本将住居发展分为：①柱间的住居Ephemeral or Transient{采集狩猎民族，（移动小团体）——布什曼人Bushman、卑格米人Pygmy、阿伦塔人Arunta（澳大利亚）}；②临时的住居Episodical or Irregular Temporary（采集农牧民——爱斯基摩人、通古斯人、拉普兰人、平原印第安人、热带雨林的烧田农耕民等）；③周期的住居Periodic or Regular Temporary（游牧民——蒙古人，图阿雷格人Toargu、贝多因人）；④季节的住居Seasonal{半游牧半农耕——纳瓦霍人、印第安人、Novel人（苏丹）、芒萨人、Banabaig人、pokot人}；⑤半恒久的住居Semi Permanent（农耕民——Luhya人、Luo人、努巴人、aona人、波然人gurudji、togon人、玛雅人、普韦布洛人）；⑥恒久的住居Permanent（定居农耕民）六个阶段。

采集狩猎是极其朴素的阶段和狩猎大游戏打猎那样的组织阶段（区别于①②）。此外，农耕也有技术水平的不同阶段（区别于⑤⑥。）着眼于定居时间的分类很容易理解。当然，在上述的农耕开始后才有定居的论点上有很大的争议。虽然称作"先城市"，但是如果住居历史有6000年的话，城市历史也应具有同样的长度。到了农耕技术发展的最终阶段，城市或国家发生的发展史观、生产力观也有进一步讨论的必要。关于定居和非定居，农耕和游牧，依据地域，有各种各样的形态应该有更细微的考察。

更有兴味的是，以上各种住居的形态直至近期一直共存下来。

02　住居的遗传因子

人类最初的住居是极其常识性的简单遮风避雨那样的掩体，或者是自然界存在的洞窟和岩阴。但是如果是简朴的小屋，大猩猩、黑猩猩也会每天晚上用树枝编制就寝用的"巢"，据说黑猩猩不重复使用同样的地方睡觉。马达加斯加岛的刺猬猴子用自己的粪便做成球形的巢运到树上。在鸟类中，也有就利用天然的洞穴、树洞或其他动物掘的洞穴，不带任何东西就产卵的。

然而，动物中实际上也有巧妙筑巢的。所谓巢是指一般动物亲自造的产卵、抱卵、育儿以及休息、就寝使用的构造物、洞穴，对人类来说就是住居。

尽管如此，哺乳类（巢鼠属、海狸）、鸟类（织布鸟有名）、鱼类（刺鱼属等）、昆虫类（白蚁、蜜蜂等）、蜘蛛类等筑的"巢"是很精彩的。

饶有兴味的是这些动物所展示的精巧的造巢行动（nest-building）几乎都是遗传编程式的。

看看 E·圭多尼（Guidoni）的《原始建筑》（Primitive Architecture）[24]，排列的住居就像动物的巢那样生动。中非、马里、埃塞俄比亚等，小树枝、草和土建造的谷仓等，简直就像鸟巢一样。

那么人类，建造住居的技术也是靠遗传基因吗？黑猩猩 99.8% 的遗传因子是一样的[25]是不建住所的，1.2% DNA 的不同与住居有关联。由于有着和 1 万年前一样赤裸地生活的人群，也许住居的建造比起依赖于遗传因子更归结于经验学习和文化[26]。依据地域的自然、社会、文化以及生态的不同其形态也不同。

另一方面，也可以确认超越地域，住居共有的要素、形态、住居的原型那样的东西。构筑所谓住居的物理空间时，仰赖可以得到的建筑材料等，极大地制约了住居的架构方法和屋顶形式，但是可以看到世界中同样的住居形态、结构方法，也许是因为住居的遗传因子在起作用。

在使用钢铁、玻璃、混凝土、塑料等工业材料之前主要使用以下的东西：

1）动物材料：骨、粪、毛、皮、贝（蛎壳）——如爱斯基摩人使用鲸的骨头作结构材料。此外也有使用猛犸骨的。粪和泥搅拌在一起做墙体材料的，一般是和芦苇等草的纤维混在一起。山羊和绵羊的毛、兽皮用于屋顶和地面。此外绒毯等也用作墙面材料、地面材料。贝，像牡蛎那样除了磨得很薄用于窗户等开口部位外，还可以打碎，做成石灰使用。

2）草木材料：草、椰竹、椰子、芦苇在各地都作为重要建筑材料使用。竹子可以编成墙体使用，在巴厘岛等地有全部使用竹子建造的住居。椰子除了可以用作结构材料外，还可以编制屋顶和墙壁。如伊拉克的马丹族有扎成捆用作结构材料的。蔓等各种草编成的绳子作为绑扎材料很重要。藤类等可以用来制作家具。

3）木材：可以使用在屋顶、墙壁、地板、柱子等各处。另外还使用树皮、根等。

4）土、黏土、石、岩：土坯砖、烧砖——adobe 一词起源于阿拉伯语的西班牙语，基本上是土坯砖。最古老的建筑材料可以上溯到恰塔勒胡由克（Catalhoyok）遗迹。烧砖是在 1150℃ 左右烧成。最早的例子是印度河（公元前 2500～前 1500 年）出土的。一般是正方体成型的烧砖，也有圆形晒干的，还有类似中国版筑那样夯实造墙的做法。除了寒地屋顶铺瓦是一般做法，也有在屋顶铺草皮的例子。自古以来使用各种自然石、粗石等。另外板石（凿成定型的石块）可以上溯到古代，砂岩、石灰岩、大理石、黏板岩等是其代表。红土也作为建筑材料使用，也有用抹灰固定小石头的方法，在海岸部多使用珊瑚石灰岩。

可用于住居建造的建筑材料，如上所述，过去基本上是自然材料、生物材料。因此根据地域的不同可以利用的建筑材料也不同，住居的形态也受到建筑材料的局限（图 0-4）。

世界的建筑文化圈大体可以分为"土和石文化"圈和"木文化"圈。有丰富木材的地方，自然是建造木房。但是就木造建筑而言也有各种各样的。帐篷住居主要的结构材料也是木材，也可以称为木住居。即便是石造的，屋顶架构用的木材组合也不少，分类并非简单。

G·卡塔卢蒂[27]在以木结构为基本的分类上指出，建筑结构的原型（图 0-5,0-6）根据材料是否弯曲，是否利用张力、是否利用压缩力，结构形式都不同，并分为墙体屋顶一体型和墙体屋顶分离型。

在主要结构方式上，架构形式一般大体分为 A 帐幕结构、B 梁柱结构、C 墙体结构三种。

帐幕结构，是以各种帐幕为主要材料的屋顶架构的基本形式，也有和 B、C 并用的，通常采用屋顶墙体一体的架构形式。B、C 的区别主要是墙体结构的不同。B 是用线材组成框架，然后将缝隙填实的方法，C 是将材料反复重叠做成面的方法。木造

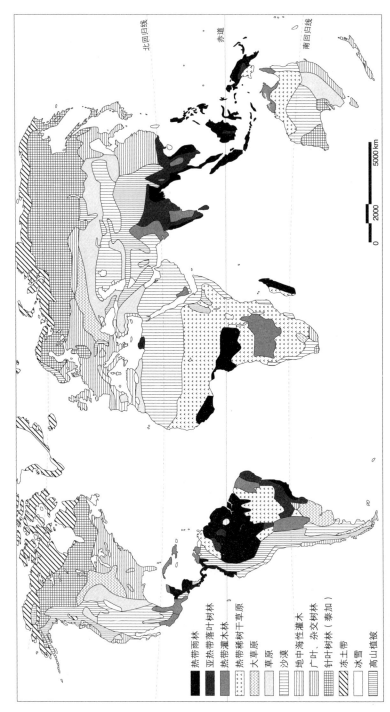

图 0-4 世界的植被

序章 住居的诞生 —— 13

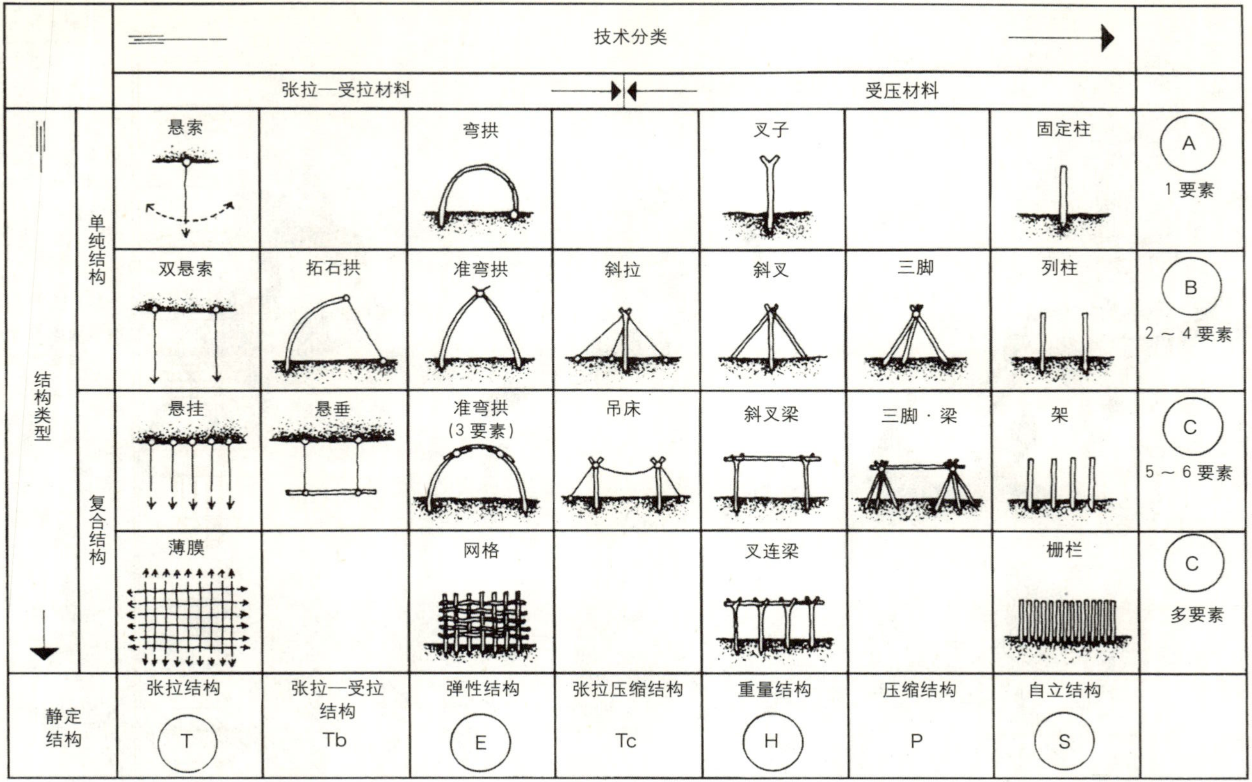

		A 1要素	B 2~4要素	C 5~6要素	C 多要素	
技术分类	受压材料	固定柱	列柱	架	栅栏	自立结构 S
		叉子	斜叉	斜叉梁	叉连梁	压缩结构 P
			三脚	三脚·梁		重量结构 H
	张拉—受压材料		斜拉	吊床		张拉压缩结构 Tc
		弯拱	准弯拱	准弯拱(3要素)	网格	弹性结构 E
		拓石拱	悬垂			张拉—受拉结构 Tb
		悬索	双悬索	悬挂	薄膜	张拉结构 T
结构类型		单纯结构		复合结构		静定结构

图0-5 木结构的基本形式

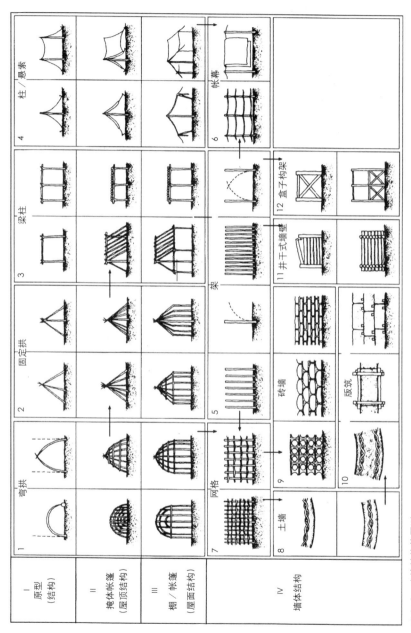

图 0-6 建筑结构的原型

序章 住居的诞生 —— 15

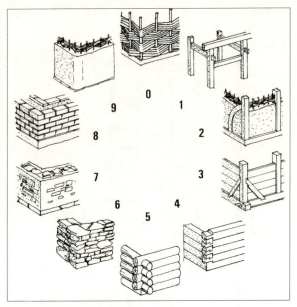

图 0-7 墙体施工法的相互关系

的话，B 将木材竖着使用，C 将木材横着叠加使用。

就墙体结构的不同，太田邦夫进行了很好的图示[28]，图 0-7 的 1-3 为梁柱结构。没有墙，将木材斜着组合（合掌式、叉首组）构成三角屋顶的结构可以包含在 B 里，但是仔细观察屋顶的架构形式有各种各样。砖、石结构，很早就发明了穹顶形式、拱顶形式。正方形的平面内侧以按顺序进行正方形的内接的形式填充屋顶。德语称作"Laternen Decke"即使用三角状的叠涩砌法（方形 45°转角式）的屋顶架构形式在各地可以看到。

1 洞窟——子宫、房屋、墓地

住居的原型首推洞窟。首先有利用自然洞窟的形态，然后有在地面、山腹挖掘的形态。B·鲁道夫斯基的《神奇的工匠们》[29]第一章为"洞窟的礼赞"。洞窟住居经常被比作子宫。因为 womb（子宫）、room（房屋）、tomb（墓地）是同一语源的。

作为穴居住居，首先列举的是土耳其的卡帕多西亚和中国的窑洞。卡帕多西亚溪谷的断崖、林立在谷间的岩山是由凝灰岩的侵蚀、风化产生的，就像大地下的城市，挖出的修道院、住居群所塑造的景观是精彩

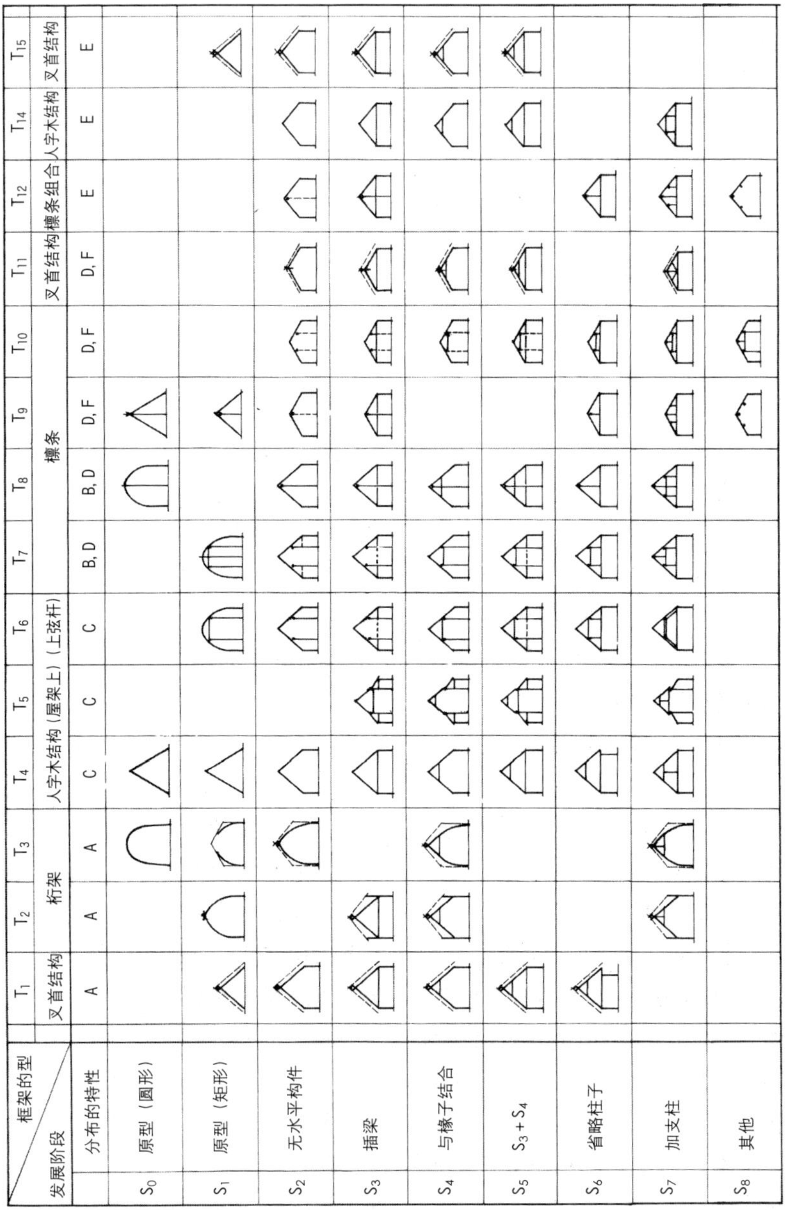

框架的型		叉首结构	桁架		人字木结构(屋架上)		(上弦杆)		檩条			叉首结构	檩条组合人字木结构	叉首结构
		T_1	T_2	T_3	T_4	T_5	T_6	T_7	T_8	T_9	T_{10}	T_{11}	T_{12}	T_{14}	T_{15}
发展阶段	分布的特性	A	A	A	C	C	C	B,D	B,D	D,F	D,F	D,F	E	E	E
S_0	原型(圆形)														
S_1	原型(矩形)														
S_2	无水平构件														
S_3	插梁														
S_4	与椽子结合														
S_5	$S_3 + S_4$														
S_6	省略柱子														
S_7	加支柱														
S_8	其他														

图0-8 屋顶架构的种类

序章 住居的诞生 —— 17

的。此外，中国的华北、中原、西北等地方所看到的窑洞，是利用天然的黄土断崖挖成的横穴；以及人工挖掘的地坑作为中庭，然后在四周开凿横穴，是下沉式的，平面形式与四合院一样。

在英国直到20世纪70年代之前在Staffordshire的kinver.Edge等地仍存在穴居人群，法国也存在Saumur等石窟居住人群，西班牙的库埃瓦斯、突尼斯的马托马塔(matomata)等为人所知。

2 帐幕——游牧民的世界

由于定居革命，人类开始了农耕畜牧，但并不是地球上所有的土地都适合于农耕。水源匮乏的沙漠等干燥地带妨碍了人的居住。

但是，获得家畜的人类，在不适合农耕的土地上开始了游牧，由此游牧民诞生（图0-10）。使其游牧生活成为可能的是除了山羊、绵羊等不可缺少饲料的家畜外，还有驴、马、骆驼等装卸用的动物。在北方的冻土地带，泰加森林地带的驯鹿（卡里布）游牧民，北美大平原的野牛、马、西藏的牦牛等，各地域使用适应风土的动物。

他们无疑是追逐猛犸象等大型动物的原人的后裔，但是在与定居农耕民的关系上有着独立性强和弱的差异。

游牧民统一使用的是帐幕住居，其形式大体分为4类：

1) 圆锥形帐幕住居——组合成三脚或四脚的中心结构，用圆木搭建成圆形作为骨架，其上覆盖兽皮。人们耳熟能详的美国印第安人的特比(tepee)，在拉普兰、西伯利亚等地广泛分布。

2) 折线圆锥形帐幕住居——西伯利亚的塔塔尔族，阿尔泰族使用的雅兰格是其代表。为了扩大圆锥形帐幕住居的规模，沿着圆筒形嵌入墙壁，在其上覆盖圆锥形的屋顶。

3) 优鲁特(yurt, 包)——诞生于蒙古高原的组装式住居，在圆筒形的墙壁上覆有半圆形屋顶。夸张一点说，是人类创建的最好的移动住居之一。优鲁特是土耳其语"住居"的意思。在中亚、西亚一带使用。

4) 黑帐幕住居——以美索布达米亚产的山羊毛为主要材料编织的屋顶和地面，是拉伸结构的帐幕住居。屋顶和地面的联结方式分为波斯型和阿拉伯型。形态为支撑柱、骨架形态可以有许多变化。

1) → 2) → 3) 是非常自然的发展趋势（图0-9），除了可称为天才的发明的优鲁特3)外，谁都能想到、并实际去组装。而4) 与今天我们熟悉的帐篷的诸形态没有什么变化。

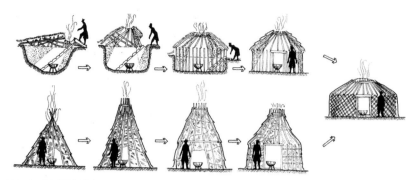

图0-9 圆形帐篷的变迁

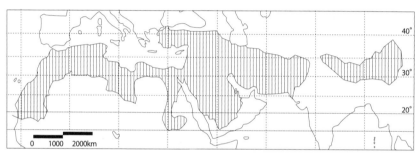

图0-10 游牧和帐篷住居的分布

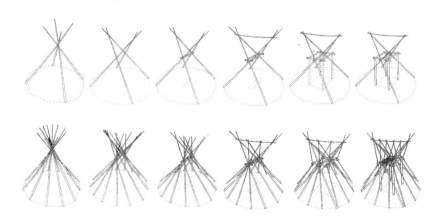

图0-11 G·多米尼克的结构发展论

序章 住居的诞生

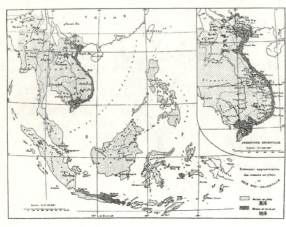

图 0-12 高床和地床的分布图

3 高床——海人的世界

陆地上的游牧民与帐幕形式住居一起在广阔的地域移动,与此相应有着在海上移动的海人世界。

巽他岛作为次要中心的黄色人种居住在太平洋沿岸。澳大利亚土著居民(aborigine)、巴布亚人是其后裔。但是与他们的方言更接近的印度尼西亚语、他加禄语、大洋洲语系不同。因此可以认为是第二批移居的集团。

称为南岛语族的这个集团,从东面的复活节岛到西面的马达加斯加岛广泛地分布在海域世界。

其源乡,可以认为是中国的台湾以及中国的南部。公元前4000～前3500年首先有南岛语系民族移居台湾,公元前3000年左右到达菲律宾北部,公元前2500～前2000年从菲律宾南部到婆罗洲、斯拉维西、马克方面,不断地扩散。

布拉斯托通过复原古南岛语族指出,南岛语系文化特征为①米和杂粮的耕作,②底层架空的木造房屋,③猪、狗、水牛、鸡的饲养,④腰带式的乡土织布机,⑤弓箭的使用,⑥土器的制作,⑦掌握锡等金属的知识。

高床式(底层架空)住居也有各种形式,但是人们认为整个南岛语族世界传承下来的住居形式是东山铜鼓的分布和鼓面上描绘的家屋纹样,以及石寨山出土的家屋模型。苏门答腊岛的米纳卡布族、巴塔克(batak)各族住居的屋顶形态,与这些家屋纹样酷似。

南岛语族世界的高床住居非常相似,都是以梁柱结构为基本型,木结构的组合方式有合理的方法,固定的做法是常年经验的选择。包括日本的竖穴住居的复原在内,在木结构的相互关系上提出假设的是G·多米尼克(dominic)(图0-11)。

如果利用当地有限的木材,建设最低限度的掩体如何去做呢,把2对叉首组合的2根木材交叉地立在地面上,将两方拉紧,尝试一下很简单就搭建起来了。其4根木头作为基本结构依次将部件组合起来,是极其合

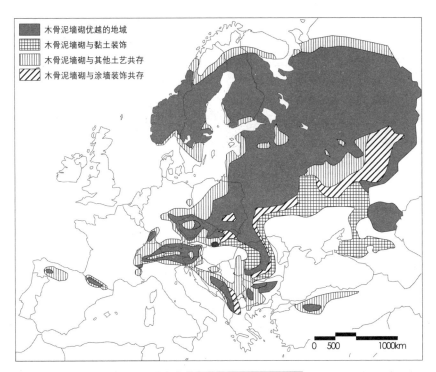

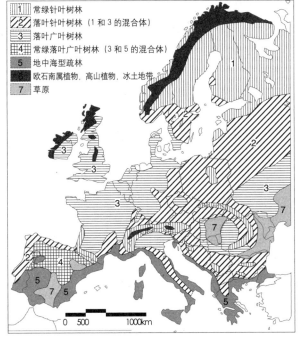

图 0-13 欧洲叠木式建筑的分布

图 0-14 欧洲的植被

序章 住居的诞生

图 0-15 叠木式建筑

理的复原方案。

应用其木造架构原理，可以统一地解读南岛语族世界看似花样翻新的木造架构方式。

4 井笼——森林的世界

所谓井笼组成的墙体结构是指校仓式（井干式）或长屋式结构。也称累木式。即把木材横着累积起来做成墙体的施工法。由于使用木材较多，所以多见于木材丰富的地域。具体分布在东欧、北欧、俄国、西伯利亚，以及加拿大等北方森林地带（图0-13，0-14）。究竟是在一个地方独创后波及其他地方，还是不同地方有着同样的建造方式有着争议。一种理论是发源于黑海周边。

热带雨林的地方木材丰富，但是存在酷暑和潮湿的问题，因此这种建造方式不适合热带。但是热带地域不乏井笼结构。著名的是特罗布里恩群岛的山芋储藏库。此外巴塔克、西马伦根、托拉贾也有只在基础上进行井栏组合的例子，特别是这些组合都是留出缝隙的。

5 石结构——土和石的世界

土和石，自古以来就是建筑材料。利用土和石营造居住空间时，有挖和堆两种方法。首先是利用自然洞穴的形态，然后挖掘地面和山腹。P·欧里布的《住居》[30]以第1章"从地面开始营造"为题，提到了穴居、石窟住居以及砌石造、砖造。说到石造建筑物让人想到石龛、糙石巨柱（史前时代遗迹）、石环等巨石纪念物，姑且不论这些纪念物之谜。埃及的金字塔也是同样。已经明确公元前2500年人类就已经获得相当高的石造技术，只是一般的住居是用土坯砖建造的。美索不达米亚的许多城市建造的叠级方尖塔也是砖瓦造的。

石砌造的基本是拱（突拱、半球拱、尖塔拱等），圆顶以及拱顶。总之屋顶如何架设是根本，有各种各样的解决方案。在四方形平面上覆盖半圆顶的创意，有伊斯兰发明的四隅的三角拱隅（球面三角形）和突角拱。

03 住居的形
——依附于地域生态系的住居体系

如前所述，住居的建设方法在原理上限定了若干个建筑结构，决定住居的形的因素有很多。其中重要的影响因素通常认为是①气候和地形（微气候和微地形），②建筑材料，③产业形态，④家族、社会组织，⑤世界（社会）观、宇宙观、信仰体系等。如果地域是由于社会文化生态力学[31]而形成的话，那么其基础单位的住居也可以用自然、社会、文化生态的复合体的观点来把握。

1 自然环境

首先，大体与①②然后是③有关的自然环境。自然环境决定了地域的植被、产业的状态，进而限定了建筑材料，通过这样一个连锁关系限定了建筑的结构形式、架构方法的住居遗传因子也大大影响了地域的生态系。

其中气候与住居的形态关系密切，住居的防寒防暑、遮风避雨和防潮，对人类来说是环境调节的装置。在 W·P· 凯彭 1923 年提出的、1954 年 R· 卡伊卡修订的沿用至今的气候分区中，从热带雨林气候到冻土气候、冰雪气候共分了 13 个级别（区块）。更细的气候分区与住居的形态有关（图 0-16）。此外，海岸、沙漠、森林、草地、湿地、湖上、海上、坡地、高原、溪谷等基地的差异也很大。

地震、洪水、山体滑坡、台风、雪灾、火山喷发等自然灾害也有着左右住居形态和选址的作用。

在寒冷地带采暖是必要的。从炊事用火到兼采暖的炉灶广泛被使用。火塘会产生烟，那么就需要考虑排烟装置和烟囱。拉普兰的圆锥形帐幕住居，即便在严寒的冬天中央也是敞开的。此外优鲁特的陶努也是可以敞开的。专门用作取暖的有暖炉、炉灶，在欧洲是普遍的。

传统的采暖系统，较有趣味的是朝鲜半岛的"温突"。在地下做烟道，通过烟的热循环的采暖系统。还有中国的炕，在床下有采暖装置。另外还有双重墙中间贯通烟道的火墙做法。在西班牙称为"鼓娄里阿"的中央采暖系统，比较新近，据说是 19 世纪末引进的。日本的暖炉

(kodatyu，炬燵）是世界上少见的发明。

依靠火可以解决严寒，而应对酷暑更需要研究对策。为遮蔽日晒、防止辐射热，产生了许多装置。

关于日晒，首先是必要的是遮蔽，制造阴影，采取延长屋檐、设置百叶、调整开口部位的大小等措施，也是来自经验的积累，在隔热的同时通风是热带地域最重点的课题。

其中，引进风的集风装置（window catch）形成了独特景观。典型的是巴基斯坦的信德地方的风塔。此外伊朗、伊拉克的风塔（badgir）也很著名。更有趣的例子是称作"亚夫查尔"的冰室以及储水库。将冬季的冰储存到夏季的冰室，除了澳大利亚，是各大陆由来已久的使用方法。据说楔形文字就记载了亚述皇帝使用冰的史实。在希腊、罗马时代当然也使用过，在欧洲各地一直在使用。最早见著于日本文献《日本书纪》仁德纪中的大和斗鸡（都介）冰室的记载。其结构为下挖 1 丈左右，上铺厚厚的芒草，其上放冰，用草覆盖。《日本书纪》孝德纪中也出现有冰连的人名，可以确定大化以前存在着属于朝廷的冰室。

如何控制热、光、空气、声，在城市是重要的主题。高密度居住，引入光、风、自然需要各方面的考虑。其中一个解答就是中庭式住居。是在城市集中居住状态中，作为可确保通风、自然的住居形式，中庭住居古今中外到处可以看到。

在城市文明发祥地的美索不达米亚的城市遗迹中，居住区都是由中庭式住居构成。埃及文明也是一样。一般认为与迷宫状街道相协调的中庭式住居密集的形态，是伊斯兰城市特有的，但是其传统可以上溯到远古的伊斯兰以前。印度文明的城市遗迹摩亨约达罗（mohenjo-daro）的住居的基本型是中庭式的，中国的四合院也是中庭式的。

中庭式住居在四大文明城市均可看到，这一事实表明其形式的普遍性。希腊、罗马城市住居的基本型也是中庭型的。

2 家族和社会
——住居、聚落、城市

因此，住居的形式主要由自然环境决定的，但是具体的空间布局、平面形式（平面布置）是取决于居住在内的家庭存在方式。

成为一般社会的基本单位应为家庭。文化人类学，首先聚焦在亲族系统、亲族组织，把血缘集团（系属、氏族、族）作为研究对象，分析部族、聚落共同体、社会等。但是，亲族关系是相当复杂的，依靠父系、母系，或者是双系的、家系的概念进行亲族组织类型的明确分类是十分困难的。

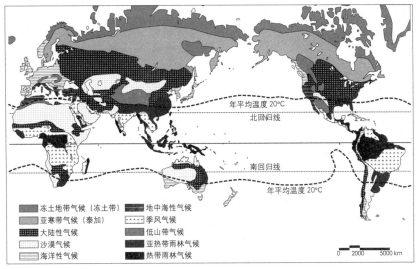

图0-16 世界的气候分区

通常①血缘（亲子、兄弟）的集团形成家庭，但定义家庭并非易事。在①的基础上②火（厨房、炉灶）的共用，③住居（房屋、房间、宅基地）的共用，④经济（生产、消费、经营、财产、家庭账本）的共有，被视为构成家庭的条件，一般来说游离于这些条件之外的很少。

如果关注空间的话，不如以住居为中心的集团作为单位的概念更容易理解。即满足③的条件的集团为基本单位（家庭）的思考方式。司徒洛斯把这种社会称作"家社会 house-society"。R·伯塔逊列举了东南亚的"家社会"例子。例如在长屋居住的诸族、帝汶的阿托尼（atoni）族，塔宁巴尔群岛的萨那托拉加族等，论述了住居与亲族的关系[32]。

长幼、男女、血缘的远近等，即家庭以及集团的关系反映在住居的空间关系（平面、格局、划分）上。相反，也可以认为是住居空间化的集团规范。而且生活方式，也表现在空间关系上。本书主要聚焦于这个空间关系（平面、布局、规划）。

S·凯特把这种空间关系分为5大类[33]。即① basic abode；② differentiated dwellings；③ divided domicile；④ partible house；⑤ segmented residence。而且住居一词（abode, dwellings, domicile, house, residence）的语气很难翻译成汉字。基本构成是一室小屋，外部空间的活动占大部分，而且从没有分工，基本形成没有阶级的平等社会①，向性别、年龄、阶级的空间分隔逐渐巩固的图式。在①中举例了巴茨瓦纳（Basarwa）族，②列举了伊班族、爱斯基摩族，③列举了阿依努族、伊洛魁族，⑤列举了日本以及巴厘、中国、尼泊尔等例子。

这种粗框架的分类，也许是覆盖不了世界住居多样性的。至少有必要再研究一些更微观的实例。应关注的是住居的形，以及住居集合的形。正像城市中的住居把中庭型作为形那样，住居是由各种条件决定的，为对应各种条件人类寻找出若干个答案。

3 宇宙和身体——住居和细部

决定住居的空间（平面）结构、环境的诸因素，大约如上所述，但是住居含有更深邃，更有趣的世界。

《神奇的工匠们》(The cprodigious Builders) 一书是 B·鲁道夫斯基继《没有建筑师的建筑》之后写的。其中有"洞窟"，"野生的建筑"（动物、昆虫的巢），以及"移动的建筑"，"城寨"，"粮仓"，"死者的墓"等，赞誉了依靠工匠们的智慧和技艺创造出的构筑物。还有"建筑师游戏的时代"，"非法占领的赞歌"，"积木的欲望"等章节，盛赞了亲自参加建设的意义。

在其中"细部的重要性"的章节，列举了应对寒冷和酷暑的手法等方面的创意。住居的建筑有趣的大部分是局部（细部），的确"上帝存在于细部中"。

例如，门扇、窗户等开口部位，带有超越了单纯的用途、功能的表情，就像出入口模仿人的嘴、肛门、肚脐那样，依靠巧妙的技巧、装饰被赋予了各种意义。

天棚、墙壁、地面、屋顶等，所有的部位都成为意义赋予的载体，被施以装饰，集中表现在山墙、屋脊、尖顶饰的端部。此外柱子常常有各种象征意义。节点也被巧妙地装饰了。

装饰的主题也是多种多样，并刻有文字。各种图式类型、图像装点着住居的做法是世界相同的。

此外住居时常被看做是宇宙，或者被认为是反映宇宙结构的。反映了印度教宇宙论的巴厘岛的住居最易解读。此外游牧民的优鲁特，其形态本身就是反映宇宙的例子。爪哇岛的"交古洛(joglo，歇山式，中部高，坡度陡——译者注)"屋顶形式，据说是象征世界中心男体山的。高床式住居分为屋顶、地上、地下，是与天上界、地上界、地下界的三界思想相呼应的。

总之，太阳、月亮、星星的运行，在任何地域都是重要的，对东南西北的方位有着极强的意识。此外，山与海、森与河等极大地限定了生活空间，也决定了住居的选址和朝向。有趣的是有绝对方位占优势的地域，也有重视山、森的方位，河川的流向等相对方位，以及左右前后的身体方位的地域。

住居还被比作小宇宙的身体。有名的是马里的多贡（dogon）族。宅基地（复合型住居）的形式是拟人的。厨房（obolo）为头、主室（deu）为躯体、仓库（kana）为手腕、入口大厅（dolu）为足，门扉（day）为膣（阴道），这种人体同形主义在其他地方也可以看到。头、身、足三段式，以及出入口相当于嘴、肛门的例子。帝汶的东德顿（tetun）族的住居，正面称作脸，两侧的墙壁称为足，后墙称为肛门。正面入口相当于眼，后门相当于膣。

使用身体尺寸是世界共同的，一般使用两手张开的"寻"、肘的长度（肘腕，尺）、脚的长度（foot，尺）等。

住居应包含的秩序，即建造的方法，一般是以建筑书的形式传承，或者用建筑仪式的形式记忆。

日本的建筑书有以《匠明》[34]为代表的木割（木工法式），还有家相（风水）。是与气学、方位学相关的系列，都是从中国起源的。在中国继《营造法式》（1103年）之后，有《鲁班营造正式》（明代初期），《工程做法》（1736年），《钦定工部则例》（1815年）等传统建筑书。还有《风水》（堪舆、地理、青鸟）理论。在中国台湾、韩国至今仍在普遍使用。

印度作为《百科全书》（诸技艺的书）建筑技术类书之一有"帕斯托夏斯托拉"（建筑科学）的传统，帕斯托是建筑、住居，夏斯托拉是科学，最著名的是《尺寸基准》。

巴厘有把 Hasta Bumi（布置）、Hasta kosala（寸法体系）、Siwakarma 建筑理念写在棕榈树叶上的建筑书。爪哇有称作 primbon 的风水书。

欧洲在维特鲁威以后，把黄金比以及神圣比例的概念以建筑书的形式传承下来。此外，在伊斯兰圈有基于 B·哈吉姆解读的伊斯兰法，以及通过审议的规范体系。《尺寸基准》展现出与维特鲁威的《建筑十书》十分相似的内容，是基于身体寸法叙述的，因此在不同的地域，建筑书也产生了通用性。但是正像木造和石造有很大的不同那样，每个地域依据不同的宇宙观、世界观，创建和维持了独特的建筑体系，以上的实例表明了这点。

04 住居的变化

1 殖民地化和产业化

正像前述与麦哲伦环球大航海一起看到的那样,克里斯托·哥伦布发现圣萨尔瓦多岛的15世纪末到16世纪初,在世界各地都存在着依附于本土生态系的住居。

世界各地住居发生变化的是从西欧人建造"新大陆",以及亚洲各地进行殖民城市建设开始的。

异文化的交流,自古有雅利安人从中亚开始向印度西北部的迁徙(公元前2000～前1500年),阿科梅内斯王朝向波斯南下的扩张(公元前6世纪),亚历山大大帝的东方远征(公元前4世纪),匈奴族、日耳曼族等的西方迁徙(4～7世纪),土耳其族的欧亚东部到西部的迁徙(9～11世纪),蒙古帝国的形成(13世纪)以及帖木儿帝国的扩张(14～15世纪),人类的大规模的迁徙反复交替。但是15世纪以后,像西欧列强那样在世界整个范围进行海外进出的大规模的迁徙没有了。建设、统治殖民城市的是少数欧洲人、白人、基督教徒。在殖民城市建设的同时,各地建设了所谓殖民地住宅。西欧列强把各自的住居文化带到各地。

从所谓"发现"、"探险"的时代开始到"布教"、"征服"的时代,从"交易"的时代到"重商主义"的时代,再到"帝国主义的统治"时代,西欧列强的海外进出的过程发生了重大的转变。迎来了19世纪中叶以后的"大量移民的时代",世界住居史的最大转折期是19世纪中叶以后,产业革命彻底改变了住居的形态。

近代建筑技术实现了前所未有的规模空间也是巨大的变化。但是建筑不再是依靠地域材料,而是开始使用工业材料建造,以及在工厂加工(预制建筑)。那以后,住居逐渐淡化了地域性。

当然,并不是一夜之间的大转变,可以认为在大约20世纪后半叶之前乡土建筑的世界是连续不断的。茅草屋顶、草顶住居几乎从日本列岛消失是20世纪60年代的10年间。

2 乡土建筑的世界——地域划分

P·奥利弗编辑的《世界的乡土

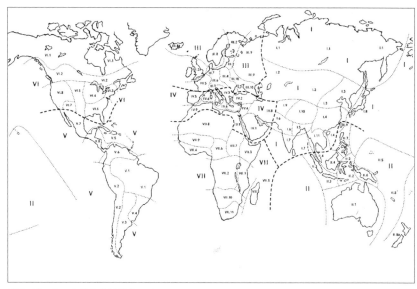

图 0-17　P·奥利弗的地域分区图
Ⅰ：东亚、中亚，Ⅱ：澳大利亚、大洋洲，Ⅲ：欧洲、俄国，Ⅳ：地中海、西南亚，Ⅴ：拉丁美洲，Ⅵ：北美，Ⅶ：撒哈拉以南非洲

建筑百科辞典 EVAW》全三卷[35]，覆盖了世界中的乡土建筑。由一线的研究人员、建筑师编辑的 A4 版达 2384 页的百科辞典包罗了《世界住居志》最大量的信息。其地域的划分概略如下（图 0-17）。

整个地球，大体分为 7 个文化区域，区域的下一层次是 66 地域。成为底本的是斯宾塞（Spencer）和约翰逊（Johnson）编著的《阿特拉斯人类学 Anthropological Atlas》，罗素（Russel）和 Kniffen 编著的《文化世界 Culture World》，乔治彼得默多克（GPMurdock）编著的《人种地图册 Ethnographical Atlas》以及 D. H. Price 编著的《阿特拉斯世界文化 Atlas of World Culture》，以及考虑了乡土建筑的共同特性，重视地政学的区分和气候区分，新近制作的区分图。

基本上是从北到南、从东到西，从旧世界到新世界的排列原则。其概念可以说是意识到文化的扩散、人口的移动、世界的扩张，其构成是以地中海、西南亚（Ⅳ）为中核地域，分为所谓欧洲（Ⅲ），以及亚洲大陆部（Ⅰ），岛屿部、大洋洲（Ⅱ）的基础上，再细分拉丁美洲（Ⅴ），北美（Ⅵ），撒哈拉以南非洲（Ⅶ）。

Ⅰ　亚洲东部、亚洲中央部
　Ⅰ.1　北极圈亚洲，西伯利亚
　Ⅰ.2　中亚，蒙古

序章　住居的诞生　29

I.3　中国北部，韩国
I.4　中国南部
I.5　印度北部，东北部，孟加拉
I.6　印度西北部，印度河流域
I.7　印度南部，斯里兰卡
I.8　日本
I.9　克什米尔，西喜马拉雅
I.10　尼泊尔，东喜马拉雅
I.11　泰国，东南亚

II　澳大利亚
II.1　澳大利亚
II.2　印度尼西亚东部
II.3　印度尼西亚西部
II.4　马来西亚，婆罗洲
II.5　美拉尼西亚，密克罗尼西亚
II.6　新几内亚
II.7　菲律宾
II.8　波利尼西亚，新西兰
II.9　中国台湾

III　欧洲，欧亚
III.1　阿尔卑斯
III.2　波罗的海，芬兰
III.3　英国
III.4　中欧
III.5　法国（高卢）
III.6　德国（日耳曼）
III.7　低地地方
III.8　北欧（挪威），冰岛
III.9　俄国
III.10　乌克兰，东欧

IV　地中海，南西亚
IV.1　阿拉伯半岛
IV.2　小亚细亚，高加索南部
IV.3　伏尔甘
IV.4　东地中海，爱琴海诸岛
IV.5　伊比利亚半岛
IV.6　地中海岛屿
IV.7　意大利半岛
IV.8　美索不达米亚高原
IV.9　北非，马格里布

V　拉丁美洲
V.1　亚马孙，巴西
V.2　安第斯，西海岸
V.3　阿根廷，大地草原
V.4　巴西南部
V.5　加勒比海
V.6　哥伦比亚，北海岸
V.7　墨西哥
V.8　尤卡坦，中美

VI　北美
VI.1　北极圈，加拿大亚北极圈
VI.2　加拿大国境地带
VI.3　东部，西北部
VI.4　中西部，五大湖
VI.5　大草原平原
VI.6　南部
VI.7　西南部
VI.8　西部，太平洋沿岸部

VII　撒哈拉以南非洲
VII.1　东非
VII.2　赤道，中非
VII.3　埃塞俄比亚
VII.4　几内亚海岸
VII.5　马达加斯加诸岛
VII.6　尼日利亚高原
VII.7　尼罗，苏丹
VII.8　撒哈拉，萨赫勒
VII.9　萨凡纳草原
VII.10　南中央非洲
VII.11　南非

本书以66个地区的划分为前提，但是在大分区上，以日本的世界分区为前提，进行了更改。

◎注

[1] 染田秀藤『ラス・カサス伝 ― 新世界征服の審問者』岩波書店，1990年。
[2] 紀元前5世紀後半〜前4世紀前半の古代ギリシアの歴史家，医師クテシアスの『インド誌』，セレウコス朝によって首都パータリプトラのチャンドラグプタの宮廷に派遣されたメガステネスによる『インド誌』など。
[3] 全37巻，紀元77年。第1巻：目次と文献目録，第2巻：宇宙誌，第3〜6巻：地理，第7巻：人間論，第8〜11巻：動物誌，第12〜19巻：植物誌，第20〜27巻：植物薬剤，第28〜32巻：動物薬剤，第33〜35巻：金属とその製品，薬剤，その他，絵画，建築，彫刻のこと，第36〜37巻：鉱物，宝石とそれらの薬剤。
[4] ラス・カサス『インディアス史1』大航海時代叢書第II期21，長南実・増田義郎訳，岩波書店，1981年。
[5] 増田義郎『新世界のユートピア』研究社叢書，1971年。
[6] 『新大陸自然文化史』大航海時代叢書第III，IV，岩波書店，1966年。
[7] ラス・カサス『インディアスの破壊についての簡潔な報告』染田秀藤訳，岩波文庫，1976年。
[8] コロンブス，アメリゴ，ガマ，バルボア，マゼラン『航海の記録』大航海時代叢書I，林屋永吉・野々山ミナコ・長南実・増田義郎訳註，岩波書店，1965年。
[9] 柳田國男「人間必ずしも住家を持たざること」『山の人生』1925年（『柳田國男全集』4，ちくま文庫，1989年所収）。
[10] J・M・ロバーツ『世界の歴史1「歴史の始まり」と古代文明』東真理子訳，青柳正規監訳，創元社，2002年。M. D. Leakey, "Olduvai Gorge", vol.3, Cambridge, 1971は，175万年前とする。支柱の足下を環状に石を並べて固めていたと考えられる遺構である。
[11] ジャワには80万年前頃から居住していたとされる。人類がアフリカを出たのは140万年頃というのが定説であったが，この間の発見から，180万年前にすぐさまに世界各地に広がったという説が有力となりつつある。以下の年代は，基本的に，木村有紀『人類誕生の考古学』（同成社，2001年）によっている。
[12] 後藤明『海を渡ったモンゴロイド』講談社選書メチエ，2003年。
[13] 西田正規『定住革命』新曜社，1986年。
[14] 加藤晋平・西田正規『森を追われたサルたち ― 人類史の試み』同成社，1986年。
[15] L・R・ビンフォードBinfordやK・V・フラネリーFlanneryの人口圧仮説。
[16] 松井健『セミ・ドメスティケーション ― 農耕と遊牧の起源再考』海鳴社，1989年。
[17] 藤井純夫『ムギとヒツジの考古学』同成社，2001年。
[18] 中村慎一『稲の考古学』同成社，2002年。
[19] 渡部忠世『稲の道』日本放送出版協会，1977年。『稲のアジア史』小学館，1987年。
[20] 中川原捷洋『稲と稲作のふるさと』古今書院，1985年。
[21] 江上波夫監修，常木晃・松本健編『文明の原点を探る ― 新石器時代の西アジア』同成社，1995年。
[22] ニーバート・ショウナワー『世界のすまい6000年』三村浩史監訳，彰国社，1985年（Norbert Schoenauer: 6000 Years of Housing, Garland Publishing, 1981 Vol.1-3）。
[23] Schwarz, Gabriele "Allgemaine Siedlungsgeographie", Berlin, 1981.
[24] Guidoni, E. "Primitive Architecture", Harry N. Abrams, Inc, Publishers, New York 1979. Pier Luigi Nervi (ed.), "History of World Architecture", Vol.1.
[25] 松沢哲郎『進化の隣人　ヒトとチンパンジー』岩波新書，2002年。松沢は，ヒトとチンパンジーの違いは，「自己埋め込み的な知性の深さ」「再帰性をもった情報の処理」にあるとする。また伊勢史郎は，「脳内で神経細胞が快楽物質を生成しながら自発的に配線されることによって概念を生成するという自己組織化のメカニズム」を持つのがヒトであるとする（『快感進化論』現代書館，2003年）。
[26] A・ラポポート『住まいと文化』山本正三他訳，大明堂，1987年。
[27] Cataldi, Giancarlo, 'Structural Types': EVAW, pp.645-646.
[28] 太田邦夫『東ヨーロッパの木造建築』相模書房，1988年。
[29] B・ルドフスキー『驚異の工匠たち ― 知られざる建築の博物誌』渡辺武信訳，鹿島出

版会, 1981年。
- [30] Oliver, P. "Dwellings: The Vernacular House World Wide", Phaidon Pr., 2003.
- [31] 立本成文『地域研究の問題と方法 ― 社会文化生態力学の試み』京都大学学術出版会, 1996年。
- [32] ロクサーナ・ウォータソン「親族関係と『家社会』」『生きている住まい ― 東南アジア建築人類学』布野修司監訳, アジア都市建築研究会訳, 学芸出版社, 1997年 (The Living House: An Anthropology of Architecture in South-East Asia)。
- [33] Kent, Susan, "Spatial Relationship": EVAW pp. 637-643.
- [34] 江戸幕府作事方大棟梁の平内家に伝わる木割書（1608年）。
- [35] Oliver, P. (ed.); "Encyclopedia of Vernacular Architecture of the World (EVAW)", Cambridge Univ. Pr., 1997.

I

北亚、东亚

panorama　　　　北亚、东亚

P·奥利弗的 EVAW 包括中国、印度在内将亚洲大陆划分为 9 个区域，但是在本章所涉及的是日本周边，包含中国台湾、蒙古、中国西藏在内的东亚和北亚，即西伯利亚北极圈。

西伯利亚北极圈自古以来有多民族居住，被看做是住居基本型的是圆锥形住居→折线圆锥形住居（雅兰格 yaranga）→优鲁特（包）的发展系列。圆锥形住居在整个北极圈均可看到，优鲁特遍及中亚，除此之外的住居形式代表的是井笼组（井干式）住居（长屋），竖穴住居是普遍的，也有高床式仓库形式的。

中国按不同时期国土面积大体可以分为大中国和小中国。作为中国最初的统一王朝是控制中原的秦朝，但是基本的国土构成，纵观执政的隋、唐以后，中国的统治空间由大中国→小中国→大中国→小中国→大中国不断反复地收缩扩大。汉族和非汉族的对比也容易理解。统治大中国的是有鲜卑血统的唐、蒙古族的元、满族的清。

中国中东部，分为华北、华中、华南。分别从沿岸部到内陆部划分几个小区域，代表中国的住居形式是四合院（四合房）。北京城内的四合院是其代表，从河北省西部到陕西省西部广泛分布。此外同样的构成在吉林、山东、河南、江苏、福建、湖南、湖北、四川、广东、云南等省也可以看到。江南地方，中庭小巧别致，被室内化，带有称作天井的天窗形式。在江苏省，东西没有厢房，只有墙壁围合中庭的形式。

中庭式住宅究其根源，最早虽不叫四合院，在广东省可以看到称为竹筒楼的狭长住宅。也许这种形式传播到越南、马六甲演变为店屋形式吧。

中国的黄土高原一带，可以看到称为窑洞的洞穴形式的传统住居，这种窑洞的平面形式，基本上与四合院相同。不仅是住居，宫殿、文庙、道观、清真寺等，都是采用四合院形式，其左右和前后的对称格局的拘泥也有不合理的地方。

在其中独放异彩的是福建省一带的圆形土楼，一个集合住宅就是一个村子。

对此，中国的周边可以看到多样的住宅形式。说到中国的住居就会想到地床式，特别是华南木造的悬挑或者高床式住居（吊脚楼、干栏）很多。森林资源丰富的地方木造建筑发达是自然的。

朝鲜半岛的住居颇有特征的是温突，这是非常独特的采暖系统。此外，称作"抹楼"的板间也独具特色。从北到南，可以区分几个地域类型。

中国的台湾，长久以来被视为"编外之地"。欧洲殖民未持续，其居住文化是从中国内地来的移居者、外省人带来的。但是过去称为"高山族"的各民族维持了特异的居住文化。也被视为南岛语族的源乡。

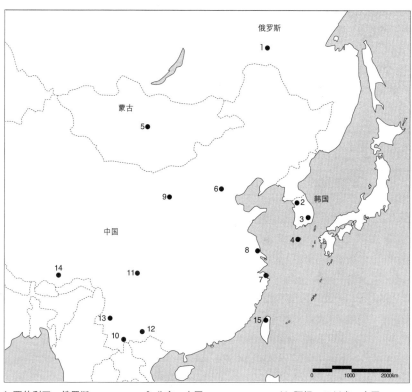

1 西伯利亚，俄罗斯
2 首尔，韩国
3 良洞村，韩国
4 济州岛，韩国
5 蒙古，欧亚大陆
6 北京，中国
7 上海，中国
8 周庄，江苏省，中国
9 黄土高原，中国
10 傣，云南省，中国
11 阿坝，四川省，中国
12 永宁，云南省，中国
13 纳西，丽江，云南省，中国
14 拉萨，西藏，中国
15 雅美，兰屿，台湾省，中国

Ⅰ 北亚、东亚

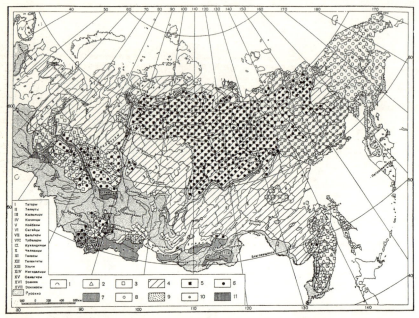

图 1-0-1 北欧亚大陆的住居类型分布图 1 架构形式

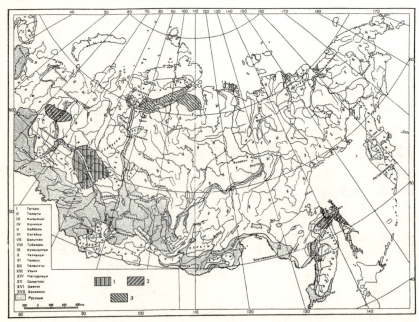

图 1-0-2 北欧亚大陆的住居类型分布图 2 竖穴和高床
1：竖穴住居，2：高床住居，3：雪橇上的 chum（驯鹿民族的帐篷）

图1-0-3 北欧亚大陆的住居类型分布图3 ( )内的数字对应分布图1的数字1-9

I 北亚、东亚

01 雅兰格，折线圆锥形住居
——西伯利亚，俄罗斯

在西伯利亚，俄罗斯北极圈，自古以来居住着30多个民族。大体上可分为冻土地带的驯鹿游牧民、北方针叶树地带的半定居采集狩猎民、大草原（steppe）及山岳地带的定居农耕民以及游牧民。冻土地带和北方针叶树地带是以食苔为生的驯鹿游牧民的栖息地，这些追逐驯鹿的游牧民在辽阔的领域过着十分相似的生活。堪察加半岛北部的楚克奇（Chukchi）族和科里亚科（Koryak）族，以大规模的驯鹿游牧而闻名；而在沿海一带以捕获鲸鱼、海豹等大型海洋动物为生。此外，鄂温克（Evenki）族等以大河周围为居住领域的民族也依靠捕捞为生。

传统的聚落、住居形态可分为驯鹿游牧民（涅涅茨Nenet、拉普兰Saam、埃内茨Enets、牙内桑Nganasan、道尔甘斯Dolgans、楚克奇chukchi、科里雅克Koryak等民族）的野营地，以及游牧民（雅库特Yakut、布里亚特Buryat、阿尔泰Altai等民族）的野营地，采集狩猎民（汉特Khanty、曼西斯克Mansi、鄂温克等民族）的临时季节性住房（夏营地、冬营地、秋/春营地）、半定居的采集狩猎民（康迪、雅库特、奥罗克Oroki、乌尔奇Ulchi等民族）的冬营地，以及定居民（塞尔库普selkup，楚克奇，科里亚克等民族）的住居等5类。

在北部最普通的住居是用兽皮或树皮覆盖屋顶的木构房屋。西北西伯利亚的楚克奇、爱斯基摩、科利亚克等族同北美北极圈一样，也有用鲸鱼等海洋动物的骨头作为结构材料的情况。偏南部的鄂温克、布里亚特族、阿尔泰族等使用的是帐篷住居。再往南则变成了毡包（蒙古包、包）。结构形式上，依地域不同也有并用的情况，可分为各种帐篷、木造柱梁、木造校仓（井干式）、石造形式。从地板形式看，帐篷形式多为平地式、圆形平面，也有像阿姆里亚族那样在抬高的地板上搭建木墙的井干式做法。最常见的是被称为"丘目chum"的圆锥形帐篷形式。

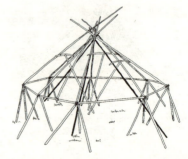

图 1-1-1　科里亚克族和楚克奇族的雅兰格，结构

图1-1-2 科里亚克族和楚克奇族的雅兰格，组装顺序

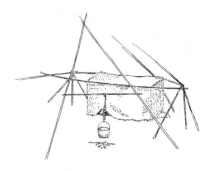

图1-1-3 科里亚克族和楚克奇族的雅兰格，内张式帐篷polog

另外有趣的还有塔塔尔族、Teleyuts族、雅库特族等的折线圆锥形住居"雅兰格（yaranga）"。折线圆锥形是由村田治郎命名的，即在平面为圆形的近乎垂直的墙壁上架设圆锥形屋顶的形式。其形态与毡包（蒙古包）很相似。雅兰格有直径接近10米大规模的，在技术上是能抵御严峻自然环境的形式，可以说这种形式是由圆锥形帐篷发展而来的。

雅兰格住居的骨架中心，是由又长又粗（3～5米）的构件搭成的三脚。从三脚的中心开始画圆，在圆周上每隔一定的间隔打桩（1.2～1.5米），桩由叉首构成，或为三脚形式，一处使用2～3根，顶部由皮绳捆绑固定。桩的顶端依次用横梁相连形成多边形，桩顶和三脚的顶部用斜梁连接，为支撑斜梁，在斜梁中间插入水平拉杆，内侧由T字形的斜撑支撑。

该骨架的上面如果用驯鹿皮覆盖的话需要几十头驯鹿。为减轻重量，需剔毛并进行缝合。也有装上用海象肠子做的窗户的。覆盖物的下摆部分压上重物，与桩、梁连接的节点部位，冬季洒水使其冷冻以堵塞空隙。此外驯鹿的皮也可用来制衣和造船，鹿角可以制成弓箭或工具，腱可作腱绳。总之驯鹿是当地所有生活的必需。

内部中央砌有炉灶取暖，也供炊事用。与作为主骨架的三脚柱相接的梁上吊着锅。科里雅克族等的大规模雅兰格是供共同生活用的，个人用的帐篷则架设在雅兰格的内部。

完全可以把雅兰格看做是毡包的原型，但其分布并不均衡。圆锥形帐篷在整个西伯利亚都可以看到，雅格兰在东北部较多见，在那里越是古老的西伯利亚人越使用更进化了的结构法，说明新西伯利亚人出现很可能是在雅兰格问世以后。在亚述、西亚细亚、南俄罗斯等地区也可以看到圆锥形帐篷，就是说即便是极寒地也产生了雅兰格，进而在追求迁徙性的蒙古平原相继发明了自成体系的优鲁特，并再次传到西方。

02 旧汉城,北村的韩屋
——首尔,韩国

构成朝鲜半岛住居特征的是称为"温突"的独特采暖系统。包括最南端的济州岛在内朝鲜半岛全域都使用这一系统。炉灶或特设的焚烧口处生火产生的热气(烟)通过地板下设置的烟道,使地板升温的供暖方式就是温突。这种供暖方式多见于东北亚一带,在中国称作炕。所谓炕,即不是整个地板,而是将睡床的局部作为取暖的装置。

关于温突的起源有多种说法,以诸多考古遗迹为依据支撑的高句丽起源说最具说服力。最古老的文献是北魏(398~534年)《水经注》中关于温突的记述。此外有《旧唐书》、《新唐书》中也记载有在高句丽下层阶级使用"长坑"也就是温突的史实。

温突的烟突成为中庭景观的一个特征,但给房屋的布置带来了很大影响。即以外墙严丝合缝的特定空间(温突房)为单位构成了一套住宅的整体。

和温突一起构成朝鲜半岛住居重要因素的是抹楼。所谓"抹楼",是指抬高地板的"板间",也称为大厅,与温突房相反,是极为开放的。虽说是地板但和日本地板高度相同,称作抬高地板也许更为恰当。抹楼的起源有南方起源说和北方起源说两种,若从重视其开放性来说南方起源说应更贴切。朝鲜半岛住居的平面划分,是由冬天用的温突房和夏天用的抹楼结合而成的。

这种结合也因地域的不同而不同。其中的一个典型是都市住居的形式。

首尔,原旧汉城是伴随14世纪末(1392年)的朝鲜建国,以朝鲜王朝的自然观和世界观,即朝鲜的性理学为基础缔造的首都,现在位于首尔的中心。旧汉城以景福宫和昌德宫这两座王宫为中心造城,在过去约达500年(1392~1910年)间,始终是行政、军事、经济的中心。

北村位于景福宫和昌德(宗墓)宫之间,是朝鲜时代贵族和豪门权势(两班)的居住地形成的传统住宅聚集地,由苑西洞、齐洞、桂洞、嘉会洞、仁寺洞等5个街构成,因位于横贯旧汉城东西的清开河和位于钟路北侧而得名"北村"。从风水地理上看,这个地区的最上面是景福宫,其次是

图 1-2-1　枝型街区

图 1-2-2　网格型街区

图 1-2-3　马丹（中庭）

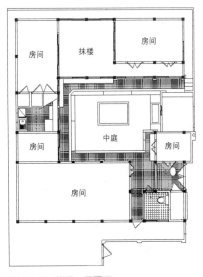

图 1-2-4　韩屋，平面图

昌德宫。夹在两座王宫之间的这一带被视为阳气，即风水宝地。地形为北高南低，冬季温暖且排水好，南面宽阔开敞，视野也好。此外住宅的主要房间终日向阳，是宜居之地。

该地区至今还保留着很多堪称韩国传统住宅的都市型韩屋，有600年历史的城市风景传承至今。然而，历史性变化也很大。朝鲜时代末期，发生了土地被细分化，建造了很多小规模的住宅。现在保存下来的韩屋约有860栋，1930年改建的占大多数。与往昔的大型韩屋相比，中庭的规模较小。即便如此，中庭型的韩屋群至今还以桂洞和嘉会洞一带为中心保留下来，根据小巷的形态可以看出枝型街区和格子型街区两种街区形态。

枝型街区，是沿迷宫般的小巷构成街景；格子型街区则基于网格状的原理形成。

韩屋基本上是木结构，屋顶铺瓦。进入宅门后是中庭，通往各室的动线都由此开始。此外，设有与中庭相连的半户外空间的抹楼，起到连接各房间的作用。该中庭与抹楼终日阳光普照、通风良好，十分的舒适。现在抹楼几乎都装上了玻璃窗。

Ⅰ　北亚、东亚　　41

03 两班家和草房
——良洞村,韩国

在李氏朝鲜第七代世祖(1417~1460年)的时候,以国王为中心的两班(文班和武班)官僚建立了中央集权的统治体制。两班之下是中人、吏行、良人(百姓、常民)、贱民4个身份等级,包括两班在内由5个阶层构成社会。所谓中人,指的是医生、翻译、法律家等专家,吏行指的是吏胥和军行,末端官僚和军人。良人占大多数,从事农工商业。良人中的多数是小家族经营的自耕农民,地主阶层形成上层,下层是住宿在两班和地主家中,相当于无家庭的准奴婢阶层。贱民分为从属于国家机关的公贱,和从属于两班、寺院、上层良民的私贱。不仅有住宿的家中奴婢还有各户进行小经营的外居奴婢。

由于这种身份制度的存在,对住居也制定有各种各样的规范。首先,用地规模按照九品制分成各等级。此外,建筑物的规模、高度也有详细的规定。规模以间(1柱间×1柱间=4根柱环绕的空间为1间)为单位,比如规定庶人在10间以下。还有装饰和色彩也有规制。私宅基本上严禁涂红色,斗栱的使用也被限制。

传统的两班村良洞村(Maul)由朝鲜初期的庆州孙氏和丽康李氏两大门阀形成。首先入乡的孙氏维持与李氏的姻戚关系形成了"团村"。附近的仁洞里居住的是庆州孙氏,而安溪里居住着丽康李氏。该地域直至19世纪中叶都隶属于一个称为"阳齐洞"的行政单位。

从聚落内的房屋布置上看,位于街区西北侧的后山很大且有森林,后山的山脊处集中了人家。本宗的两班家建在靠近山峰的高处,其下则是直系和旁系子孙的住居。

现在的良洞村的房屋150栋、亭15座,此外还有学堂、灵堂、牌位堂等。这其中国家级文物(国宝)有3栋,重要的民俗史料文物有13栋,地方物质文化遗产有7栋。

两班房屋的周围和山麓是外居奴婢居住的草房。通常一栋两班家建有5~6户的草房。据推定草房是为建两班住宅而事先迁入的。

基本的住宅形态为口字形和L形。所谓口字形是以相当于夏天居室的大厅为中心,其左右对称布置房间的形式。进入18世纪以后封闭的口

图 1-3-1 两班的住宅

图 1-3-3 草房

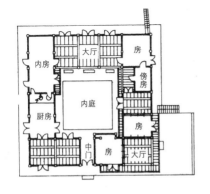

图 1-3-2 两班的住宅,平面图(口字形)

图 1-3-4 草房,平面(L 字形)

字形演变为开敞的形式。即由釜屋(厨房)和与其相邻的女性空间内房、作为客厅的男性空间、舍廊房等建筑构成。L 形则为大厅、内房、釜屋组成 L 形,草房几乎都是 L 形的。

对于以农业为主的外居奴婢来说中庭是干燥谷物、储藏用的作业场,中庭还设有牛舍等。

两班的豪宅至今没有太大改变,但草房却变化很大。日本殖民地时代李氏朝鲜时代的身份制度被废除,其结果是从农村流入城市的奴婢阶级急增。此外,朝鲜战争的前后,由于佃农的奴婢阶层的农民解放运动和战争的影响,草房的数量也迅速减少。到了 20 世纪 70 年代,因安溪贮水池的建设而遭水淹地区的居民流入良洞村,拆除原有的草房建设了新的住宅。草房的形态也随着时代发生了很大的变化。

1984 年良洞村被指定为民俗村,村中居民的生活受到很大的制约。要求改造成茅草屋顶,拆除畜舍。另一方面,对于建筑物的限制也导致了住宅内部违章增、改建的增加。

04 里弄和入口，三多岛
——济州岛，韩国

朝鲜半岛的住居，都有抹楼、温突房、釜屋（厨房）、马当这些共同的要素，按照规模的顺序可以设想一定的构成规则。以炉灶为中心的一室住居，增加房间后变成二室住居，之后再引进温突，让釜屋和房间分离，然后增加房间的发展规律。即遍布整个半岛的基本型。

另一方面，各地域也有其特色鲜明的形式。大体上可以分为北鲜型、西鲜型、南鲜型。此外，都市型（韩屋）也可自成一类，还可以区分出来的是济州岛型。

济州岛是朝鲜半岛以南最远的、也是韩国最大的岛屿。济州岛又称"三多岛"。所谓"三多"指的是"风"、"石"、"女"多。

济州岛的住居被称为"抽嘎（草房）"，草屋顶。虽为木结构，但为了应对强风的自然环境采用了不少措施。屋顶从上往下用粗绳（直径5cm）纵横捆绑。而且每隔1～2年就要进行加固。

济州岛住居的基地特征是没有固定形态。此外最重要的要素是"欧陆勒"和"焦恩南"。"欧陆勒"是指通到入口的里弄。从外部道路进入基

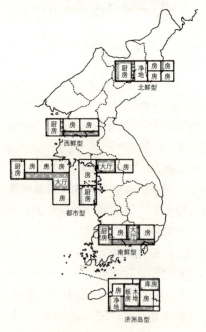

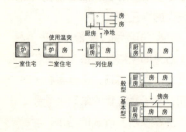

图1-4-1 朝鲜住居的发展推定图

图1-4-2 朝鲜住居的平面类型

图1-4-3 草屋

图1-4-4 里弄和入口

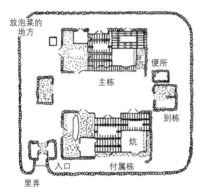

图1-4-5 宅基地总平面图

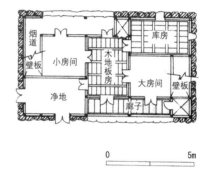

图1-4-6 平面图

地时，从错开主屋的正面曲折进入为原则。这是出于避免强风直接吹入基地内和建筑中的考虑。此外还有遮挡外部视线、确保内部独立性的目的。"焦恩南"指的是进入里弄的住居入口。即两侧立一对柱础石，其间横上3根圆木，是极为简单的扉、门。架上木棒时表示家中无人。1根也不架，表示家中有人，只架1根表示在附近外出，架2根表示稍远距离的外出，架上3根表示晚上回家很晚。象征着极为开放的社会关系。

基地由主栋"昂克利（内房）"和附属栋"巴格力（巴卡切）"，以及"别栋（毛克利）"3部分构成。附属栋与内房平行布置，别栋与其垂直布置。内房和附属栋分别设有称为"江基"和"江阶"的厨房，内房的厨房为婆婆用，附属栋的厨房为儿媳用。其空间格局也是为了回避婆媳矛盾，即在基地内设置炊事分离的独立的两个生活单位。

此外别栋有牛舍、猪厕所、泡菜储存处等。别栋中有意思的是猪厕所，设置在猪舍的上方，是以人粪用作猪食的系统。

05 毡包，移动住居的一大杰作
——蒙古，欧亚大陆

提到蒙古的住居就是毡包。汉语称包，蒙古语和突厥语中称优鲁特（Yurt），不仅是蒙古，在中亚、西亚一带也可看到。移动住居堪称游牧民发明的一大杰作。

毡包大体可分为两种：乌尼（椽子）为直线形的，椽子紧贴哈那（编壁）弯曲形的两种类型。前者被称为蒙古型、或卡尔梅克型，为布里亚特族、塔塔尔族、卡尔梅克族所使用。后者为吉尔吉斯型、或突厥型，为吉尔吉斯族、哈萨克族、乌孜别克族、土库曼族所使用。伊朗西北部的肖塞旺（Shahsavan）族的"阿拉奇"使用的包，没有编壁，整体都为圆顶形。

毡包的组合方式有以下几种：

1) 选择离水场较近，尽可能平坦的场地，铺上地板。夏天使用棉布、绒毯和塑料垫。门的朝向为南或东南。

2) 展开哈那，圆形的壁稍向内侧倾斜。装上门扉、上下用鬃毛绳子捆紧。

3) 一人用2根支柱支撑天窗。另一人从外侧先从四个方向把乌尼插到天窗的孔内用绳子绑系在编壁上。

4) 依次将乌尼插好后，把乌尼端部的绳结挂在哈那顶部的交叉处予以固定。

5) 将内部顶棚用毡覆盖在乌尼上，然后用绳绑结在哈那上，用毡布围上墙壁。在屋顶上盖20多厘米厚以保证不滑落下来，把编壁毡布上端的绳子系结在哈那上。

6) 在屋顶上覆盖毡布。

7) 铺上防水布，然后再覆盖帆布。最后把压外壁用绳穿过门框处的孔洞，分上中下三段系好。

8) 帐篷开关用的天窗帘盖住天窗的一半。

通常使用的毡包，按扇数表示大小规模。4～8扇为直径5～8.5米。一般5扇为居住用，4扇为储藏室、仓库的例子较多。5扇的毡包的搭建时间为1.5～2小时，拆除则要花1～1.5小时。需要2～3人作业。通常为女性的工作。除床板以外总重量为250～300公斤。各构件按个数分开，用牛和骆驼运载。近年来也有使用拖拉机的。

游牧地分别春夏秋冬有野营地，以夏营地和冬营地为中心。在毡包的生活情况如下。

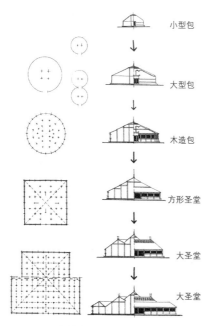

图 1-5-1 包的类型

图 1-5-2 包和家畜的围栏

早起后揭开天窗上的帘子，架上烟囱，点燃炉灶。房间朝南是基本原则，可以根据太阳的运动来知晓时辰。7月的白天户外气温是 25～30℃，早晚为 12～15℃。白天天窗全部打开，晚上撤下烟囱，盖上窗帘。如气温不下降，烟囱就一直保留。夏季室内温度上升时，卷起墙的下摆以通风。窗帘用薄木棉作材料，为了驱虫也有使用网眼布的。

冬季的气温达到零下40℃，铺上兽粪，再铺上两三层毛毯。屋顶铺两层毡，墙壁也围上三层毡。为防止墙裙缝隙的透风在下面排布小木板。

基本上一个核心家庭住一个毡包。虽也有和祖父母同住的，但通常是增加毡包个数。也有使用仓库用毡包的情况。父亲和 12～13 岁以上的男性出去放马或放羊，该年龄以下的男子负责照看绵羊和山羊。母亲负责所有家务和挤奶、制作乳制品。女子按年龄协助母亲做事。一般到 12～13 岁就学会了收集燃料用的牛羊粪便、裁缝、鞣皮、做饭等家事。

一般入口的正面中央被视为最重要的场所，古时摆放崇拜天空（Tengeri）的象征物。此外也用作萨满[黄]教、琐罗亚斯德（Zoroaster）教、藏传佛教等的祭坛。暖炉在中央，天窗的正下方，原则上面对入口的左边为女座、右边为男座，但近年来也不那么严格恪守了。没有厕所，全部为野外排泄。在有水的地方进行洗浴，也有把黄油涂身晒干的洗浴法。

威廉姆布鲁布克的游记《东方诸国记》（1258 年）中描写有"毡包直接放在车上用牛车托运"的场景。此外，布鲁诺·卡尔比尼·约翰修道士的游记《蒙古人的历史》（1247 年）中，有在皇帝即位仪式中立起了很多帐篷的描写，马可波罗的《东方见闻录》（1298 年）中，也有关于由毡包发展为宫殿的记述。

06 四合院
——中国

　　东西南北四面房子围合着被称为院子的中庭，即所谓中国传统住宅形式的四合院。这是中国有代表性的住宅形式，特别北京的四合院更为典型。在世界上也是有代表性的中庭式住居类型。

　　北侧中央是正房或称为堂屋的主屋，其前方相对布置称为厢房的东西向房，与主屋相对的南侧布置称为倒座的房间是四合院的基本型。没有倒座的、由三栋围合院子的称为三合院。

　　围合中庭的各栋，由前部面宽一间的开敞游廊连接起来。木结构使用砌筑的厚墙，屋顶为硬山式，山墙一侧屋檐不出挑，多采用圆栋的形式。入口的大门通常根据风水理论开在东南侧，尽头设有遮挡视线用的影壁。

　　主屋的正房一般面宽三间，中央为客厅，两侧为卧室，有的两侧再附设耳房作为卧室，倒座用作接待客人的客房。一般院子由垂花门分成南北两部分，分别称为外院（前院）、内院。内院是私密的生活空间，一般的来客只允许进到前院的垂花门位置。

　　南北向的院子以"进"为单位，按一进、二（两）进、三进……来数。两进和三进比较普通，大宅邸也有七进和八进的。

　　从乾隆京城全图上可以得知有各式各样规模的四合院。

　　四合院不仅限于北京，还广泛分布于河北、吉林、山西、山东、河南、湖南、福建、四川等省。属穴居住居的下沉式的窑洞基本上也是四合院的形式。

　　然而，虽形式基本上相同，也有不同的地方。江南地区的四合院，天井（中庭）狭窄、也有省略东西厢房的形式。从南向北为门厅、轿厅以及称为大厅的客厅排列在一条中轴线上，最后以楼房收尾。中庭群不仅有1列，也有2~3列的情况。此外，设有庭院的宅邸也不少。因为江南地区富裕的商人和官僚较多，以苏州为中心豪宅也很多，

　　四合院的平面形式，不仅限于住宅、通用于宫殿和寺院等各类型建筑。清真寺（mosque）也是四合院形式。

　　四合院形式的建筑遗迹可以追溯到西周初期，可以认为具有悠久历史的传统。从《仪礼》等儒教经典中看到的士大夫住宅也是配有堂、寝、

厢、门、塾等要素的中庭式,画像砖上描绘的住宅也有四合院形式。南北朝、隋、唐时代的石刻、壁画上描绘的贵族住宅中也画有连续几进的四合院和三合院。

唐代末期以后,随着平坐到倚坐的普及,桌、几、床、榻等高座式家具被日常使用。宋代的绘画看到的住宅也有很多四合院形式,也有工字形平面的,有在城市为瓦葺屋顶、在农村为草葺屋顶之分,也有一部分中庭被庭园化的倾向。元大都中发掘的住居遗址是采用了四合院和工字形平面的。

三合院

四合院
(基本型)

两进四合院

三进四合院

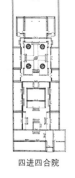
四进四合院

一主一次式
四合院

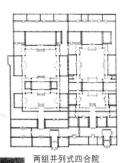
两组并列式四合院

花园住宅

0　10m

图1-6-1 四合院的平面类型和天井(上),鸟瞰图(下)

Ⅰ 北亚、东亚 —— 49

07　里弄，租界的迹象
——上海，中国

里弄是指中国近代租界中大量建设的低层联排住宅。它诞生于上海，之后发展到了天津、汉口等租界。上海的里弄建设始于19世纪60年代左右。里弄原来是胡同、小巷的意思。1853年由于小刀会武装起义占领了县城，富裕阶层陆续来租界避难。外国商人参考当时本土工人住宅建造起了租赁用的木造排屋（Terrace house）。从1860年到1863年由于太平天国军队的追击，租界人口激增。外国商人进一步建造了大量的排屋。然而，由于木造建筑易燃，1869年被租界当局禁止，砖木混合构造的石库门式住宅的建设得以推进。

此类住宅围有与房檐同高的围墙，外观整体如同仓库般封闭，户门由花岗石或宁波红石条做成，在中国传统的涂黑双开门上配以铜门环，气势威严，因为门是石库门，住宅也就被称为石库门住宅。木骨架构造，外壁抹灰的做法较多，两端的山墙上建有带传统马头和观音兜的防火墙。

平面构成上，虽是由传统的三合院、四合院发展而来，但深受江南传统住宅的影响。进入内部有天井（天窗、中庭的意思）以采光、通风，同时也是作业空间。天井的两侧厢房相对而立，正面是开间宽敞的正房，正房由中央的客堂及其两侧的房屋构成。客堂是一家团圆、接待客人的场所，是家的中心。举行结婚和葬礼等仪式时，取下面向天井的门窗就会连成一个大空间。客堂的里面设有楼梯，上二层，客堂屋的正上方是客堂楼，是女眷们集合的场所，也是接待客人的场所。与中庭相隔，正房的后面是平房小屋群。中间是厨房，两侧是佣人的房间或仓库。以上为当时流行的三上三下一正两厢的石库门式里弄住宅的基本构成。初期被大量建造的称为旧式石库门住宅。现存的兴仁里（1872年）、洪德里（1901年）等，主要分布在原英租界中。

19世纪末，出现了面宽一间（柱距）两层的更简易的形式。这种住宅的檐高较低，外观上与广东的旧式城市型住宅相似。建造初期，因居民多为广东人和日本人，又被称为广式里弄和东洋房子。初期大多建在沪东，1900年前后建设的八埭头为广式里弄的典型，主要以中低层收入者为对象。

20世纪初到20年代期间，为应

图1-7-1 旧式石库门里弄，平面图

图1-7-2 旧式石库门里弄，断面图、立面图

对由于经济发展带来的人口急增，出现了被称为新式石库门里弄的住宅类型。新式石库门里弄，在保留原有的里弄形式的同时，开始采用了西洋建筑构造、设备和材料，被称为改良型石库门建筑。20世纪初到30年代期间，以租界西部为中心盛行起来。现存的范例有宝康里（1914年）和斯文里等地。20世纪20年代以后，由于土地不足，新式石库门里弄为三层建筑，面宽也多为一间。外观上继承了旧式石库门的形式，门的外观使用工业材料，门扉上可以看到西洋和中国传统等多样化装饰。后侧的小屋为两层建筑，一层为厨房，二层为亭子间。设有卫生设施，十分重视住宅的朝向、通风和采光。围墙的高度降至二层的窗台以下，改善了通风和采光。排斥了花式门兜和马头墙等传统手法，一般采用了人字屋架和人字山墙。外墙

图1-7-3 新式石库门里弄

饰面变为面砖，一部分使用清水墙。此外钢筋混凝土结构的建造也开始了。

新式石库门里弄的平面构成呈多样化，开间除2间的、1间的以外还有1间半的，为改善采光的条件，采用了进深小的平面。层数一般为3层，也有设没有窗户的"暗层"的。上下水、电气、卫生设备齐全，有的还有取暖设备。有用高围墙、低栅栏取代铸铁石库门的，也有用小庭院取代天井的。代表性的新式里弄有凡尔登花园（1925年）、霞飞坊（1927年）等。

还有面对富人阶层的花园里弄和公寓里弄。花园里弄是30年后，从新式里弄发展而来的半独立式住宅。公寓里弄是新式里弄和花园里弄相融合的高级公寓。两者在重视建筑外部环境，平面、外观接近西洋建筑上具有共同性。

据说上海建有9000多条里弄，20多万户，对广大上海居民来说，里弄是生养他们的住居。但是近年来在城市中心再开发的浪潮下，许多里弄被拆毁，如何保存、利用里弄是重大课题。

Ⅰ 北亚、东亚 —— 51

08 湿地的三合院
——周庄，江苏省，中国

虽然汉族占中国总人口的90%以上，其聚落和住居形态却因地域的不同而多种多样。但以四合院为代表的中庭型形式，以各种变形被很多的地域所采用。在江苏省，传统的住居一般也采用被称为"三合院"的中庭型形式。

江苏省位于长江下游流域，是中国有代表性的谷仓地带。其地域地理特征之一是有大规模的湿地。因此其住居也和水路有着密切的联系。

位于江苏省南部的"水都"苏州以东约30公里的周庄，是由一个镇和19个村及一个渔村构成的行政区。和其他的水乡地带一样，周庄的主要交通网是水路。因此为了使人和物便于通过水路，住居的正门一般朝水路方向开启。

在镇里，各住居与邻居的外墙相连高密度地布置，开间（面向水路的部分）狭窄且进深纵长。水网密布，住居的朝向（此处的"住居的朝向"指的是主屋即堂屋的朝向）不是由方位而是由水路的流向来决定。采用三合院形式，即⊐字形平面朝向内侧反复布置的形式（中等规模以下的平面为⊐字形、L形或一字形）。

该地域的三合院特征，是拥有称为"避弄"的空间。所谓避弄，只有城镇的大规模住居才有，住居的外侧到内侧是细长伸延的弄堂形式（江南地区"弄"是胡同的意思）。住居的外侧是社会性空间，内侧是家庭空间，避弄是服务用的流线空间。

另一方面，农村的住居形式和城镇稍有不同。首先住居无论是沿着南北流向的水路（以下简称"南北水路"）还是沿着东西流向的水路（以下简称"东西水路"）建造，都是朝南的。但由于水路一侧要作为通路的需要，各住居必须面向水路一侧，必然也形成与城镇一样的，面向水路的开间窄进深长的基地模式。

此外，与水路方向无关，住居的平面以各室排成3列的形式为基本单元，向内侧重复布置。但由于上述的基本单元朝向必须朝南，因此自水路方向与基本单元的连接方式各有不同。

也就是说，位于东西水路沿岸的住居，各基本单元呈"直列"连续的形式。这种情况基本单元附属有称为"横屋"的房屋，重复⊐字形平面或变形为L形。因此镇的住居出现

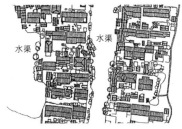

图 1-8-1　农村聚落图（南北水渠沿线）

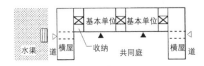

图 1-8-2　南北水渠沿线的大规模住居

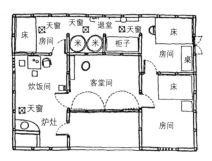

图 1-8-3　基本单元的平面（1/300）

图 1-8-4　从水渠方向看住居

比较相似的布置。

而南北水路，各基本单元为"并列"连续。如果是富农的住居，各基本单元呈相连的横长形住居。此时各基本单元之间夹有称为"龙梢"的储物空间。

横向连续设置的房屋（或住居群）的两端设有横屋。因此使南北水路一带也形成了冂字形平面的中庭住居形式。

然而小规模的住居，无论是南北水路还是东西水路，各基本单元分栋设置，根据亲族关系形成住居群。

在这样的农村，因水路的朝向不同住居形态也不同，沿南北水路建造的住居空间的使用方法如下。

在传统的住居中，一个住居（住居群）中生活着一个父系大家族。一般一代人使用一个基本单元。在南北水路沿岸，从水路或聚落内的道路，穿过作为门的横屋进入共同庭院是通往各基本单元的通道。共同庭院也主要作为农作业使用，也建有饲养家畜的小屋等。

复数的基本单位中，长男的家使用最东侧的房间（在汉族的空间概念中，东比西优越）。进入基本单元的住居内部要从"客堂（堂屋）"进入。客堂两侧分为前后两室，作为"厨房"和"卧室"来使用。位于炊事间相反序列内侧的房间是主卧室。客堂间的内侧是"退堂（储藏）"，房屋的两侧"横屋"也主要作为仓库使用。

现在的农村住居，由于每代家庭由政府指定用地建设房屋，由亲族关系形成的大规模住居的例子已经看不到了。

09 窑洞，下沉式和靠崖式
——黄土高原，中国

窑洞即指中国黄土高原一带的传统洞穴住居。其分布为北纬35°~40°，北以连绵起伏的万里长城为界，南以向东流淌的黄河支流渭河为界。东经105°~115°，自西包括甘肃、宁夏回族自治区、陕西、山西、河南等五省，年降水量在500~600毫米的半干燥地带。

窑洞因地形的不同可分为若干类型，在整个黄土高原地区都可以看到的是，直接穿凿自然山崖的横洞式的"靠崖式"，形如其文"靠"在"崖"上，即"凭靠"的形式。中国国内说到窑洞一般以陕西省北部革命圣地延安的靠崖式为代表，但延安是由洞穴发展起来的，以石块砌成拱顶状的平地形式为主流。

在没有山崖，木材也很贫乏的一望无垠的平原地带情况如何呢？在遍及黄土高原南下半部称为塬的台地上常见的是称为"下沉式"的地下住居。

所谓下沉式即首先在黄土大地上掘出一个一边长10米，深6米的方形竖坑。这是地下的中庭，然后在其四面挖出横穴。通往地下要在竖坑外侧设置坡道或台阶从东南角进入。

该竖坑即中庭一定是正对东南西北方向的。可以说方形是意识四个方位的形态。横穴中采光好的北面是年长者的房间，东西是长子、次子夫妇的房间及厨房，南面有畜舍和厕所。这种佐证儒教思想的长幼有序与方位有关系的格局布置，与中国具有代表性的住宅形式四合院一样。下沉式可以理解为是将北京四合院式那种中庭型生活方式向下沉降的形式。然而本应为私密空间的中庭以"下沉式"而被地上一览无余，展现在眼前的是一种戏剧般空间的奇妙演变。下面以"下沉式"的中庭空间为例对比一下东西地域的差异。

简而言之，与西（陕西以西）的"柔"相对，东（河南）为"硬"。与西部相比在温暖多雨的东部，出于防雨的考虑墙面整体贴有烧砖，屋顶四

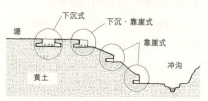

图1-9-1 窑洞的形式和地形的关系

图1-9-2 下沉式窑洞聚落（山西省平陆）

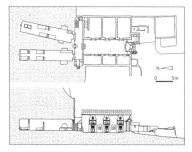

图1-9-3 靠崖式窑洞（河南省巩县）平面图、断面图

周环绕有披水屋檐，住居的轮廓给人以厚重的感觉。该中庭通称为天井院，形象地表达了站立于此仰视的"天"被切成了"井"字形的情形。而且"天井"也指南方类住宅一般的中庭空间。

而西部没有披水屋檐，墙壁也只是用混入麦藁的黄土进行涂抹而已，中庭显得更包容和柔和。"下沉式"中庭空间的东西对比，让人想起意大利城市住宅多莫斯（domus 独立住宅）的两个中庭空间，即 atrium（中庭院）和 peristyle（柱廊围合的院）。

看看横穴的形态，在东部的入口部分收束，其内部为长方形居室的延续。居室的拱形断面为半圆或人字拱。拱顶形状呈内侧逐渐扩展型截面。而在西部拱的断面为尖头形，拱顶为上宽下窄型。此外在西部，横穴挖掘后，利用挖出的土制成土坯砖，用来砌成前面墙壁，使入口不会呈现束腰。内陆为应对冬天的寒冷，在入口一侧设有温突式的炕也是西部的特征。

在西部，随着家族成员的增加，横穴的数量不足时，可以向中庭扩张，即墙壁作后退处理。与此连锁的横穴如同从叠加的纸杯上面抽出一只一般，墙面被剥去一层皮，横穴的前墙也重新砌筑。而在东部从入口两侧的葫芦形来看丝毫没有可以向中庭扩张的余地，如果家庭成员增加只好在其他地方开掘新的中庭。与中庭在原地可以逐渐扩大的西部不同，在东部，中庭的规模不变的聚落呈现出无序蔓延的倾向。

居住者将窑洞的优点表述为"冬暖夏凉"。其原理在于距离地表的深度，尤其是下沉式。一般来说地中温度在地下约6m的地方达到恒温。此温度是该土地的年平均温度，如西安为16℃。也就是说地下横穴选择的是该土地对人体最亲切的温热环境。更有意思的是与地表的时间差，虽只有1～2℃的振幅，地中的年温度呈现出微弱的"～"形曲线，酷暑的8月最低温度为14℃、严寒的1月最高温度为16℃。这也隐含了"冬暖夏凉"的含义。窑洞的确是黄土高原的产物。

Ⅰ 北亚、东亚 —— 55

column 1　　　　纸火——死者居住的理想住居

"哎呀,妈"。在荒凉的黄色大地的土坡上,身着白色丧服的遗族一边磕头一边嚎哭。将死去的母亲的遗体放入棺材里进行土葬,堆起的一座座坟头整齐地排列着,坟前摆放着花圈,旁边是5人组成的手持唢呐、铜锣的乐队,演奏着悲伤的曲子。

之后,在遗族的背后,将住居的模型浇上汽油烧掉,模型在烈火中燃烧,瞬间化为灰烬。

这是中国黄土高原北部的窑洞聚落,连续三天的葬礼仪式的第三天早上的场景。这个模型称为"纸火",据说是死者在彼岸世界居住的住居,通过燃烧可以与死者的灵魂一起升天。纸火约1.5米四方,高80厘米,是用纸做的。

纸火,其建筑造型模仿该地域的窑洞住居,比实际的窑洞要豪华,大门带有瓦屋顶门头十分气派,围绕中庭三面为洞房的四合院,只有大门的两侧为平屋顶,设有停车房,内有石臼、磨房等农作业房间,厕所以及通往地下室的入口。有的还带有工房、机房等。大门的正面正房的屋檐上也覆瓦,吻兽、斗栱清晰可见,施以华丽的装饰。中庭有水井、菜园、花坛,也有佣人。在窑洞的内部,仓库里有米、面、豆、肉,厨房是整体式厨房,居室内家具、床、被子一应俱全,还有电视、音响、冰箱、洗衣机等,而且家电还标明是中国品牌厂家。就这样在纸火上施加了各种各样的工艺,目的是让死者在另一个世界生活得方便。

但是,黄土高原的北部是屋顶状、颗粒状的丘陵,地形不那么理想,建造三面围合的四合院是很困难的。此外,聚落内的小道蜿蜒曲折,能够通车的道路很有限。只有晚上通电,也没有上下水道,因此,上述的家电在这个地域是不能运行的。总之纸火是"非现实的"住居。但是正因为是"非现实的",才直接反映了该地域的人们理想中的住居。

图1　大门两侧的平屋顶建筑实际上被燃烧前朝向中庭一侧

图2　中庭有水井、菜园、花坛,还有佣人

column 2   从竹楼，木楼到砖楼
　　　　　　　——中国云南省傣族传统住居的变迁

　　中国云南省，是与缅甸、老挝、越南毗连的中国西南部地域，居住着许多少数民族。引人注目的是云南的少数民族与跨越国境的其他民族的文化类似性和关联性。近年来我国的建筑学领域也发表了很多调研成果。在此介绍的西双版纳傣族自治州的傣、鲁族的住居，新中国成立前是以"竹"为建筑材料的竹楼。

　　现在的西双版纳的经济显著发展，传统的住居、聚落发生很大的变化。由于城市化和汉化的渗透，称作"竹楼"的傣族特有的传统的高床式住居，从竹子到木材，以至到砖发生了巨大变化。此外，竹子、仙人掌建造的住宅围墙变成砖造的，有菜园、水池以及多样的植物，是极生态的，自给自足的宅基地的利用形态也有很大变化。

　　变化显著的傣族的住居，是高床式住居，平面布置的基本型没有变化。此外很多聚落维持了共同的生活习俗，称为神之家的"冯德拉"，视为村的灵魂的中心"干次班"等公建、共同的空间也得以维持。只是神之家现今也有改成混凝土的了。

　　从宏观上看，傣族的住居，在形态上、功能上可以看出文化的传承，另一方面的确随着生活方式的变化，房间的规模扩大、空间的划分、材料方面的现代化的进展是不争的事实。

　　成为傣族的传统住居竹楼的素材是竹子，基本以宅基地内的供给为主，不足部分用聚落内共有地的开放空间的野生竹子予以补充。此外，住居的建造也依靠自己的力量。从竹楼到木楼的变化，当初也是依靠宅基地、聚落来解决。但是木楼大规模化，由于政府对森林砍伐的禁止，木材的供给依赖于聚落外、以至跨越国境的老挝。木楼的大规模砖楼化，应对商品流通、建筑技术等领域的扩大，要进行生态的建筑材料和建筑小循环的改革。难能可贵的是即便是处于这个近代化的浪潮中，仍然继承和保留了传承下来的生活文化、建筑文化。

图1　传统的傣族的高床式住居，竹楼（曼龙代）

图2　傣族的高床式住居，木楼（曼龙代）

图3　景供近郊砖瓦建造的傣族的住居

10 竹楼
——傣，云南省，中国

在中国，傣族主要居住在云南省。历史上虽有多种叫法，其自称傣族，中华人民共和国成立后，成为其正式名称。同时为了与同样也是傣族的泰（中文表述为"泰国"）支系区分，表述为"傣族"。"傣"和"泰"的中文发音同为"tai"，但傣族自身的发音接近"dai"。

根据文献记载，傣族分为傣泐、傣讷、傣亚3个分支。然而，若包括小团体在内支系可分为4种或9种，其习俗和语言各有不同。在此看一下其中保留傣族特征最多的西双版纳的傣泐的住居和聚落。

傣族在精灵信仰的同时信仰上座部佛教，所有村寨风水好的方位都建有华丽的寺庙。寺庙的规模、屋顶的高度在村寨景观上尤为显赫，似乎为彰显其重要性。

傣族的村寨位于山麓，其裾野（山麓缓坡）处是宽广的水田。村子的四方有被称为"风邦（xə:nba:n）"的寨门。寨门是用竹和树等做成的，十分简单，据说可以守护聚落不受恶灵的侵扰。沿着村门的主路上有被称为村寨之中心的"刚宰曼（ka:ngtsaiba:n）"。如将村寨比作人体，相当于心脏或灵魂的称为"刚宰曼"，被村人视为"村心之中心"。各村寨的中心形态各不相同，多为大树和石头。除此之外，还有被称为"推达邦（teuda:bə:n）"的祭拜村神的祠堂静谧地坐落在不显眼的地方。这些村神、村心、寨门、寺等是村寨空间的基本且重要的构成要素，在任何村寨其存在都被认同。这样的傣族村寨有以精灵信仰和上座部佛教相结合的精神文化为基础而形成的特征。

傣族的住居原称为竹楼，因为柱子、墙壁、地板等均用竹子做成。现在木结构成为主流，砖砌的住居也在增加。

院子被竹垣、仙人掌或砖墙所

图1-10-1 傣族的住居

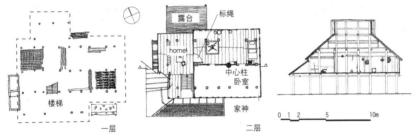

图1-10-2 傣族的住居，平面图　　　图1-10-3 傣族的住居，断面图

围绕。从门（tu）进入院子内，在近乎于中央的位置建住居，其周围种有食用的树木和果树、蔬菜。

住居为干阑式，主要的生活空间位于二层。地板下即一层为架空的底柱（pilotis）。从一层通往二层使用的是称为"风傣"的楼梯。拾级而上是称为"河姆"的带屋顶的半户外空间，它不仅具有进入室内的玄关功能，也用于接待客人和作业，拥有多种功能。

半户外空间延伸到被称为"仓"的露台。在露台进行备餐、洗涤餐具、盥洗、洗浴等行为。此外也作为谷物和衣物、卧具晾晒的场所。"仓"在使用水的同时还具有晾晒物品的功能，因此设置在阳光较好的地方。使用后的水和菜叶等垃圾直接倒在"仓"下面，由家畜来处理。

进入室内时，在称为"太雷"的装饰有标绳的入口处脱鞋。内部空间分成两个区域，一个是被称为"奈斯姆（naisum）"的卧室，另一个是有围炉或炉灶的大空间。卧室是家族裔外的人不许入内的封闭空间，房间的一角祭祀着称为"推打风"的家神。离家神祭坛近的地方被视为卧室中的上位空间，供年长者就寝。两个空间的隔壁是称为"桑当那伊"的家庭中心柱。该柱有多项禁忌而备受珍惜。它象征着家的精神中心，在构造上也是支撑脊梁的重要支柱。此外还有与家的中心柱配对的"桑当诺克"柱，以及与它们垂直相交的"桑擦"男柱和"桑囊"女柱。

虽然住居在每次重建时都不断地扩大规模，但基本空间格局始终不变。

在聚落中存在村神和村心两个象征，寨门成为结界（佛教用语，以门为界）。在住居中也存在有家神和家的中心柱两个象征以及标绳（以绳为界）的结界。在这一点上两者的空间结构是相同的。

Ⅰ 北亚、东亚———59

11 白石崇拜的家
——阿坝，四川省，中国

在四川省西部，存在大量拥有石造、平屋顶住居的少数民族集团。他们虽属于藏文化圈，却拥有与中央西藏不同的各自独特的语言、民俗和习惯，住文化也各不相同。羌族是其中之一。羌族人口约20万，主要居住在四川省阿坝藏族羌族自治州。

"羌"字在中国史料上出现得很早，早在甲骨文字上就可以见到。"羌"字由"羊"和"人"字组成，由此推测古代的羌指牧羊的人群。现在的羌族是否是古代羌族的后裔尚无考证，有很多研究者认为是有关联的。

现在的羌族，从事着农业、畜牧、狩猎和采集多种业种。信仰以天神为顶级的万物有灵论（animism），以白石崇拜为特征。

羌族的聚落位于海拔1500～2000米高度的山岳地带的坡地上。紧贴着狭长曲折的小巷两侧高密度地建有3～5层住居。也有住居突出在外、小巷呈隧道状在住居下面的情况。此外在古老的聚落内，保留有很多碉楼（塔状的构造物，据说在战争年代为防御设施）。由此可见聚落经常被比作要塞。

住居为平屋顶，外墙为石砌，内部为木造或石造。图1-11-1～图1-11-2的实例现在虽然无人居住，但据说是200多年以前的住居。据直至现今一直居住在那里的居民说，先后曾有3代7人在这里居住。进入玄关后，一层有家畜小屋和通往二层的楼梯。家畜和人都是通过同一玄关出入。饲养的家畜有山羊、牛、猪、鸡。这种形式在藏文化圈中可广泛看到。

二层基本上为正方形的主室，室的中央是被称作"顶梁柱"的柱子，意思是家的守护神。主室的西北角有神棚，神棚与顶柱相交的对角线上设置有围炉。近年来各家都在围炉上放上桌子，坐在椅子上。此时，神棚一侧为上座。桌子用于吃饭、全家团圆、接待客人等多种生活行为。

位于与神棚相反位置的室内一角，有多数客人来访时，是身份低下的人们就座的地方，也是葬礼时安放遗体的地方。

二层还有卧室（羌语为"培叶"）、厨房和储藏室。主卧室位于离神棚较近的地方，供老夫妇就寝。厨房位于

图 1-11-1 聚落的风景

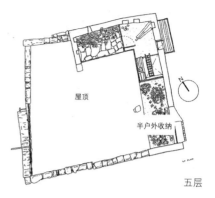

五层

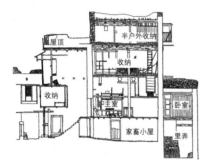

图 1-11-2a 住居的实例，断面图

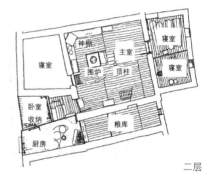

二层

主室的入口附近。没有自来水、煤气设备，使用的是泉水。20 世纪 50 年代开始通电。

三四层（平面图略），一部分挑空，其他为储存空间。

五层由屋顶和半户外空间组成。屋顶是用于晾晒农作物和采集的草药的地方。在半户外空间主要储藏有农具和农作物。

最上部的半户外空间的屋顶部分（平面图略），祭祀着象征天神的白石。该空间不作为日常使用，仅在供奉物品和仪式（住宅竣工式，成人式等）时使用，使用梯子上下。

这样的羌族聚落、住居和在《史

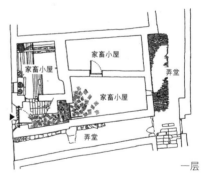

一层

图 1-11-2b 住居的实例，平面图

记》西南夷列传和《隋书》附国传等史料中记载的古代羌族的聚落、住居的形态基本一致，可以认为他们在很长的时间内一直生活在同样的住居中延续至今。

I 北亚、东亚

12 带有通堂的家
——水宁，云南省，中国

摩梭（Mosuo）人主要居住在云南省永宁地区和四川省盐源地区。按照民族分类属纳西（NaXi）族，冠以主要居住地名称，也称水宁纳西族，但一般纳西族（主要指丽江周边居住地纳西族）和摩梭人在语言、民俗、生活习惯上有很大的不同。

摩梭人社会是母系社会，婚姻制度为走婚制。即男性白天在自家度过，只有晚上到妻子身边。如果男性不去过夜婚姻关系便消失。开始走婚时，说谁去谁家，即使在家族间都是禁忌的。只有男性让女性生孩子为实绩，才能被女性家族认同其为"家族"，但是孩子和继承权归妻子一方所有。

生业以农业、畜牧、鱼捞为主。宗教主要信仰藏传佛教，但生活中摩梭人固有的达巴教和泛灵论也根深蒂固。

住居为主屋、经堂、住栋、家畜栋等围绕庭院的中庭形式。建筑物为平地式，主屋采用垒木构法（像井干式那样的构造方法），主室以及粮库为梁柱结构，环以版筑的墙壁。此外住栋和家畜栋，基本上是靠垒木式构法建成的。

摩梭人的住居主要采用垒木结构法，这种结构法在周边的彝族住居上也可看到。此外根据明代正德期（1506～1521年）编纂的《云南志》得知，居住在已被汉化的丽江纳西族过去也是垒木式住居。即可以认为垒木结构法是这个地区（云南省西北部）住居的特征之一。

主屋的构成如平面图所示。前室是入口玄关，由此进入主室和其他房间。后室是出殡的空间（安放遗体的地方）。肋室是家畜用的厨房，也作农具等的储藏空间用。此外，根据聚落的不同，在前室的两侧有称为"杂科措"的小房间。

在主室，展开用餐、团圆、接待客人、炊事、家长就寝等多种行为。主室大约为正方形，半边是土间（素土地面的房屋），半边是木地板。此外墙壁的两侧放有长板凳。

主室有两个围炉，在土间床铺上有与长板凳等高的"上围炉"，在木地板一侧有和地板等高的"下围炉"。家庭日常使用的是"下围炉"，上围炉主要是用作炊事设备。由此，

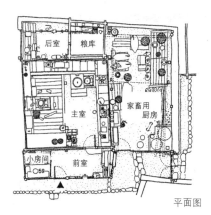

平面图

断面图

图 1-12-1 住居的实例

图 1-12-2 住居，外观

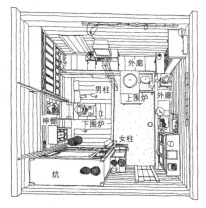

图 1-12-3 主室内的布置

也决定了就座的位置在下围炉周围。面向神棚的左侧是女性领域，右侧是男性领域。神棚中祭祀的是泛灵论的火神仲巴拉。然而，非日常时，上述两个围炉的使用划分就会发生变化。如举行葬礼仪式时，遗体安置在围炉一侧的长板凳上。而且僧人也坐在上围炉一侧念经，上围炉的周围有各种各样的行为。

主室以外还有称为"男柱"、"女柱"的两根柱子。这两根柱子除了结构上的需要外，主要是考虑仪式时并用，可以说主要是出于宗教上的空间概念。

此外，在主室木地板一侧的女柱附近的角隅，一般放置家长的床。家长在主室就寝，而家族成员的多数在其他房屋（或住栋的二层等）就寝。

男性走访女性时所经过的房间"通堂"，一般是住栋等其他房屋。然而，年轻且尚未生育的女性，其床放在主屋的小房间（杂科措）里，没有小房间的，放在前室或侧室的同样的位置。这个位置与家长（年长的女性）固定床只是一墙之隔或邻近。如前所述，家长询问年轻晚辈的对象是被禁忌的。然而由于床固定在离通堂很近的位置，家长可以掌握未来生育子孙的父亲的情况，管理家庭。

I 北亚、东亚

13 联排式住居和三坊一照壁
——纳西，丽江，云南，中国

纳西族是拥有独自的语言、文字、宗教的中国少数民族。位于中国云南省的西北部、海拔2400米的丽江古城（丽江旧市区），纳西族在宋代末年开始建设，在迄今约800年间，是拥有政治、经济、文化的中心的城市。约3.8平方公里的旧市区里居住着4156户（截至2000年3月，人口1万4477人），1～3层的木造瓦屋顶住居（壁面多为砖造）密集，可以说是纳西族建筑集大成的建筑群，1997年还登录为联合国教科文组织的世界文化遗产。

丽江古城的传统住居形式，按其平面布置特征，大体可分为"联排式"和"合院式（院落式）"两种类型。前者为开间朝向道路排列的长屋形式。每栋面宽为3米左右，出入口朝向道路一方开设，多为3栋列的二层建筑，一般一层为店铺、一层部分的里侧和二层用作卧室和仓库。其中也有一层和三层的建筑。位于丽江古城中心的"四方街"历史上曾是周边的藏、白、汉族等各民族集合的交易广场，沿着由此延伸开来的4条主干道展开了这种形式的住居。

这样的商业街一旦进入后街，几乎看不到联排式住居，看到的多是仅有门和墙面朝向街道的合院式住居。从丽江古城整体上看，这种形式是占大多数的。作为专用住宅的合院式住居形制的确立，在历史上曾受白、汉族等周边民族的住居形式的强烈影响，基本以天井（中庭）为中心，由1层～2层多栋房屋分别围合的中庭合院形式。其中最典型的是"三坊一照壁"的形式，在正房（主屋，用于家族集会、礼仪、接待来客、家长的卧室等）的两侧，布置有用于其他家族成员的卧室、书斋等的"厢房"，面对中庭的正房前面设有"照壁"（特别装饰的高约3米的墙面）。丽江古城的合院式住居丰富多样，根据中庭和房屋的平面布置形式，除"三坊一照壁"以外，还有"四合五天井"、"两坊拐角"、"前后院"等多种形态。

这些形式的住居，近年都在不断发生着迅速的变化。登录世界文化遗产以后，中央和地方政府出台了观光振兴政策，丽江古城迅速发展为观光地。过去以销售本地生产的日用品为主的联排式住居的店铺大多变成了销售由外地工厂大量生产的土特产的店铺，曾为专用住宅的合院式住居也大多被改造成了客房或餐厅。如此的商业化招来了很多外部的劳动力的流入，老城区的人口密度增加，原本一栋的住宅被细分为多户家庭使用，相反原本多户的住栋被拆掉隔墙作大型店铺的情况也很多。这样的变化给居民的构成带来了很大的影响。其结果，丽江古城的原住民纳西族的人口比例在不断地下降。

在这种情况下，过去从木材的采伐到铺瓦屋顶，建造住房时的作业完全靠邻居帮忙的纳西族传统的互助关系（与日本的"结"相当）逐渐瓦解，变为简单委托民间企业的形式。此外，在丽江古城传统住居存续危机的背景下还面临着建材不足的问题。丽江古城住居的建材，是周围山地生长的云南松。然而由于森林的乱砍滥伐导致大量减少，1998年中央政府限制了云南松的采伐。其结果，木材价格高涨，加上登录世界文化遗产带来的街区景观导则的严格实行，需要住居保护修复的业主的经济负担加重。现实是原居民继续居住在老街区的兴致降低，他们大多选择了用便宜的价格购买新街区的商品房后离开。

漫步丽江古城，看到很多放弃保护和修复的住居。这里有着世界文化遗产登录与成为观光地的喜和忧。

图 1-13-1 丽江古城中心部的街景（联排式住居排列的街道）

图 1-13-2 联排式住居，立面图

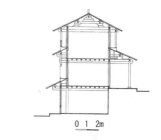

图 1-13-3 联排式住居，断面图

图 1-13-4 合院式住居，立面图

图 1-13-5 合院式住居，平面图

Ⅰ 北亚、东亚

14 有佛坛的家
——拉萨,西藏,中国

有"神之土地"之称的城市拉萨位于海拔3660米的西藏高原中南部。其历史是从统一西藏的松赞干布王建立最初的佛教寺院楚格拉汉寺(Tsuglagkhang,通称Jokhang)开始的。这以后的拉萨作为佛教的圣地承担着西藏整个领域众多信徒访问的巡礼城市的职能,同时发展成联系印度文化圈与中国文化圈的交易城市。17世纪,达赖喇嘛五世在大昭寺以西建造了布达拉宫,之后拉萨以楚格拉汉寺和布达拉宫两座建筑为中心发展起来。

拉萨市内有以楚格拉汉寺为中心的三条环形的巡礼路。朝右绕行巡礼路,信徒可以为来世积攒功德。除最长的巡礼路"林廓(Ling-kor)"至外侧的土地是神圣的拉萨市域外,均视为污秽的土地。因此林廓的内侧形成让人联想起伊斯兰文化圈城市的中庭型高密度居住空间。

拉萨的传统住居大多为2层或3层。墙壁多为石造,但也有一层为石造、二层以上为土坯砖的情况。内部使用木造梁柱架构,建筑整体为石造基础和梁柱架构的混合结构。石与石之间由放入草和黏土混合的墙土砌筑而成。从一层往上墙壁逐渐变薄,一层为60~80厘米,三层为30厘米左右。面向道路开窗,一层较小,越往上层窗户越大。

进入面向道路的木门,首先是中庭。住居的一层用作家畜的拴系场和仓库,在中心街面向街道的房间作为店铺来使用的也有。二层、三层在中庭周围设置走廊,沿走廊排列居室。且二层作佣人的居室或厨房,三层作为主人家庭的居室来使用,但现在几户的家庭共用走廊和厕所,同时拥有若干个房间,像共同住宅那样的居住情况较多。厕所大多设置在二层、三层面向街道的角落里。因日常生活中没有洗澡的习惯,几乎所有的传统住居里都没有设置洗浴的地方。

对于西藏人来说生活不可或缺的是有佛坛(chu-shum)的房间,是离天上的神最近的房间,故放在最上层最为理想。住居的屋顶也是意为神灵降落的入口,备受重视。为了每天早晚烧香方便,屋顶放有香炉,建筑的四角立柱子,挂有称为"塔鲁桥tarchok"的五色旗。

图 1-14-1 拉萨市区的住居

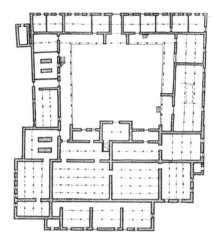

图 1-14-2 拉萨市区的住居，平面图

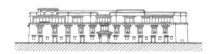

图 1-14-3 拉萨市区的住居，立面图

中庭的北侧采光好的南向房间，居室直接面向中庭有很大的开口。三层的这个房间占用了建筑中最好的位置，北侧是墙面排列着佛像和佛画的佛坛。该房间既是佛室也是客房。在居室内有佛坛的一侧为上座，尤其是年长者和僧人会被引导到佛坛一侧。房屋数量较多的家庭，不在设有佛坛的房间（chu-khang），而在其他房间进行日常生活。

居室内的家具一般有称作"第恩嘎（dien-gya）"的床兼椅子，称作"嘎秋（grachou）"的正方形桌子，称作"秋崔（choutse）"的长方形桌子，称作"茶嘎木（chagam）"的木制双开门的衣橱。床沿着窗户和墙壁摆放，床前放置桌子。中央宽敞的空地铺有地毯。白天坐在床上喝奶茶，晚上铺上被子就寝。

墙壁涂有白灰而显得光滑，其上施有橙色等浓厚的色彩，梁、柱上也绘有大红和大绿的色彩光鲜的莲花纹样等吉祥图案的装饰。窗框的周围加有一道意为驱除房间内外的妖魔黑边。如此在住居内部可以说是过剩的装饰，与色彩贫瘠的西藏风景形成了对照，成为滋润单调生活的一大要素。

Ⅰ 北亚、东亚 —— 67

15 春秋屋
——雅美,兰屿,台湾,中国

兰屿是位于台湾东南的离岛,至今还居住着许多土著的雅美族人,他们没有受台湾其他土著民和汉族的影响,保持着独特的居住形态。从人类学上说他们属于南岛语族的马来语系,据说他们是从菲律宾的巴丹群岛迁移来的。令早期的人类学者震惊的是,他们不仅具有平和而善良的性格、习俗,烟酒不沾,还拥有手工艺的才能,特别为人熟知的是他们的造船技能。

其聚落为集村型,在朝向海景的坡地上建造住居群。他们是台湾土著民9族中唯一从事渔业的民族,与海的关系密切。这里是台风必经之路,高温多湿的气候极大影响了其居住形态。

一般来说雅美族的住居,主要由主屋、工作室、凉台、产室以及仓库和船舱等附属建筑物组成。主屋和产室为竖穴式,工作室和凉台为高床式。主屋基地从地面开始向下挖,通过几个踏步的石阶进入。主屋的前面、侧面以及后方设狭窄的空地。工作室和凉台都面海,建在主屋的前方以及侧面的广场上。

主屋是构成雅美族住居中最复杂的建筑。为防止台风和冬季的季风,住居下挖1~2米,屋顶为人字屋顶,从地面上依稀可见。平面为长方形,正面进入形式。

室内由木板隔段分为前室和后室,前室比外廊高一阶,后室比前室再高一阶。因此住居的剖面呈阶梯状。前室铺地板作为儿童的卧室使用,其两端放着水缸和箱型的柜子。前室的旁边为炊事场所。

后室在近乎中央的部位有中心柱,中心柱的前部为老人的卧室,后部为土间,其两侧为储藏。一般入口在前方有三、四个,后方有1个的较多。两个都有60厘米见方的小拉门。室内的房间划分也一样,有4个入口,但没有安装拉门。

工作室在炎热的季节也可作卧室使用。一层的高度与地面基本持平,地下室也可作为仓库使用。平面为长方形,地面铺有地板。为防御海风前面做有简易的挡风墙,入口设置在两侧。露出地面的墙壁为双重墙,两墙之间的空间作储藏用。炎热季节,工作室的入口敞开,但冬天和有

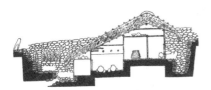

图1-15-1 沿坡面建造的主屋，断面图

图1-15-3 凉台

图1-15-2 作业室

图1-15-4 主屋，内部

台风时关上。柱子和墙上也绘有花纹和雕刻，室内有各种装饰。与主屋相比工作室的通风和采光好，春秋季经常使用，因此也称作"春秋屋"。

凉台不仅是炎热暑期的休息场，也经常用作就寝、用餐和作业室。一般建在视野开阔，可直接眺望到大海的地方。此外凉台也是向过路人问候，与邻居打招呼的场所，即社交的场所。结构为高床式，有4～6根柱子，在约1～2米的高度上铺有地板，设有栏杆，使用梯子上去。其上覆盖有简单的屋顶。

产室是为新娘初产而建的，产后作为夫妇的临时住宅使用。是低于地面1米的小规模建筑。平面为长方形，正面进入形式，1个入口。室内铺有地板，一侧放有水缸。

"二战"前，千千岩助太郎等日本学者详细考察过兰屿。其研究成果和调查资料成为复原建筑的珍贵的参考资料。战后在推进现代化和观光旅游业的同时，调查评价保护其居住文化的努力，也推进着对处于戒严令时代被避讳的土著民族主体性的重新审视。然而现代化和观光旅游胜地仍在不断推进，规整的聚落规模的建筑群，正在被钢筋混凝土住宅所蚕食。

column 3　　　　　　　　　　客家的圆形土楼

中国东南部的客家圆形土楼，有着世界上罕见的剧场般平面形式的空间，是中层集合住宅。

圆形土楼也称为圆楼或环形土楼，在福建省西南部最多，分布在广东省东部、江西省南部，仅福建就有300多栋。客家在客家语读音为Hakka，是指称移居到该地域的四川省等中国南部的中原人。客家的移居在历史上曾有几次。由于汉、唐、宋、明等朝代的灭亡，在北方游牧民的驱赶下，人们背井离乡南下成为难民，在与土著人的磨合中定居下来。维持着独特的生活习惯、语言风俗，具有很强的凝聚力。在福建省、广东省保留有19世纪前与土著民反复发生械斗的记录。土楼有方形和圆形的，这种非常有向心性、协作性的住居的成立背景是出于针对外界环境不得不团结和防卫的理由。

这些建筑是通过称作版筑的手法建造的。版筑就是把土放在特制的木模版中用捣

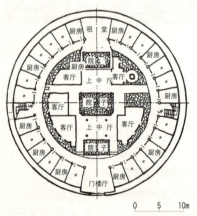

图1　荣昌楼，1层平面图，福建省永定县下洋乡中川

1 下厅　2 下中厅　3 上中厅　4 上厅

图2　荣昌楼，鸟瞰图

图3　荣昌楼，剖面图

图4　荣昌楼，外观

棒反复打薄、夯实，做成像层状的堆积岩那样牢固的墙体。圆形土楼只是四周的圆筒形外墙用这种版筑的方法修建，内部使用通柱的木造梁柱结构。圆形土楼3层～4层（也偶有2层、5层的），是中间围合中庭的圆筒形。外围直径平均为40米左右，大的超过70米，中庭的直径平均在30米以内，建筑有4～5米进深的内部空间，围绕着中庭。版筑的外墙很厚，厚的达1.5米，薄的0.5米，以15厘米的递减向上收分。

从外墙到面向内侧的扶壁也是版筑的，附属建筑使用土坯砖建造。由屋架和梁柱等构成的木结构贯通外墙的梁使外墙一体化，做成内部空间。外墙以外没有通向各层的通柱，每层都有独立的柱子。屋顶是用薄瓦铺在圆木上，屋檐出檐2～3米。从外侧看外墙1层除了出烟的小孔洞外没开口，上部的窗户也很小，是非常封闭的防御性高的建筑。其茶褐色、朱红色弧形的土墙和黑瓦屋顶的构成有着素朴、豪壮的美。居住在福建省西南部的山腰的居民以茶叶栽培，水田耕作为生，山脉是以照叶树林地

图5 荣昌楼，空间

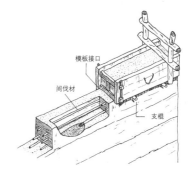

图6 版筑的系统

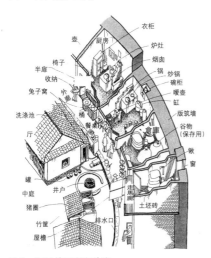

图7 下层的居室和外廊

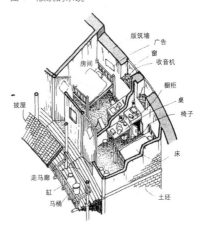

图8 上层的房间

带的深绿为基调，与圆形土楼群形成鲜明的对比。

圆形土楼入口的一层有着敞开的大门。从这个唯一的入口通往中心、尽头的祖堂，以至上厅形成一个轴线，布置共用的空间。只有水井的位置必须错开这个轴线，由风水大师决定。入口有二层挑空的空间称为门楼厅，是这个共同住居的玄关。由此与上厅、下厅、中厅等共同空间相连。下厅是这个住居内所谓的交流场所，中厅是用于接待客人、举行正式仪式的，上厅是祖堂，有祭祀祖先的祭坛。

这个共同空间让人意识到客家人的团结和上下关系等规矩。与该空间直线的中轴形成对照的是周围的住户均等地、环状地围绕中庭的布置。此外，这个住居另一个特征是各家占有空间的垂直划分。各层排列着相同的房间，地上层是各家的起居室兼作厨房、餐室，起居室包括有格子窗外廊的外部空间，是居住者的日常生活空间。各家在顶层都有自己的专用空间。二层通常用作仓库、作业空间，放有农作物、财产道具并上锁。从三层、四层开始为居室，是家庭的卧室，有的用作书房，放有床、桌子、缝纫机等，这个空间白天基本上没有人。

圆形土楼的建造方法也很独特：第一，从策划开始到建设都是由共同体自建的。第二，均等地分担劳动和分配资金，空间也纳入分配机制。第三，支撑体的骨架部分是协同作业，填充体部分（内部房间）由被分配的个人负责，这个机制与圆形土楼的形态有很大的关系。伴有高度超过10米的版筑外墙的圆形土楼的建造是需要数年时间的大工程，版筑和木结构组合，材料使用当地资源，在技术和劳力上也适用于专业团队和居民的共同作业。方形土楼在四角会出现裂缝，而圆形就没有这个问题。除了方位，没有由于位置而产生的等级，平等均占的理念有利于场所的分配，此外充填体由个人完成可以确保一定的多样性，而且竣工时间可以根据自家情况决定。

文革以后的建筑，其中庭不再建造共同的礼仪空间，成为作业场所的很多，这是复苏的方向，但是圆形土楼在70年代以后没有再新建，变成了版筑长屋式的建筑。

图9　南靖县书洋乡河坑

图10　有圆形土楼的聚落，南靖县书洋乡河坑

| lecture 1 | 身体与住居 |

■ 身体尺寸

表示住居空间的尺度有各种单位，古今中外都把人体各部位的尺寸作为基准。英尺（feet）是 yard pound（码，磅）法的长度单位，以脚的长度 foot（约30.48厘米）为基准，古代埃及到希腊、罗马时代其长度是在29～31厘米之间，与起源期相比不差上下。

其中频繁被使用的是张开两个手臂的尺度。在西洋称"fathom"，在中国称"寻"，在日本称"庹"。是用于土地和水深测量的，据说是因为以此测量过绳、纲。此外"庹"等于身长的"杖"，从肘到中指指尖的长度在日本称"肘"，在西方把基本长度单位称为"cubit"。

手的长度被经常使用。手掌的下端到中指指尖的长度在中国称"咫"，在日本称"阿塔"，这等于拇指和中指指尖伸开的长度。按照尺蠖的要领也可以测量圆的东西。握拳的幅度或者除去拇指其他4指的幅度为"束"。在西洋是"pale"，在中国是"握"。"束"的2倍为"咫"。"寸"是一个手指的宽度。

■ 比作微型宇宙的身体

印度尼西亚的巴厘岛根据人体尺寸规定住居、建筑以及细部的尺寸。比如"寻"用于决定墙体的长度等大尺度的物体。肘尺 Aasta 用于决定方杖的间隔，握拳的长度 musti 用于决定基础的高度。

在巴厘岛，自然、宇宙被认为是由地下界、地上界，天上界三部分组成。这个概念可以对应人体的头、身、足。巴厘人的生死观基本扎根于这个世界观。巴厘人把巴厘岛分为山、土地／平原、海三部分来认识。在住居、宅基地中宅寺的位置规格最高，可以看出中庭、居住空间、入口三者的区别。

巴厘岛的住居在宅基地中各居室的屋顶结构是独立的，首先把宅基地划分9块，大体决定建筑物的位置。基地被纵横划分为3块，然后每块再分成3块。这个9×9的九宫格（内方格）在印度教上有着重要的意义。建筑布置基本就决定了建筑相互的间距，这时使用足的宽度和长度，足的长度是8倍即8步为基本单位。构成宅基地的各建筑物也是屋顶、墙体及柱子、基座三部分构成，每个屋顶为头部、墙体以及柱子为躯体，基座为足。这一构成原理波及细部，柱子也分3段，柱头和柱脚施以独特的装饰。成为部件尺寸的基本是柱子的断面尺寸，以手指的尺寸为基础决定的。在柱径的基础上决定柱子的长度、柱子的间隔。建筑的剖面各构件的高度也是基于柱径以及身体尺寸决定的。

■ 泰国

在东南亚，表示两手张开的幅度的语言十分丰富，在泰国称作"waa"，是肘尺"sok"的4倍，拇指和小指的长度"khwp"的2倍，也称"sok"，具有合理的换算值。

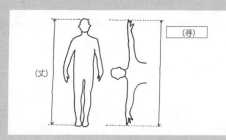

一般"waa"约2米，在泰国新建住宅的售房广告上有用平方米表示的，同时也有用taarang waa（1taarang＝1平方waa＝约4平方米）表示的，与日本用坪表示土地和建筑面积是同样的，现在也经常使用。另外，在泰国的农村木工与业主就建房进行磋商时使用"面宽多少sok，柱子几根"来表示。建材市场的竹编席子等也以sok为单位设定价格的。

此外据专门从事东南亚各民族传统尺寸体系研究的高野惠子（《民俗建筑》11期）研究表明老挝、泰／瑶族的尺寸体系与泰国是使用同样的表述，具有一样的换算值。此外少数民族的阿卡族把两手张开的宽度称为"忒伦"，拉祜族称为"伦"，溧僳族称为"忒普"，从肘到中指之间的宽度阿卡族、拉祜族称为"忒加"，溧僳族称为"忒夏"。还有从肩到指尖、从拳头到拳头的长度，有细分的各种尺寸单位。据说根据用途可以任意区别使用，但是相互之间不存在换算值。

高野的论点是，可以确立强大文化圈的民族，即可以形成国家的民族具有合理的、组织化的尺寸体系，越是保持地缘共同体社会组织的民族，越是使用不成体系的非合理的尺寸系列。前者使用的尺寸单位数量少，是因为其中设定了严密的换算值，没有必要以各自的尺寸单位表示微妙的长短差，因此将难以换算的尺寸单位淘汰了。

■ 尺寸体系的移植

住居应有的秩序、建造方法经常以建筑书所谓指南的形式传承下来，有时以建筑仪式的形式记忆。日本代表性的建筑书有起源于中国《匠明》的木工法式、风水论。中国有以《营造法式》、《鲁班营造正式》为代表的传统建筑书以及风水理论。风水理论在中国台湾、韩国现在也普遍使用。在印度作为古代建筑书有著名的是manasara。

在巴黎有用棕榈树叶书写包括布置、尺寸体系、建筑理念等内容的建筑书。很类似manasara，据说尼泊尔、西藏使用的尺寸体系也与manasara接近。表明了这些民族都受到来自印度的诸多文化以及宗教的影响，文化传播的同时也移植了成为规范的尺寸体系。

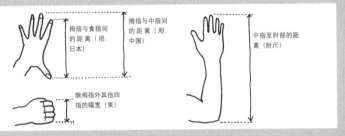

图1 各国、各地区的人体尺寸和语言表达

■ 曲尺

同样的情况在日本也能看到。日本的木匠现在仍在使用的曲尺是中国周代发明的，在中国内地和台湾地区、朝鲜半岛、日本沿用了数千年。

周朝不仅使用始于殷代的铜、青铜等金属器，并开始使用新的铁器，由于土地制度的改革、土地开拓的迅速发展，产业也很快振兴起来。木工工具变得锐利，建筑技术也得以发展。取代过去的骨、竹、青铜等标尺的是很薄的、有弹性的、专用于建筑工程的标尺。

直角弯曲的L形尺子不仅可以测量长度，还标有正规尺子所有平方根的刻度。在中国称为"矩"，以发明家鲁班的名字冠名，有平方根的尺子称为鲁班尺。正面为1尺，反面为1尺4寸1分（平方根），如想取正方形对角线的木材，只要知道正方形的边长就可以自动得出对角线的尺寸，是十分方便的尺寸体系。

在殷代王宫的草屋顶变成瓦屋顶，其柱子、梁、桁、椽子的组合建筑，需要准确地计算和设计以及施工技术。据说经过朝鲜传入日本的曲尺所包含的算术称作高丽术、高丽法。传入时间几乎同佛教是同一时期，木工与僧侣同时传来。如果没有高丽术，四天王寺、法隆寺都不会建造出来。

■ 间和榻榻米

另外，日本的"间"长久以来用来表示建筑规模，同时作为建筑尺度其单位长度又不一致，是罕见的尺寸体系。因为柱距，不是固定的单位，木工过去也是根据每家的状况量身定制决定其"间"的尺寸。正像秀吉在摄政检地宣布"6尺3寸为1间"那样，与其说"间"作为单位使用，实际上是用尺寸来决定长度的。其标尺根据时代，长度也不一样，规定1间为6尺的是1891（明治24）年，是以度量衡的规定为依据的。

还有表示房间大小使用榻榻米作为单位的，如4帖半、6帖、8帖等。榻榻米正像谚语"做起来半帖、躺下一贴"（一个人需要的面积是半帖或1帖，不奢望富贵知足是很重要的）所描述的那样，是与人体大小相匹配的尺寸。

榻榻米意为"叠"，也有折叠的意思，据说所有可以折叠、叠加以及铺垫的东西是"榻榻米"一语的起源。榻榻米最初出现在《古事记》中。在古代中世，榻榻米地板的厚度、榻榻米周围包边的花纹和颜色可以表示身份，在寝殿的建造上榻榻米用在就座的场所。那时只是铺在房间的四周，室町时代以后才像现在这样是房间满铺的。而且榻榻米的大小也可以成为标准的尺寸。1间或1间见方的1坪的长度、宽度的单位，成为设计住宅的根据。同时木材、榻榻米、门窗的尺寸也被规格化了。

榻榻米的大小根据地方也有不同，以京都为中心，在关西视为标准的是6尺3寸×3尺1寸5分，称为"京间"，在关东主要使用"田舍间"为5尺8寸，除此以外还有称为"中间"的。榻榻米从形状上分有长方形的、半帖大小的、短的、台布大小的（茶室用的，只是台子上铺的，是一般榻榻米的1/4）、窄型的等多种类型。在厚度上有厚榻榻米、薄榻榻米，有包边的和裸边的。在铺法上根据吉凶方位有仪式用的和日常用的。

现在频繁使用的米（m）是起源于1790年巴黎会议上通过决定的从经过巴黎的地球子午线赤道到北极点的距离长度的1000万分之一为1米。但是在日本以2帖榻榻米为1坪的坪数、榻榻米数，与米的标记一起使用在表示土地、建筑的规模上，许多国家也都有同样的实例，可以说人体与住居的关系有着意味深远的文化层面。

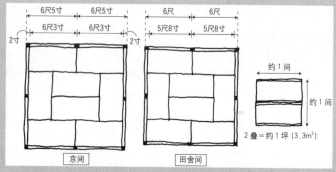

图2　榻榻米的尺寸和坪（1尺＝1米×10/33[30.303厘米]）

| lecture 2 | 屋顶和住居 |

■ 什么是"屋顶"？

在日本,建筑的屋顶形式多样,如果试问一下现在住宅的屋顶什么形式？会有"山形""四坡""歇山"……很多答案,也许还会有"没有屋顶"的答案。关于屋顶的定义。《建筑大辞典》(彰国社)解释为"位于建筑上方,遮住面对外界的空间,以不让人类受到风雨、直射阳光的影响为主要功能的。也指铺装屋顶的面,包括屋顶的基础和屋架整体结构。"进而解释道"在我国一般专指有出檐斜面的,特别是水平面的称作平屋顶或屋面。"

请关注后半段的说明,在日本,提到屋顶人们就会想到坡屋顶。因此前面回答"没有屋顶"的人们大多是住在集合住宅、高级公寓那样钢筋混凝土的住宅中的,只是屋顶没有坡度,不能说没有屋顶。几乎所有的水平屋顶都称为平屋顶。没有屋顶的住宅有坦桑尼亚的曼格拉村的 hatsapi 族的旱季住居,用树枝将周边围起来,上面没有覆盖物,但是雨季住居有屋顶,可以说是罕见的例子。

■ 日本古代的屋顶

日本由于雨水多,屋顶起坡,丰富的森林资源产生了木架构,为了保护其结构,出檐很深,形成了适应自然环境的建筑结构形式。而且屋顶除了保护人类的功能外,还承担着象征社会地位的作用。山形屋顶是日本最具代表性的屋顶形式之一,在古代比四坡屋顶规格要高,神社本殿多采用这种形式。弥生时代的登吕遗迹有着山形屋顶的仓库和一种四坡屋顶的竖穴住居。所谓"仓"就是收纳可再生谷物的场所,这里作为住宿谷物神灵的神圣场所,诚然比住居的规格高,而且是精心建造的。因此认为山形屋顶比四坡屋顶社会地位要高。

四坡屋顶由四个方向的坡面构成的,方形屋顶是四个方向的坡度集中到一点的。佛教建筑引入后,大规模的四坡顶、歇山顶的佛寺堂而皇之地建造起来的,四坡屋顶的地位也随之升高了。

歇山屋顶是在四坡屋顶上再做出山形的形式,最初与类似法隆寺金堂的佛教建筑一起作为独立的屋顶形式传来。但是在住居建筑上有四坡屋顶、山形屋顶的变形。

老虎窗式的屋顶是在屋脊上又架设一个小屋顶的类型,在北关东许多养蚕农户把2层作为蚕房。保留了许多养蚕农户的群马县,把为采光、通风的这个屋顶称为门楼,门楼有与屋脊同样长度的,也有短的,重叠排列的屋脊上可以看到各种变化,除此之外,屋顶的形式还有单坡形、折线形、下卷式博风板、起翘封檐板、歇山形等。

■ 材料孕育屋顶的形式

住居使用的地域材料，以木材为首，还有竹、草，木材匮乏的地域使用土、砖、石等。但是使用土、砖、石建造墙体比较容易，而屋顶的架设比较困难。如果可以使用木材的话，就是木结构与砖石结构的混合结构，如果没有木材就只好用砖石建造屋顶，由此产生了穹顶、拱顶。穹顶、拱顶在埃及、中亚、印度、中国都能广泛看到。由于在美索不达米亚发现了最古的遗迹，故一般认为起源于西亚。

所谓拱顶是以拱（为支撑开口部上部的荷载，砖、石呈曲线形砌筑的结构）为基础的曲线形天棚的总称。砖瓦、石逐层收分可以做出拱状。

从11世纪到12世纪正式展开的罗马风建筑上可以看到许多。德国、北法国等北方教堂长久以来都是木结构的天棚，它的最大问题是不耐火，因此，为建造石造天棚的坚固结构，使用了像隧道那种架设拱顶的技术。但是这种方法由于拱顶的巨大横推力传递到两侧的墙体，墙要砌得像城墙那样的厚，而窗户小且数量少。自然内部是幽暗的空间，因此使用白石灰涂墙，画上壁画。

后来出现了架设石屋顶的方法，使用的是称为交叉拱顶的技法。屋顶横推力集中在支撑交叉的对角线端部的4根柱子上。将这些柱子加固，可以造出墙上有窗户的石屋顶。但是交叉拱顶的力学弱点是交叉部对角线上出现的棱线，这个棱线要用肋骨加固，称作肋骨拱顶，发展为哥特建筑的天棚结构。此外，拱顶有半圆筒形拱顶、方形平面拱顶，有从拱肋的形状到扇形拱顶、网形拱顶、星形拱顶等。

圆形的屋顶有半圆形的穹隆，穹隆是半球状的圆天棚、圆屋顶、圆盖，在正方形的平面上架设穹隆，穹隆有直径等于正方形对角线的，以及直径等于正方形一边的。

■ 日本的草屋顶

在日本最古老的屋顶有以植物为铺装材料的草铺、板铺、树皮铺。草铺在古代不仅是住宅，也用于社寺等所有的建筑。茅草是指芒草、白茅属、苔草属等禾本科、莎草科的大型草本。家屋纹镜描写的住居屋顶，以及殖轮看到的屋顶就是茅草屋顶。传达着古代住居（仓）形式的伊势神宫的屋顶也是茅草屋顶。在东京，商人住宅的屋顶变成铺瓦的是在江户末期。在此之前是板铺，再往前是草铺。

茅草材料中要属芒草最普遍，芒草也称山茅，长在山林原野，而在河川和湖沼附近，沿海湿地多用海茅。在关东茨城、千叶，在关西滋贺县等多见芦苇铺装的屋顶。其规模很难一概而论，茎的粗度大致为1～2厘米，短的芦苇为1米，长的为3米。这些茅草从秋天到冬天开始枯萎，在变黄的状态下割下来，在冬季进行干燥，春天搬到各家的阁楼保管，直到使用。此外也有使用稻草、麦秆、小竹、细竹的地域。

住居的茅草屋顶四坡顶的较多，随着时代的推移，上流阶层的农家住宅变为歇山的不少。山形较罕见，在岐阜县的白川乡和富山县的五箇山，从江户开始到明治时期利用阁楼作为养蚕空间而发生变化，原先采用的是四坡屋顶。这个时期，由于养蚕民间的草铺屋顶发生大变革的不仅是合掌造，东北、北关东有称为头盔（卡布托）造的屋顶形态，也是从四坡顶演变来的。茅草屋顶对火灾很脆弱，但是隔热性、保温性、透气性以及隔音性良好，地域的不同产生了多样形态。不仅是材料的多样性，其技术、测量茅草的尺寸单位也因地而异。在茅草铺的维持管理方式上也有很强的地域性。除了新的铺法以外，反复进行局部屋顶更新的做法是普遍的。

■ 木板、树皮的屋顶

板铺屋顶的历史是继茅草屋顶之后也很悠久，一般使用的板材有栗、橡、椹、杉、丝柏等，这些树木木纹鲜明，防水性好。屋面板一般选用防水性好，顺着木板的年轮可以分流的。

板铺屋顶除了"柿铺"不用钉子固定外，横架小圆木的竹子做出屋顶圈，用石头压住屋顶板。使用板材铺屋顶的方法，依板材的厚度分别称"裯铺"、"木贼铺"、"柿铺"。"畠铺"使用厚1～3厘米的厚板，"柿铺"是最小型的薄板（约宽12厘米，长30厘米，厚3毫米）。

"柿铺"是板铺的顶级形式，由于材料又薄又小，可以多重地叠加，用钉子固定，不是像其他板铺屋顶那样只适合于山形，也适合于四坡和歇山。"柿铺"一词最初出现在1197年编纂的《多武峰略记》（奈良县多武峰寺的事迹集大成）上，据说1180年开始约10年间别院的宝积堂、南院堂、五大堂等小堂把桧皮改为"柿铺"。有的为采用"柿铺"还进行了重新修建。过去铺装工匠接到订单后到社寺的山里选采木材，进行加工后使用，业主可以提供木材，支付工钱维修缮屋顶，是一套完整的体系。

屋顶铺装材料有代表性的树皮为桧和杉。杉是用在砍伐地剥去皮后剩下的木材。可以看到杉皮的除了茶室还有住居，在山形最北部、埼玉县、东京都的西部山区、奈良县吉野地方、京都市北部的山地等，有排列着横木点缀着石头的做法，而在多雪、强风地带也有屋面满铺石头的做法。

对此，丝柏皮一开始就是工匠来做。在飞鸟／奈良时代受中国的影响很大。与铺瓦屋顶相比，传统的茅草铺和板铺显得低级，但是人们承认丝柏皮的价值。到了平安时代丝柏皮与瓦已经可以比肩，被许多神社所采用，成为支撑寝殿造的风雅的重要因素，就是今天丝柏皮只使用在社寺和御所中。

丝柏树天然分布的地域，北面从福岛县到南部鹿儿岛县屋久岛，特别是中部、近畿、四国地方是主要产地。丝柏的真正植林是始于进入藩政时代，其木曾和高知享有盛名。

丝柏皮是从树上剥去的表皮。丝柏的树皮有三层，最外层凹凸不平的称为鬼皮，其内侧为真皮，最内侧的接近木质的层称甘皮，屋顶铺的是真皮。通常树龄为70～80年以上，首先剥离鬼皮，10年后把真皮作为屋顶铺装材料剥下来。表皮剥离完好的丝柏会迅速长出保护树木的新的表皮。定期剥皮的丝柏会生为厚度约2毫米的最佳屋面材料。未曾剥皮的丝柏表面裂纹大、脂气和纤维质较少，因此要经过人类加工才能变为优质的材料。

■ 瓦、金属屋顶

瓦最初在日本制造是苏我马子修建最初的佛寺飞鸟寺（596年）的时候。当时从百济招募了瓦工。经过飞鸟、奈良时代，除了一部分宫殿和贵族的府邸外，瓦屋顶大部分被寺院采用。

最初传来的是本瓦（有垫层的铺瓦），现在在寺院、城郭上仍可以看到，即平瓦和圆瓦交替铺砌的形式，其源流可以认为是东南亚的竹屋顶，或模仿使用顺着年轮劈开的木板铺装的屋顶。在日本，瓦使用在住居上始于桃山时代。在近世初期，中下级武士和商人使用瓦被视为是一种奢侈而被禁止，但在江户明历3年（1657年）大火之后开始鼓励使用，日本桥一带的商业地区在1725年已经普及。1647年近江大津的西村半兵卫发明了栈瓦，本瓦重厚，而栈瓦轻巧。数寄屋修缮等要求轻快的屋顶，因此不使用本瓦而使用柿，但是柿耐火性差。而栈瓦不仅有防火性、造型上很适合数寄屋而被广泛采用。

此外还有金属屋顶。战后普及的彩色钢板，在茅草屋顶的上面覆上镀锌钢板等。但是以前只限于铜和铅。铜是适应所有风土的耐久性强的贵重品，在日光东照宫（1617年）的铜瓦铺，东大寺大佛殿正面的封檐板（1750年）的铜板铺等均可看到。所谓屋顶不仅仅是保护人类，还象征着社会地位，实际上有多样的形式，对各种各样的材料进行了创造性地使用。

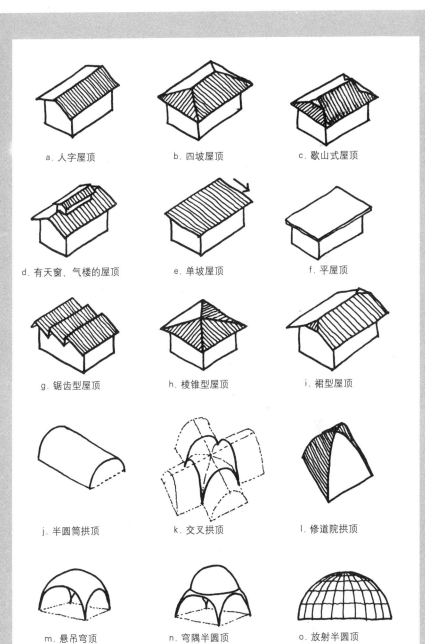

图1 各种屋顶的形态

II

东南亚

panorama 　　　　　　**东南亚**

　　从历史上解读东南亚住居形态的资料，非常匮乏。仅有的线索是东山铜鼓等考古学的出土文物上刻绘的家屋纹样、家型土器。东山文化的地理范围被认定为是从中国南部的云南到北部越南的东南亚大陆部，公元前5世纪到公元前3世纪成立的。绘有家屋纹样的青铜器，在位于岛屿部的印度尼西亚也有发现。

　　云南的石寨山出土的铜鼓、家型土器中也可以看到与东山铜鼓同样的家屋形态。成为特征的是叠涩式倾斜封檐板和弯弓式反翘屋脊构成的屋顶形状。称作鞍形屋顶的、苏拉威西岛的萨达托拉杰族、苏门答腊岛的巴塔克族的住居，时隔2000年以上的今日仍然保持了反翘的屋顶样式。

　　鞍形屋顶，其有特征的形状与象征性结合。被比喻为渡海而来的祖先乘坐的船以及东南亚生活中重要的水牛。其代表例是米南加保住房。其曲线形屋顶是水牛角的象征。水牛角，作为山墙饰无论在大陆部、还是岛屿部都是东南亚传统住居广泛采用的母题。

　　从先史时代传到岛屿部的巨石文化对苏门答腊岛、苏拉维西岛的影响显著，本章列举的松巴岛、尼亚斯岛的传统村落的广场排列有巨石文化痕迹的巨大石桌、石椅、石柱。

　　Van Huyen 以高床式和地床式（土间式）的视角，描绘出东南亚传统住居的分布图（图0-12）。东南亚的传统住居，出于防潮、防御外敌的理由一般采用高床式。加里曼丹岛的长屋的地板，有的高达4～5米的。但是也有越南、老挝的北部和爪哇岛、巴厘岛、龙目岛、马都拉岛（以及布鲁岛）的地床式地域。有的学者认为前者是受中国的影响，后者岛屿部的完整地带的地床式，是受来自南印度的印度教的影响。只是爪哇岛的住居曾经也是高床式的，例如爪哇西半部的巽他地方的传统住居，以及拒绝与外部接触的巴杜伊地方的高床住居。

　　与广泛分布于东南亚岛屿部的高床式住居有密切关系的是储藏主食大米的粮仓。菲律宾的伊富高、伊利干（Ilagan），印度尼西亚的龙目岛、松巴岛的住居，都与高床式粮仓有着非常密切的关系，与高床式粮仓是完全同样结构的住居，在延长粮仓屋檐的基础上，用墙围合做出室内空间的手法使住居成立。所有的住居平面中心的主要柱子，支撑着与屋顶结构相连的粮仓部分有着防鼠装置。有学者认为从这种住居形式来看，起源于东南亚大陆部的稻米从岛屿部传来的同时也带来了粮仓，并传播了高床式建筑文化。

　　东南亚，自古以来处于中国和印度两大文明之间，是受两者影响深远的地域。大航海时代以后，受到欧洲殖民地的统治。通过殖民地的统治，再次出现了从印度、中国到东南亚的人口迁徙。处于大英帝国的统治下的马来西亚也是一样。另外欧洲和亚洲的邂逅，带来了石造屋、商住屋（shop house）那样的城市住居形式。商住屋是在中国文化圈的店铺、亭子脚的基础上，在新加坡经过莱佛士（1781～1826年，英国殖民地官员，生物学家）的规范化得以确立。商住屋19世纪也传播到东南亚唯一的没有受西洋列强殖民地统治的泰国，在东南亚城市所有的地方普及了这一有特色的建筑形式。

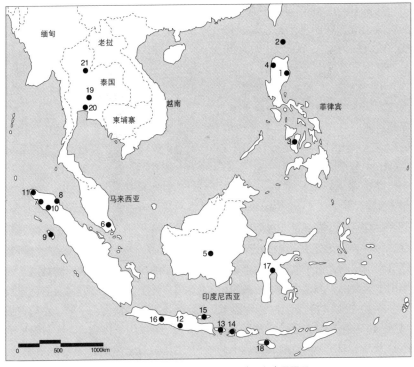

1 噶伦堡，吕宋岛，菲律宾
2 伊巴丹，巴丹群岛，菲律宾
3 宿务岛，菲律宾
4 维甘，菲律宾
5 达雅克，中部加里曼丹，印度尼西亚
6 柔佛巴鲁，马来西亚
7 巴达多巴，北苏门答腊，印度尼西亚
8 巴塔克卡罗，北苏门答腊，印度尼西亚
9 尼亚斯，苏门答腊，印度尼西亚
10 米南加保，西苏门答腊，印度尼西亚
11 亚齐，北苏门答腊，印度尼西亚
12 爪哇，印度尼西亚
13 巴厘，印度尼西亚
14 萨萨克，龙目岛，印度尼西亚
15 马都拉，印度尼西亚
16 巴杜依，巽他，爪哇，印度尼西亚
17 托拿加，苏拉威西，印度尼西亚
18 松巴，怒沙登加拉，印度尼西亚
19 泰国
20 曼谷，泰国
21 阿卡，泰国

01 八角形住居（inayan）
——噶伦堡，吕宋岛，菲律宾

噶伦堡族是居住在吕宋岛北部山岳地带的原马来血统的稻作农耕民族，有着浓厚的诸如猎取人头那样的传统文化，至今保留着自给自足的生活传统。然而决不是"未开化"的"残存的内地"。20世纪80年代，他们坚决反对国家开发水坝，向国际社会提出申诉，与国家军队展开了游击战，最终凭借自己的实力阻止了工程的进行。从生活习惯到土地利用，噶伦堡人用生命捍卫了生存在这块土地上的潜在机制。

噶伦堡族村落空间的构成为圣树、住宅、米仓、梯田、山林的同心圆式，有时也会打破这个界限进行圈村。住宅栉比地建在有限的土地上，建筑密度很高。由于聚落是在退耕的梯田上形成的，因此土地十分狭窄。

噶伦堡族的传统住宅为边长15～20米左右的方形或八角形的一室户木造干阑式，内部有炉灶，上为近似歇山顶的草屋顶。构造上剖面为长方形的支柱作为"脚"直接立在地面上，其上放上由楼板和墙壁构成的"盒子"作为居室，再架上歇山式屋顶封上盒子。最重要的部分是构成盒子主体的松木墙体材料（jingjing），根据墙体材料判断住宅的价值，制定销售价格，在民俗语言上也是根据墙体材料的不同来划分住宅类型的。

地板有100～150毫米的高差（普切斯 puchis），由此伸出支撑屋顶的柱子（托尔丘 turcho）。炉灶必须设置在入口的左边，炉上吊着称为"叟噢古（so-og）"的干燥棚。上面横着一根称为"萨瓦安古（sa-whaang）"的小松树的圆木，以干燥柴火。除"萨瓦安古"外禁止使用圆木或小松树作为建筑材料。入口和窗户必须开在左右墙壁的中心。

首先地板的高差以及炉的位置及其使用方法是事前被确定了的。炉的内侧作为存放用作家畜饲料的剩饭的地方，具有很强的后方空间意义。炉的前面为围炉聊天的场所，晚上用作睡卧。从入口方向看右后方放置锅等厨具、食物、水等，左后方放柴火、干燥中的作物等，入口附近的左右都放置着家财。虽不是很明确，右侧有放置较贵重资财的倾向，比如衣服、纸币等，左侧则放置装有杂货、书包、换洗衣物和寝具等的纸箱。

如此窄小的住宅平均住有6～7人，一般只有吃饭时全家人才到齐，夜晚则只剩下夫妇和10岁以下的儿童。老人和未婚男性睡在空房或独栋

图 2-1-1　青年宿舍，立面图

图 2-1-2　方形的传统住居，平面图

图 2-1-3　米仓（茅草屋顶透视）

的柴房和小屋里，未出嫁的女儿则把遗孀的住居作为闺房。噶伦堡族的住居只要有夫妇和幼儿就寝的面积就足够了。

在建筑上拥有重要意义的是米仓。聚落内的米仓形式99%是相同的，且规范有很强的束缚力。此外米仓和住居是紧密联系在一起的，传统住居称作"伊纳样 inayan"，含意与米仓相似。有遮阳设施的米仓在平面和构造上与传统的八角形住居极为雷同，但其使用方法完全不同。米仓的设置与住居区保持一定的距离，住宅中储藏大米，而相反在米仓中留宿是被严格禁止的。米仓是召唤先祖之灵的，相反在住居则要驱赶鬼魂。

还有一个与米仓似是而非的住宅，那就是老人、未婚男性们居住的青年宿舍"阿库库（akugku）"和作业小屋。允许使用未被加工的木材，石砌的墙壁，土地板，相对自由，规范灵活，几乎没有行为禁忌和建设仪式。不被聚落重视，人们投入的精

图 2-1-4　八角形传统住居

力也少。使用方法也很随意、自由。但在这种住宅中生育孩子也不被看做是"住户"。

噶伦堡族近年来也发生了很大变化。以20世纪60年代末为界，厨房开始独立出来，出现了西洋屋架上铺白铁皮屋顶的混凝土地面的建筑。这种变化经历了20年试错过程后作为新的规范完全被规范化。这种"现代化"很快也波及米仓的建筑。不变的部分也是一致的，屋顶、基础虽然发生了变化，但松木作墙体材料的做法不变，因此米仓与住居至今仍很相似。

02　台风岛的石头房
——伊巴丹，巴丹群岛，菲律宾

巴丹群岛位于与菲律宾吕宋岛和中国台湾相连的吕宋海峡。巴丹群岛的巴丹族以石头房而闻名。这在几乎全为木造干阑式住宅的菲律宾，显得尤为罕见。传统的石头房大多残存于巴丹群岛的主岛巴丹岛。从吕宋岛到巴丹岛，采用飞机而非游船的方式可以避开荒海，但由于该航路与台风北上的线路重合，飞机休航、停飞的情况时有发生。石头房正是在如此频繁遭受台风袭击的环境中形成的。

石头房由主屋（拉库 rakuh）及厨房（库什那 kusina）两栋构成。墙壁为涂抹灰泥或石灰（贝壳烧制而成）加固，厚度达到 60 厘米。各面有 1~2 个小窗或出入口，墙面迎风最大的一面没有开口。一层为储藏，二层是居住部分。

屋顶坡度很陡，与内部的屋顶框架紧密咬合。铺有厚厚的可贡草（cogon 茅，马来语为阿郎阿郎）。从地面到屋顶最高的部分有 4.5~6 米。暴风雨时住宅整体用网覆盖，网的一端固定在地面，以防止屋顶刮走。只要能避免灾害，可贡草屋顶拥有 25~30 年的耐久性。

巴丹群岛传统的石头房如上所述，然而这个"传统"是在西班牙人征服巴丹群岛（1783 年）以后形成的。1671 年访问巴丹群岛的英国人瓦特丹皮尔（W·Dampier）的报告中有如下记载"每家都很小，用树枝编成的墙壁只有 1.2 米高。加上屋顶整体高度也只有 2.1~2.4 米。室内的一侧有炉灶，睡觉时在地面上铺木板"。由此得知当时的一般住宅都为低矮的木造住宅，也不是干阑式。

据 18 世纪西班牙官员视察时的记载得知 "住宅没有窗和室内的隔墙，地上铺木板就寝。出入口很小，躬身勉强可以通过。室内的顶棚很低，可以直起腰站立的空间很少"。此外因在室内做饭，家中有炉子和烟囱。

1791 年根据菲律宾总督巴斯克的指令，向吕宋岛派出了新的巴丹市长，以及多米尼克修道会的祭司和工匠。为设立离岛的殖民地机构，建造了政府办公楼、天主教会、祭司馆、学校等。这些西班牙殖民城市建筑的石墙厚度达 1vara（1vara 约等于 83.59 厘米）以上。

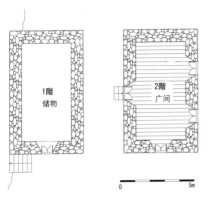

图 2-2-1　伊巴丹族的石头房，平面图

图 2-2-3　石头房，外观

图 2-2-2　伊巴丹族的石头房，断面图

图 2-2-4　屋顶更换铺装材料

　　自此开始，除木材和可贡草以外，矿泥土与石也开始作为建材使用。然而，用土建造的墙壁容易受暴风雨的侵蚀，在耐久性上存在着问题。之后西班牙人引入了石灰，带来了石工和木匠，出现了用石和灰浆建造的住宅，现在称之为"传统住宅"。

　　1852年殖民政府从人口较多的吕宋岛北部的伊洛科斯（Ilocos）州募集了很多前往巴丹群岛开拓建设的移民。发放给他们前往巴丹群岛的旅费和津贴，且免除移居后8年的税金。鼓励包括村长和祭司在内整个村庄的移居，也是尝试让偏远的巴丹群岛，与已被西班牙殖民化的吕宋岛相互同化。然而，很多移民苦于自然灾害和饥荒。在特殊的自然环境中"巴丹的吕宋化"难以推行。

　　频繁发生台风的巴丹群岛，长久以来建造的是限制高度、极力减少开口部的住宅。西班牙人带来了石造建筑文化，引入了坚固的石壁做法，然而其空间构成、开口部少，屋顶材料等还是和以前一样没有变化。总之是原始的巴丹群岛的住居形态和西班牙的石造工艺相融合的结果，产生了"巴丹马传统"并流传至今。

03 balay na tisa，西班牙瓦的木结构住宅
——宿务岛，菲律宾

宿务岛南北狭长，是山地较多的岛屿。以岛为中心，周围遍布着各市区的中心地区和村政府（barangay）以及住区（poblacion）。定居在宿务岛并形成住区是16世纪末，是出自开始施教活动的西班牙神父和修道士们之手。即使现在，除了西班牙时期（16世纪末～19世纪末）的网格状街道和教区石造教堂、司祭馆（convento）以外，还保留有美国时期（20世纪前半叶）修建的公园、政府机关、公立小学、公设市场设施，铁道遗址等。

此外在住区，都建有木造的豪宅（建于70～200年）。多为19世纪末到20世纪30年代的建筑。这也反映出19世纪60年代在宿务出口农作物（糖黍、椰子等）栽培的兴盛，特别是梅斯提索（mestizo，中国和西班牙男性与当地女性的混血者）富农和大商人的增加。

至19世纪中叶之前建造的，现在称为"balay na tisa"（宿务语意为瓦房）的住宅，为防止火灾、台风、地震，一层部分为厚重的木骨架石造，二层居室部分则用木质推拉门围合外墙，有良好的透气性。有着铺有朱红色"西班牙瓦"的陡坡四坡屋顶。19世纪后半叶，在二层开口部开始使用卡皮斯（capiz）窗（在木制的格子窗上，镶嵌磨得很薄的卡皮斯贝壳代替玻璃），到19世纪末，轻型的GI薄板成为屋顶材料的主流。虽然设计和材料有变化，但基本构成始终未变，一层为仓库和马厩，二层用于居住，为了观看节日（fiesta守护圣人的节日）游行，把通道一侧位置设为二层主室（撒拉sala），内侧配置附属栋的厨房（可钦拿cocina）等。潮气较多的一层，因忌讳"生病"和"恶魔"而不作为居室使用，就连佣人房都尽可能设在二层。

20世纪由于美国的占领，在混凝土和玻璃等新的建筑材料的基础

图2-3-1　卡卡（carcar）镇的"瓦房"（建于1859年）

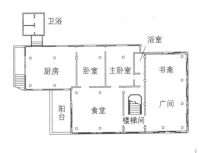

图 2-3-2　卡卡镇的"瓦房"平面图

图 2-3-3　卡卡镇的 Sato 家（建于 19 世纪末）

图 2-3-4　阿高（argao）镇的 Plaza 家（建于 1921 年）

图 2-3-5　卡卡镇的 lopez 家（建于 1937 年）

上，又重新购入加工后的木材，引进了用钉子固定的预制（Prefabrication）工法，豪宅的建设数量增加。由于玻璃价格高，卡皮斯窗依然十分流行。为数不多的卡皮斯窗涂上了橙色和蓝色等颜色，仅用在立面的装饰窗上。

模仿美国人和欧洲人的家庭在一层设居室的生活样态，逐渐地开始出现"一层为主室，二层为寝室"的空间格局。从"二层墙面几乎全部为开口部"的外观转向"外墙上开窗"，以及二层（上下房间面积相等的二层建筑物——译者注）木造住宅的增加，都是美国时期的产物（然而，建后经过 20～30 年，为应对洪水和白蚁灾害，一层部分涂装混凝土加固，外观上接近以前的"一层木骨架石造，二层纯木造"形态）。

自 2000 年开始，豪农的后裔即现住房的主人们以及宿务市的建筑和历史相关人员，认识到不仅西班牙时期的石造教堂，这些豪宅也是宿务值得骄傲的历史遗产，当地的各大报纸也开始策划编辑出版文化遗产保护特集。一直对以马尼拉文化为中心的"菲律宾文化"持有异议的宿务人，也开始主张不是"马尼拉（塔加洛语）中央集权下的一部分"，而是"宿务本地（Cebuano）文化"的独特价值。

04 木骨架石结构的家
——维甘,菲律宾

南伊罗戈(Ilocos Sur)州的首都维甘,是建于1574年的西班牙殖民城市。保留有古建筑群(教会、司祭馆、监狱、仓库、住宅等),西班牙时期末期(19世纪后半叶)的街景流传至今。其历史意义受到高度评价,1999年末登录为世界文化遗产。申报给联合国教科文组织的推荐书上列举的建筑物有120栋,其中101栋是称为"石结构的家(bahay na bato,塔加洛语)"的住宅。

地方的西班牙殖民城市的居住者为天主教司祭等少数的西班牙人,中国的莫斯提邹(mestizo 中国男性和当地女性的混血)和本地的居民。在维甘石结构的家保留较多的地区,到19世纪末被称为莫斯提邹居住区(gremio de mestizos),现存住宅的主人主要是做烟、米、蓝靛、陶瓷等商品交易的中国莫斯提邹的商人们。

虽被称作"石结构的家",却并非石结构。而是与菲律宾气候风土相融合精心设计而成的木骨架砖结构(或称木骨架石结构)。是16世纪末西班牙殖民城市的住区规划(reduccion)实施的产物,过去由于木结构干阑式住宅密集,致使火灾频繁。出于防火的考虑,若整体为石结构,又与高温多湿的气候不相适应,且地震时会倒塌。因此采用了在有抗震性能的木骨架构造外侧砌筑石墙,在通气性较好的二层居住的居住形态。

不仅维甘,在马尼拉和宿务等城市,菲律宾各地的历史性城市也有这种木骨架的城市住宅。其他地区二层为全木结构的情况较多,而在维甘,二层也是木骨架砖结构。这与维甘在地理上与中国接近,有很多中国工匠的援助,又是壶、瓦、砖等的产地有关。

石结构的家一层为仓库和马房,从屋子中间的楼梯通往二层的居住

图 2-4-1 卡皮斯窗

图 2-4-2 Alcid 的家，立面图

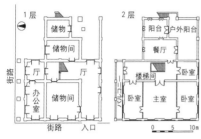

图 2-4-3 Alcid 的家，平面图

图 2-4-4 Crisologo 街道

图 2-4-5 中国血统的莫斯提邹 mestizo 的后裔就读的"美岸"南中学

空间。在二层的道路一侧为楼梯间、主室（萨拉 sala）、寝室，里面有食堂、厨房和室外阳台（阿索特阿 azotea）。厕所和浴室设置在与室外阳台相连的另一栋，厨房的附近。室外阳台是进行鱼类的加工处理，产生油烟的烹调等户外空间（utility room），通过外楼梯与内庭相连。使用火的厨房和室外阳台设置在另一栋或附属栋的家庭较多。

二层使用卡皮斯窗（用卡皮斯贝薄片作的拉窗），由此决定了外观的基调。屋顶原来铺有厚重的橘黄色"西班牙瓦"，考虑地震时会有伤及行人的危险，20 世纪初开始换成了轻质而便宜的 GI 薄板。

该住居在书面语言上被称作"bahay na bato"是在马可仕时期以后，该称呼被普遍使用则是 20 世纪 80 年代。可以被认为是国语制定、国史"改订"、重要文化遗产制定等，作为马可仕时期的"菲律宾人的创造"运动的一环而产生的。中国莫斯提邹人采用西班牙的石结构文化在菲律宾修建的住宅，体现出了菲律宾在各国的统治下融合而成的多层文化，其作为体现菲律宾历史遗产的意义是值得肯定的。

Ⅱ 东南亚

05 长屋
——达雅克，中部加里曼丹，印度尼西亚

在东南亚各地，可以看到很多长屋式集合住宅、聚落。英语统称为 long house。居住在长屋的婆罗洲的达雅克族（Dayak），一般分为海上达雅克和陆地达雅克，海上达雅克又称为伊班族（Iban）。他们大都居住在东马来西亚的沙捞越（sarawak）州，其余住在印度尼西亚的西加里曼丹。而陆地达雅克族居以中部加里曼丹为中心居住，Ngayu、Maanjan 等若干种族分开居住。伊班族称长屋为 rumahpanjai，东加里曼丹的卡扬（Kayan）族达雅克则称作 Lamins，此外一般称 lawang。

伊班社会的基本单位是"bilek 家族"。Bilek 家族是由3～10人组成的小规模的自律单位。一户是由一对夫妇和他们的孩子组成的直系家族，但在家产继承上一律没有性别、长幼的区别，是典型的双系社会。

长屋的形态基本为高床式长屋形式，因民族和地域不同而略有差异。

一般是一栋一村的形态，也有数栋一村的情况。此外长屋的长度也各不相同。然而居住空间的构成有着极其单纯而明快的规则。

各住户基本由3～4个空间区域组成。即由公共性高的户外空间，半公共性的户内无隔墙也兼作通路的空间，各家专用住房的墙壁分隔出来的空间这三部分分级构成。此外各户的专用空间，也有居住部分、厨房等水系部分的划分。

伊班族的情况是，室外的空间被称为"坦究（tanju）"，接着室内的连接部分被称为"如埃（ruai）"。"如埃"上部的阁楼是稻穗等储藏空间，架设有梯子。此外还有被称为"比雷库"的居室部分。"比雷库"是一室空间，其间放上炉灶就形成了厨房。长屋后部增建了厨房，从剖面上能看到两栋山墙相连的形态。

沙捞越的陆地达雅克族把室内的通路部分称为"阿瓦（awa）"，居室部分称为"阿荣（aron）"。居室上部放有储藏空间。厨房部分称作"阿部（abuh）"，设有炉子、盥洗、厕所。也有整体架设山墙屋顶的情况。东加里曼丹的卡扬族，把通路部分叫做"阿瓦"，居室部分称作"阿明（amin）"。户外空间是存放柴草和收获的庄稼等储物，和进行各种作业

图 2-5-1　长屋，外观

图 2-5-2　长屋，内部

图 2-5-3　伊班族的长屋，平面图

的地方。此外被称为"如埃、阿瓦"的通路部分，是长屋居民可自由通行的空间，除可举办集会和仪式等公共活动外还有多种功能。也是加工收获的农作物的作业空间。铺上藤织的坐垫就成了客厅。晚上也是从客厅延伸出来的就寝空间。

长屋也有无户外甲板和户外空间的例子。在婆罗洲北端居住的龙古斯（Rungus）族的长屋就是如此。龙古斯族的长屋整体被山形大屋顶所覆盖。中央有被称为 lansan 的通路，与此相呼应的形状，设置有被称为 tingkping 的作业空间和居住空间。居住空间被称为 ongkop，即把一室空间按 20 厘米左右的高差分成两部分，从中间看上去后方的部分偏高。高的部分作为寝室使用，通路一侧设置有炉灶和厕所。作业空间无隔壁，为开放式的空间。

近年来几乎没有再建造新长屋，一般都是建独栋住宅。然而，居民们未必欣然地接受这一变化，因为失去了共有的空间。被称为"八拉一拉克（男人之家）"集会所的大量建造就表明了这一点。

II 东南亚　　95

06 高床与土间—村多样的住居
——柔佛巴鲁，马来西亚

马来西亚为多民族社会，由马来裔、华裔、印度裔等民族集团构成，各民族又由多种多样的亚社区构成。各民族集团拥有特定的居住样式，而且也有其地域性。虽然住居表现出来的地域性因民族不同而不同，但一般比起中国和印度的住居，从马来人的住居更可以看出每个地域的独特样式。在多民族聚集的马来西亚农村，即使在同样的热带湿润的环境条件下，也并存着很多能反映出民族多样性的住居。也可以看出殖民地统治对居住文化的影响。本章分别解读位于新山（Johor Bahru）洲乡村（kampong）的马来人和华人的住宅。

马来人的住宅为干阑式。其住宅的优点是可以有效地组织通风，应对湿气，防虫害，防洪水等。住宅平面构成的特征为非对称的交织，平面的变形也较多。草图（图2-6-1）为原小学老师M的住宅。入口高出坪1米左右。在阳台脱鞋，进入住宅内部，面向入口连接的是接待客人、日常家人团聚使用的客厅（ruang tamu），放有沙发等。

由此向内，最里端的厨房（dapur）和餐厅（rumah makan）之间有一个被称为ruang tengan的房间，也作为女性的空间使用，用于接待女性客人、家族团圆以及化妆等，也可作为孩子的游戏场。住宅中餐厅和厨房为标高最低的部分。厨房中包含并设的水房（bilik air）等，用水较多的这个部分，布置在离寝室等居室较远的位置，改造后使之成为素土地面的房间。住宅内针对主要的生活行为有明确的空间划分，如做礼拜在主寝室，用餐几乎都在餐厅等。即使是现在马来人的住居中也多见席地而坐的行为。每逢开斋节（hariraya，伊斯兰正月，也称哈芝节——译者注）等节日很多人聚集的祭礼都是席地而坐进行的。

华人的住宅全部为素土地面的

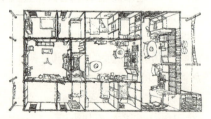

图2-6-1 马来血统的M氏的住居和生活

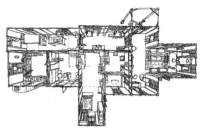

图 2-6-2　中国血统的 R 氏的住居和生活

图 2-6-3　R 氏家的外立面

住宅。其平面有中轴线，平面也是矩形的，房间基本布置也多为沿中轴线左右对称的形式。

在走廊脱鞋进入作为起居室的大厅。走廊和大厅相连的入口上面挂有挂历，风水方位不好的情况下挂有可以改变方位的镜子等，在祭祀上有重要的意义。在中国新年等节事时则挂起红色的垂帘。

大厅的入口正面设有祭坛。祭祀神的顺序为：被广泛信仰的天伯公放在中央，其相对方向的左边为祖先灵的祖神，右边的地面上祭祀着地神。大厅的周围为约 3 米见方的正方形寝室。寝室被称为"……房"，按照寝室使用的继承关系头一个字，如称"弟房"等。

寝室与其他房间的素土地面相比，有 50 毫米高差的木地板，直接在上面铺上垫子就寝。

大厅里侧，经过走廊到达厨房。有 26 人居住的住宅（草图 2-6-2）等，又增建了一个大厅，一般厨房位于最里侧。炉灶的周围祭祀着火神。火神为运送财产带来富贵的神，中国新年节日等祭礼时由女性供奉供品。火神的祭坛虽规模小，却是住宅中保持得最圣洁的祭坛之一，即便在物品道具杂乱无章的厨房，惟有祭坛的周围井然有序。火神的祭祀方法即使在同一个中国也因方言圈不同而不同。

除了从民族视角看居住形式外，最近重建的村内住宅则选择了与民族性无关的砌块造素土地面住宅。砌块造住宅与住宅小区中常见的住宅的空间构成相似。然而砌块造住宅中的居住样式也继承了传统住宅样式。最为多见的是广泛地采用了与城市住宅同样的起居样式。正处于显著经济成长期的同一国度，居住样式的城市化可以超越民族去追求，这一现实可以说是经济开发的可视成果，另一方面可以看到克服民族文化差异，促进新马来西亚人的居住生活构建的希望。然而，从农村地域各民族住宅中体现的生活样式的差异，以及围绕传统继承与消亡的相互牵制，也可以感知在传统民族文化与现代城市住宅的夹缝间摇摆不定的居民的心理状态。

07 鞍形屋顶的家
——巴达多巴,北苏门答腊,印度尼西亚

以北苏门答腊州的多巴湖为中心的一带居住着巴塔克各族。所谓巴塔克各族,指的是多巴人(B.Toba),卡罗人(B.Karo),西马伦根人(B.Simalungun),曼代林人(B.Mandailing),克帕克帕克人(B.Pak Pak),昂科拉人(B.Angkola)这6个集团。各集团分别以自然边界划为居住。

其中占据中心位置、最富裕的是多巴人,他们居住在浮在多巴湖上的沙摩西岛以及多巴湖的周围。

多巴湖湖面的标高为900米,沙摩西(Samosir)岛中央的标高为1600米。虽然离赤道比较近,但是终年气温都比较温和宜人。这里是以烧田为主的生态土地利用区,但巴塔克族耕作以灌溉为主的水稻。此外,对于多巴人来说渔业有着重要的意义。

巴塔克各族以父系制的亲族制而闻名。最小的亲族集团是多巴人(ripe)和卡罗人(jabu)的核心家庭,这些用语大多也指父系居住的扩大家族。

巴塔克族的伊斯兰化很晚,以信仰新教派基督教而闻名。该地区为土著的万物有灵论,为伊斯兰教,基督教混合的状态。

巴塔克族的聚落有各种形式,但是有一定的基本规则。多巴人的聚落被壕沟、高墙或竹林界定出明确的界线,开放空间贯穿其长方形聚落的中央,其两侧为山墙相对而立的住居与仓库(sopo)。

中央的开放空间作为结婚仪式或葬礼等礼仪空间使用。聚落前有榕树,一般在村门的附近设置集会空间。

住居栋的架空地板下饲养鸡、猪等家畜,住居的后方种植蔬菜等。现在采用壕沟和高墙划界的情况少了,但在聚落周围种竹子或树木的还有。聚落的规模比较小,一般由4~6栋构成。

图2-7-1 鞍形屋顶的米仓

图 2-7-2 鞍形屋顶的家

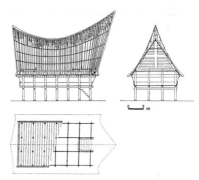

图 2-7-3 鞍形屋顶的家，平面图、立面图

这样的多巴人聚落被称为 huta。通常属于一个氏族家族的居住领域。由聚落的联合体构成的地域被称为 bius。土地的所有权归聚落所有，其使用权只有居住成员拥有。在耕作上养成了相互帮助的习惯，此习惯多巴人称 marsiurpan，卡罗人则称 raron。

多巴人的住居，分为从地板下进入和架梯从外面进入的两种，后者是由米仓转变为住宅的情况。有大反翘的鞍形硬山屋顶（slant roof）的住居，从山墙一面进入，1.6 米高的架空地板为居住面。平面大体分为延续到中央楼梯的通路部分和左右空间部分。左右空间根据家庭人数可分为 4～6 间。中央部分称为 telaga，为各家的共有空间，过去有置炉（tataring），其上有称为 salean 的架子，放有柴火与食器。右后方的空间称为 jabu-bona，为家长（的家族）的空间。是家中等级最高的地方。入口左边是称为 jabu-sehat 的长男（的家族）的空间。家族扩大后，不仅是 4 个角，左右空间也可以继续划分。

多巴人的住居为一室空间，因结构上的原因，前方和后方设有夹层的连廊。在连廊之间设有连桥，也有在中央通路上设置空中走廊的。前面的连廊一直延伸到户外，放有鼓等各种乐器。供在户内外举行各种祭祀礼仪时使用。

地板下饲养家畜，剩饭等通过地板的缝隙投到下面作为饲料。近年来在厨房空间的后方进行增建的较多。

08 四坡山墙封檐板的纳骨堂 木构架的基本原理
——巴塔克卡罗，北苏门答腊，印度尼西亚

巴塔克卡罗（Batak Karo）人的聚落称为"库塔（kuta）"，比多巴的聚落（huta）的规模大。对应多巴聚落的地缘性单位称为kesain，若干个kesain集合起来形成聚落。聚落除了住宅和米仓（jambor）外，由作业场（lesung）以及纳骨堂（geriten）等多种类型的建筑构成。聚落的边界划分明确，在确定各住栋的朝向上有一定的规则。一般基地位于河流附近时，比较重视上游（julu）和下游（jahe）的方位感，住宅的朝向统一朝向上游或下游。

巴塔克卡罗人的住宅也是一室空间，有4～6个炉灶，一个炉灶供1～2户家庭使用。由此，一栋住宅内住有4～12户家庭，共计20～60人的大户。一般潜规则为4个炉灶8家人居住。

虽然孩子们与父母生活在一起，但青年男子与家人一起吃饭，晚上则在米仓就寝。未婚女性夜间也统一在其他的房屋（闺房）就寝。

一般使用竹或木制的简单楼梯（redan）经过走廊（ture）进入室内。室内光线极其昏暗。左右设有小的开口，内部的采光只限于歇山顶山墙上的排烟口透过竹垫（施有华丽装饰）间隙的光。

中央通路的左右以炉灶为中心为居住空间。隔着炉灶铺有两重地板。居住空间还设有20厘米左右的高差，高出炉灶的位置为就寝空间，原则上头朝墙壁方向睡。此外脚朝山的方向也为禁忌。

从西侧进入后，左前方为等级最高的家长（的家族）的空间，内侧右为长男（的家族）的空间。

巴塔克西马伦根人的住宅与巴塔克卡罗人的十分相似。不同的只是居住空间的位置较高，比抬高的地板（中央通路部分）高出45厘米左右。

图 2-8-1 巴塔克卡罗人的聚落景观

图 2-8-2 巴塔克卡罗人的纳骨堂

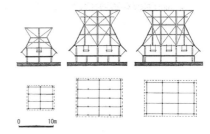

图 2-8-3 巴塔克卡罗人的家，断面图、平面图

另一特征是建有与居住栋相连的集会设施性质的建筑。米仓的使用方法虽与巴塔克卡罗人一样，但首层被板墙围绕这一点是完全不同的。

巴塔克各族的住宅或米仓等设施建筑，整体上看较为相似。大多都是在梁柱加固的构架上架设大屋顶的方式。然而仔细观察却有很大的不同。相邻而居，虽属同一民族却有着不同的居住形态，这是十分有趣的。尤其是巴塔克卡罗人的四坡山墙封檐板的纳骨堂非常精彩。

首先就基础、地基而言，在柱础上立柱是一般做法，而巴塔克曼代林人的做法却是埋立柱。多巴人和卡罗人的做法是用通柱直接支撑大梁，地板下用枋加固。其他基础、地基则是在柱础上用圆木围成井栏，把柱子插在井栏的角落里。

使用 9 根柱子的做法是一致的，但是曼代林人的柱子整体较粗，越接近柱脚越粗，形态十分独特。屋顶架构基本上为叉首结构，由于其长度可变，可做成平缓的反翘。形成大屋顶结构后由斜撑支撑屋面。多巴人的住居没有抬梁柱和脊瓜柱（支撑屋架横架材的垂直部件），仅依靠前后的博缝板（屋顶装饰板）连接两个屋面。而卡罗人和西马伦根人则是在大梁上加细的抬梁柱，前后左右也配置有这种加固屋面的细的连梁。

从整体形态上看，多巴族住居为硬山屋顶，屋顶的反翘也最大。其他以歇山顶为主，也有像西马伦根人一样硬山与歇山并用的情况。有趣的是可以看出他们之间的交叉影响关系。与西马伦根人接触的卡罗人的住居，也有做井栏基础的。此外与西苏门答腊接触的曼代林人的住居中也能看出其深受米南加保族的影响。

建筑材料基本上是一样的。主架构材料为称为"meranti"、"piagin"等树木。屋顶的椽子等架构专门采用细长的小树和竹子。山墙的出烟口用竹垫子堵住，屋顶铺有名为"ijuk"的砂糖椰的黑纤维。

09　卵形的家
——尼亚斯，苏门答腊，印度尼西亚

在东南亚有许多巨石文明繁荣的地区，苏门答腊西海岸沿线的岛屿也是如此。其中，尼亚斯岛的住居与聚落以其特异的形态而闻名。

尼亚斯岛从语言学上可分为北尼亚斯（北部、东部、西部）和南尼亚斯（南部）。两地的住居与聚落也不尽相同。所谓"卵形的家"可以在北尼亚斯看到。南尼亚斯的聚落呈现出有着正面入口的大宅子，硬山屋顶、其山墙紧密相连的形态。在此以南亚斯为中心进行解读。

尼亚斯岛屿长约 120 公里，有着 40 公里左右的台地，因其地形和自然条件处于极为孤立的状态，所以几乎没有受到印度教与伊斯兰教的影响。

尼亚斯社会的最小单位是名为 sanganbato 的核心家庭，即最重要的家族单位是由夫方居住形态（父系单传）形成的扩大化家庭（sebua）。父系制这一点与巴塔克各族十分相似。作为上级单位的父系氏族在南尼亚斯被称为"嘎纳（gana）"。

荷兰人进入岛内之前，尼亚斯社会具有自律性、地方分散的性格，以称为"欧里（ori）"的聚落为单位划分。聚落由若干个村（巴努那 banua）构成。村则由若干个氏族构成。

尼亚斯社会是由 4 个阶层组成的等级社会。村的首领称为"萨拉瓦（salawa）"，主持名为 orahu 的议会。议会由贵族和平民的代表组成，依照惯例决定重要事项。

南尼亚斯聚落也是以中央广场为中心，两侧成组排列住宅。住户的密度高，规模也大。一个聚落由 100～500 户构成。基本类型为一个线形广场的两侧排列住户的形态。中央广场的两侧，由长石阶隔开，是封闭性强的空间。过去周围设置栅栏，入口设有村门。

聚落由通路（ewari）、住居（omahada）、集会所（bale）、洗浴场（hele）等构成。以巴欧马塔洛村为例，是两条通路交差的形式，并非一般的形态，通路的中央部分比较宽松。交叉点的中心为集会所与酋长的家（omo sebua）。在中央位置设酋长家，以及集会所等公共设施是一般做法。通路的中心广场（gorabua newali）上，并排建有巨大的石凳（daro daro）和

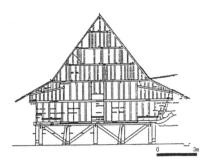

图 2-9-1 尼亚斯的住居，断面图

图 2-9-2 尼亚斯的住居

石碑、石柱等。在集会所举行各种各样的仪式与会议。气势最为显耀的为酋长家，也用于公事。

住居的山墙相连，通路的两侧设有排水渠，通过架设的石桥通往各户。也有在通往住户内部的入口端部设置楼梯的，但一般从架空的地下直接进入室内。住户的前面为前庭，可分为基坛、檐下（mbele mbele），也用做作业空间。地板下为猪等家畜的饲养或储藏的空间。

住户的基本构成，无论规模大小都是相同的。住户在中央明确分为前后两部分，面向中央广场的前方为公共空间，后方为私密空间。前方的空间称为 tawolo，后方空间称 foromo。中央的 foromo 一侧建有名为 awu 的炊事空间，作为用餐或就寝空间使用。此外其上设有名为 bato dane 的楼板，为家长与客人入座的规格高的空间，在后方空间设置木结构食品贮藏库为一般做法。

构成住居架构的首要特征为基础、地基的地板构件粗大的斜撑，这种斜向交叉的存在使尼亚斯的住居外观表情显得十分奇特，同时也是出于抗震的需求，斜向交叉也为组装系统。有趣的是，尼亚斯的住宅把地板结构、墙体结构，以及屋架结构分开，各自有不同的构筑法。在地板结构之上厚板相互搭建成墙体，其上用直径小的木头纵横搭建成硬山屋架。屋架则使用零碎的斜撑。建筑材料几乎都是由村内筹备，以村的最小单位住户（nafulu）为主体相互协助进行建设。

拥有独特形式的尼亚斯传统住居的建设正在逐渐消失。新建住宅为四坡顶或硬山屋顶，称为马来式住居或"欧茂巴西西尔（omo pasisir）"形式。此外后方空间也出现了单间化的倾向。

II 东南亚

10 水牛角的家
——米南加保,西苏门答腊,印度尼西亚

米南加保族(Minangkabau)居住在西苏门答腊的巴丹高原。自古以来有着外出打工的传统,现在移居在以雅加达为首的印度尼西亚各城市,作为世界上最大的母系制社会为世人所知。

米南加保族的基本社会单位为拥有固定名称的若干母系氏族苏克(suku)形成的称为"内阁利(negari)"的聚落社会。各村落由若干聚落(kota)组成。村落通常由市场、集会设施、清真寺以及住居及其附属的米仓构成。

米南加保族住居最具特征的是屋顶形态,两端有着锐角尖头的屋脊形成的曲线据说象征着水牛角,名为"公灸(gonjong)"。根据传说,爪哇王在攻入这里时使用水牛取得了胜利,所以以后就有了"获胜水牛(Menang Kerbau)"之称。

屋顶的形态有歇山和硬山两种,其分布带有地域性。从梭罗(solo)到巴东潘姜(badan pandjang),星卡拉(Singkarak)湖的周边房屋多为硬山顶,而从巴东潘姜到布吉丁宜(Bukittinggi)房屋则多为歇山顶。

此外还有设副阶的,或做成两层的,变化很多,也有采用形态复杂的屋顶形态的。

米南加保族的传统住居空间构成有着极为明快的系统。以名为sa buah parui的母系大家族为住居单位,其规模不同,住居的大小也不同,但平面形式都是相同的。对米南加保族来说柱子具有极为特殊的意义,根据柱子的数目来划分住居的类型。基本型是9根柱(tiang sembilan)或12根柱(tiang duabelas)的家。开间方向的单位称"茹昂(ruang)",而进深方向的单位则称"labu gadang",规模大,面阔4间的(进深方向有5根柱)称"raja babanding"。

水牛角屋有一对(2根)的,两对(4根)的,三对(6根)的情况,有6个的称为"rumah kajangan"。规模达到一定程度后,一般的形式为前面有一组米仓。

室内大体可分为寝室部分与开敞部分两个区域,里面沿进深方向分隔的房间,为家族中一个已婚的女性家庭专用。未被室内化的前部空间,则作为几代人的共用空间使用。决

图 2-10-1 米南加保的家

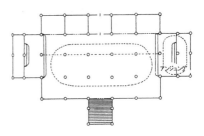

图 2-10-3 住居, 平面图

图 2-10-2 米仓

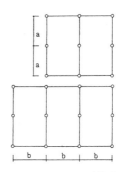

图 2-10-4 柱距尺寸体系

定住居规模的是家族中已婚女性的人数，据说有多达 20 开间的。此外原则上在正面中央的长边处设入口，室内中央为厨房。规格较高的水牛角屋还设有入口大厅和门廊。

近年来，在内侧方向加建一栋作厨房，随着核心家庭化的推进，室内各代人的空间完全分隔开，分别设入口的情况较多。也有在两侧山墙上设名为"安炙（anjung）"的阶梯状平台的。平台的宽度比主屋窄，作织布场所之用，举行仪式时则为最高等级的坐席。此外，还有为病人准备的备用空间。两端分别称为头（pangkal）与尾（ujung），首先从头建起。

米南加保族最为著名的迁移地为苏门答腊岛对岸，即由马六甲到山间的地方，即马来西亚的森美兰州。有趣的是，他们采用了与西苏门答腊完全不同的居住形式。前部为阳台，居住部分，厨房以及后面不断附加的房屋。然而明确表示出与米南加保族有联系的是设在主屋前的细长形前室屋顶两端的反翘。该反翘为直线形，与西苏门答腊的优雅曲线形反翘似是而非。然而，米南加保族的人就是利用这绝无仅有的屋脊反翘表现出了其与众不同的个性。

11　16根柱之家
——亚齐，北苏门答腊，印度尼西亚

亚齐（Aceh）位于苏门答腊岛的北端。为印度尼西亚最早被伊斯兰化的地域。南与巴达克各族的居住地相接，但其住居与聚落的形态却与巴达克各族不尽相同。

亚齐的聚落称"甘榜（gampong）"。甘榜的集合体称"穆金（mukim）"。管辖甘榜行政的是名为keusyik的世袭村长，以及名为teungku的宗教首领。只有伊斯兰教上造诣很深的人才能任首领。此外还有名为ureung tua的议会，由通晓习俗法的长老们参与讨论村里的重要事项。

亚齐社会中最小的亲族集团为核心家庭，通常一套住居为一核心家庭，旱田和水田耕作的经济单位也基本上为核心家庭。"甘榜"一般由20～100户住居组成，以东西轴为屋脊朝向，在南或北面设入口为共同点。该原则应是伊斯兰到来以后形成的。各个住居都拥有菜地，种植椰子、柑橘类等补充生活所必需的有用作物。

住居为坡度平缓的硬山屋顶的平入式（即入口开在建筑物正面——译者注）建筑。结构体系和平面体系的关系极为单纯。住居的基本空间构成如下：

内部空间从入口开始，分为前

图2-11-1　亚齐族的住居

部、中部、后部 3 个部分。即开间
方向上由 3 个柱距构成。其中央部
分的地板高出标高一个踏步。前部
与后部的房间没有隔断，一般为一
室空间。可作独身男女或来访客人
的寝室等多种用途。中央部分的空
间被室内化，设有主寝室等房间。
厨房设在后部。

16 根柱的构造为基本型（图
2-11-2①），在开间方向上通过加
大柱距，可以扩大住居规模。此外
后方也可在名为 anjung 的空间加
大 1~2 个柱距，其空间也可作厨
房等空间使用。此外仓库设在地板
下的情况较多。

柱础上设通柱，用额枋固定。
此外还使用脊瓜柱。在山墙上有透雕
等，到处施以装饰是其特征。

亚齐也使用以人体尺度为基础
的尺寸体系。较为常用的为 hasta
（从手肘到中指尖）。在巴厘称 asta，
其语源也为梵语。印度的建筑书
Manasara 也使用了 asta，尼泊尔发音
为哈斯塔，即肘尺 cubit。

此外一般使用寻（两手张开的
长度为 1 寻），在亚齐则使用单手的
长度 lhuem。巴厘的 depa asta 在亚齐
称 kumunyong。巴厘使用 tampak 作
为脚的尺寸单位，在亚齐则使用两脚
的长度 hah penuh。

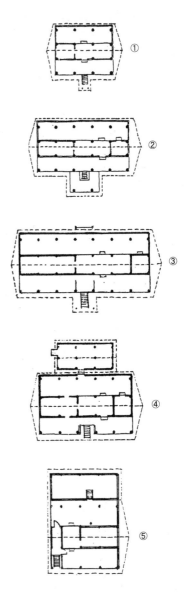

图 2-11-2 亚齐族的住居，平面类型

12 佳格洛，印度爪哇的宇宙哲学
——爪哇，印度尼西亚

爪哇（Jawa）岛住居的首要特征是地床式（底层非架空的住居——译者注）。因在东南亚一般为高床式（抬高地板式的住居——译者注）的住居，所以爪哇岛及其周边的巴厘岛、龙目岛等住居的地床式就显得尤为突出。

在同样位于爪哇岛的巽他的传统住居也有高床式的。如西爪哇的Badui聚落，Priangan的Naga聚落。爪哇的住居并非一开始即为地床式。波罗佛屠与普兰巴南寺庙群，东爪哇托罗兰（Trowelan）遗迹群的浮雕就雕刻有高床式住居。如何演变为地床式有多种说法。有从装饰的影响来论述中国影响的，有从印度教的传播角度论述与南印度地床式住居的关系等各种论说。

爪哇岛的住居，其屋顶形态与架构形式因社会阶层不同而不同。其代表的有佳格洛（joglo），利马桑（limas an），甘榜（kampong），以及斯洛东（srotong）4种类型。

其中"佳格洛"为规格最高的住居。其特征为中央陡峭的四坡屋顶高高突起的形态。在名为saka guru的4根中央柱的上部，由称为tumpang sari的桁梁组成了数层井栏状。其上为屋架。屋顶由桁梁所支撑的中央陡峭的四坡顶及其下环绕的披屋组成。

"利马桑"为规格较高的住居，屋顶为四坡顶形式。然而一般与屋脊垂直方向上出挑屋檐的称为"利马桑"，而水平方向上出挑屋檐的则称为"西诺姆（sinom）"。

"甘榜"为硬山形式，一般指印度尼西亚平民的城市居住地。因其屋顶形式常见于甘榜，于是屋顶也称甘榜。硬山两侧附加屋檐的则为"斯洛东"。

此外还有称作"塔灸克（tajug）"的屋顶形式。即方形屋顶的形式。在爪哇岛的清真寺传统上就是根据该形式建造的。

爪哇岛住居的平面基本上由5部分构成。以"佳格洛"为例，5部分为"鹏多波（pendapa,亭子）"，"普林吉坦（peringgitan,通廊）"，"达勒姆（dalem,主屋）"，"帕沃（pawon,厨房）"，"冈多克（gandok,居室）"。

"鹏多波"为挑空的亭子，置于

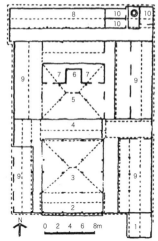

1 入口　2 阳台　3 亭子　4 连接部位
5 主屋　6 中间房　7 小房间　8 后罩房
9 居室　10 便所·浴室

图 2-12-1　爪哇的住居构成

图 2-12-2　中部爪哇地方的佳格洛

图 2-12-3　波罗佛屠第 1 回廊北侧墙壁的绘画上的带有防鼠装置的高床式住居

主屋的前部作接待用。架构与"佳格洛"相同。通廊构造上是亭子和主屋的屋檐连接的部分。此处可上演爪哇特有的皮影戏（wayang）。

"达勒姆"即主屋的意思，为家族居住空间。大体可分为三部分，前面作为居室和寝室使用。4 根柱子下靠中间的部分，传统上为进香给米之女神 Sri 的地方。后方通常设有名为 senthong 的 3 个房间。中央的房间称"松同同嘎（senthong tengah）"，是为米之女神而设的最神圣的场所。此处只有新婚夫妇才能就寝。"帕沃"为厨房。"冈多克"为与上述主屋分开设置的居室部分，是作家人房屋用的独栋。

上述中最基本的要素为亭子、通道、主屋这 3 部分。J.Prijotomo 认为爪哇岛的住居构成表现了印度教的世界观。从亭子到中央房间的女神神圣空间的南北轴，强调了水平方向上的家中心。此外最能代表佳格洛特色的屋顶中央部分的突起，则垂直地象征了印度教中世界中心之峰的米勒山（maha meru）。通廊本身位于亭子和主屋的中央也体现了其中心。J.Prijotomo 认为爪哇住居表现出印度教爪哇的宇宙观中最重要的中心性概念，注重各要素水平与垂直方向上的布置。

13 巴厘，满者伯夷的家
——巴厘，印度尼西亚

巴厘岛作为印度教节事的盛装之城而享有盛名。13世纪末到15世纪的巴厘岛，置于历史上曾经昌盛一时的东爪哇多乌兰（Trowulan）最后一个印度教爪哇王国满者伯夷（Majapahit）的统治下。其后随着满者伯夷的灭亡，其残存势力中的一部分逃到了巴厘岛，成为现在印度尼西亚为数不多的保留有印度教信仰的岛屿。

另一方面，在受印度教影响之前，该岛居住着土著巴厘人，称作巴厘阿加（Aga）。巴厘阿加的村落，见于从岛中心部至东部山岳地带。位于巴图尔火山口的特鲁扬（Trunyan）村与印度教的火葬不同，以举行风葬的巴厘阿加人之村而闻名。其住居则称"乌玛（uma）"。住居的内部没有空间划分，入口处为土间（即素土地面的房间），内部铺有地板。土间中设炉灶。内部的地板分为中、东、西三部分。中央为供奉祖先的供物台，东侧为完婚后的夫妇就寝的神圣寝床，西侧则为普通的寝床。

巴厘满者伯夷的住居，是在方形宅基地中分建几栋的分栋式。宅基地在海—山（南北），日出—日落（东西）的各方向上分成三个等级。海—山方向为山的一侧，日出—日落一侧为神圣的方向。宅基地整体受这两轴等级的影响，划分为3×3＝9个部分。这种划分为9块的宅基地则被称为"那瓦桑哥（nawa sanga）"。

岛中心耸立的阿贡（agung）山北侧可望到的巴厘岛南部的住居，其东北角的区域为最神圣的区域，该处有为土地神而设的祠堂。其相反方向则为最世俗的区域，与土地神相对的西南角设有宅基地的大门。根据萨拉斯瓦蒂（Sarawati 2002）的记载，比起入口，此大门作为宅基地出口的性格更强。以人体为喻，东北角为头，西南角为排泄口。如宅基地的北侧（＝山一侧）通有道路时，可以避免大门直接朝向北侧，这时，通过宅基地内的弄堂的门开在西南角。

巴厘岛的南部，围绕中庭而建的

图2-13-1 Trunyan村的巴厘阿加的住居

图 2-13-2　建在中庭北侧的露台成为两段式的阿公瑞特 gunung rata

各住栋建筑中北侧（＝山一侧）的住栋最为重要，被称为"哥冬（gedong）"。其内居住着宅基地的主人。北房中有宽敞的露台，且露台分两段，被称为"阿公瑞特（gunung rata）"的等级最高，其中"阿公（Gunung）"为"山"之意指屋顶，"瑞特（rata）"则意为"平地"指露台。阶梯状的露台及高耸的屋顶姿态，是与中心有山的巴厘岛地形结合的产物。

中庭西侧的住栋称为"罗京（loji）"。传统做法由一室的寝室和露台构成。露台特别作为迎接访客的场所使用。

中庭东侧的建筑，拥有屋顶和左右分开的两个高床式露台而形成的通高结构，称为"巴尔古德（bale gde）"。此处为火葬前安放死者的场所，以及结婚仪式时新郎新娘在地神面前祈祷后，从僧人手中接受圣水的地方。

宅基地的南侧为最世俗的场所。此处有被称为"巴望（pawon）"的厨房，养猪的猪圈以及洗浴场。也有设女性从事家务劳动的挑空房间的例子。

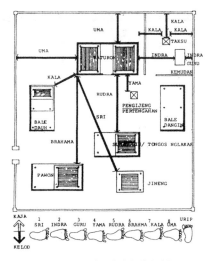

图 2-13-3　基于人体尺度决定的建筑间距

印度教有被称为"卡斯特"的身份等级制。巴厘岛的等级自上而下为婆罗门（Brahmana, 僧人）、刹帝利（Satria, 贵族）、吠舍（Wesia, 商人）、首陀罗（Sudra, 农民和奴隶），除首陀罗以外上等的 3 个卡斯特统称为 triwangsa。从卡斯特来看，巴厘满者伯夷住居的住栋种类与布置方法没有大的区别。然而 triwangsa 和首陀罗在地神与各住栋的名称上有区别。上述的住栋名称属于 triwangsa。土地神在 triwangsa 称"姆拉将"，在首陀罗称"桑哥"。住栋名称中，上述的"哥冬"、"巴尔古德"、"罗京"在"首陀罗"则依次称为"门汀（meten）"、"巴尔当金（dangin）"和"巴尔当（dauh）"。

这种独栋式住栋布置方式是依据传统的风水理论而定的。住栋间距则是按照脚趾尖到脚踝的长度倍数来决定的。

II　东南亚　——　111

14 依南巴尔，住居之母
——萨萨克，龙目岛，印度尼西亚

龙目（Lmbok）岛为东西、南北方向约为80公里的岛，位于南纬8°。其东为巴厘岛，西与森巴瓦（Sumbawa）岛相邻。原住民为萨萨克族，现已伊斯兰化。

其地形与巴厘岛极为相似，中央耸立有印度尼西亚第二活火山林查尼山（Gunung Rinjani，3726米），大体可分为3部分。即以林查尼山为中心，可见莽原风光的北部山地部分，与拥有广阔水田地带的中央部分，以及此处干涸后形成的丘陵地带南部。

龙目岛的住居除了移居而来的布吉斯族、森巴瓦族等住居，与爪哇巴厘一样，一般为地床式住居，其地床式住居大体可分为以下两种形式：

一种是以北部山地的巴扬村一带为中心的住居形式。其特征为住居中有6根柱的高床式仓库（依南巴尔 Inen Bale）。仓库中储藏有土壶等贵重品，以及大蒜等根叶类食物。住居中没有空间隔断，放置有床、炉灶、家具等。"依南巴尔"一词来源于6根柱子的家，有住居之母的含义。

还有一种是以南部的萨德村为中心的龙目岛各地的住居形式。以建于1～1.5米的台基之上为其特征。住居的前部为露台（桑可 sankoh），作为半公共的空间来使用。此处也是女性进行织布作业或谈天的空间。住居内为供私人烹调、就寝的空间。一般窗户设置在背靠内侧的左面。人们所睡的不是床，而是用草编成的坐垫铺成的地铺。

具有半公共空间功能的建筑还有称为"贝路加（Beruga）"的露台。常见于以巴扬村为中心的地域。"贝路加"与住居相对应地平行布置，两者配套出现，创造出生活空间之形。"贝路加"与地床式住居形成对照，为6柱高床式无壁建筑。在巴扬地域之外，一般整个聚落只能见到数栋。

聚落以朴素的平行布置为基本。虽也有与地形相结合沿等高线布置的形式，但平地上形成聚落的，则线形布置住栋。

该布置方式的形成取决于当地人的方位观。即把耸立于龙目岛中心的林查尼山作为圣山的萨萨克族，将山的一侧作为圣的方向、而海的一侧作为秽的方向来认识，以山－海

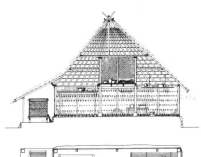

图 2-14-1　高床式仓库（Inen Bale），断面图、平面图

图 2-14-2　高床式仓库和半户外空间（Beruga），外观

图 2-14-3　半户外空间（Beruga），内部

的轴线为基础定义住栋的空间意义。举行葬礼时，死者的头要朝向海一侧，葬在位于海一侧的墓地中这一简单做法表达出山－海的方位观。

如今的龙目岛，正展开着以南部萨德村为中心、传统聚落为主题的观光产业的开发，萨萨克族的传统居住形态也将由此逐渐为世人所知，但从建筑学角度来说北部的巴扬村更有一番味道。

祭祀长所住的被称为"堪布"的栅栏围绕的区域，为龙目岛现存最古老的木造清真寺（1634 年），作为传说中的信仰对象的祖先之墓 Makam 而存在，为该村的一大特征。

上述的"依南巴尔"仓库建筑，属于散见于东南亚的谷仓型住居的一种。巽他岛等东印度尼西亚各民族的住居，以及爪哇的"佳格洛"，菲律宾的吕宋岛山地的伊夫高（Ifugao）族和波恩托克（Bontok）族，萨加达（Sagada）族的住居等，同样在住居内部有高床式的收藏空间，让人联想由谷仓向住居的演变过程。

巴扬村的特色建筑"贝路加"露台，拥有日常和非日常生活空间的意义，为睡眠、饮食、烹调、作业、休息、谈天等各种活动发生的场所。因一般的萨萨克族都为地床式住居，这种活用高床式空间的做法颇有新意。

15 "罗马同古"（主屋）
——马都拉，印度尼西亚

马都拉（Madura）岛位于印度尼西亚人口第二大城市，爪哇岛泗水（Surabaya）市对岸约20公里处，东西长约160公里。自古以来深受爪哇王朝文明的影响，16世纪以后则又受到伊斯兰教影响，现在马都拉人以拥有全印度尼西亚最虔诚的伊斯兰教徒而闻名。

在印度尼西亚，可以看到与苏门答腊岛巴塔克族和苏拉威西岛度拉加族（Toraja）一样的、两列建筑平行相对而设的例子，马都拉岛的住居也同样为东西向呈两长列的布置。这一点全岛皆为相通。但从住居样式上看，岛的东部与西部各不相同，东部与爪哇岛传统住居相同，西部则为马都拉独特的样式。

马都拉岛西部住居中最重要的是建于西北角的主屋，称为"罗马同古（romah tonggu）"，隔着中庭的对面建有称作"达坡尔（dapor）"的厨房。礼拜栋（langgar）为宅基地内唯一的干阑式建筑物，建于基地中离伊斯兰圣地麦加最近的中庭的西端。以上的主屋、厨房、礼拜栋皆朝东开敞，围绕中庭组成"コ"形，称"塔内安（tanean）"。其文字意义为"土地"或"庭"。村落就是由这些"コ"形宅基地连续组合而成的。

主屋因屋顶的构造和形状的不同名称也有不同。最古老的为悬山屋顶，称作"同若贝三（tronpesan）"，在村落中为数较少。现在最一般的建筑为在悬山屋顶四周有一圈小屋顶的形式。也可称为"普林宾坎（belimbingan）"，其形如兜。此外西部的村落经常能看到2栋主屋的屋顶下为连续小屋顶的例子。称为"坡东冈（potongan）"。

无论屋顶为哪种类型，主屋的平面都是一样的。即平入式，由住居前部称为"安培尔（ampel）"的露台空间和无分隔的一室空间构成。室内放置有马都拉岛独特雕刻的睡床和架子，作为寝室使用。

图2-15-1　圣古拉阿昆村的宅基地配置图（部分）

图 2-15-2 以中庭为核心的"口字形"排列的住居，中央为礼拜堂的 lanjang

图 2-15-3 两栋连接的 potongan 型屋顶

多数的宅基地中居住着有血缘关系的父母子女或兄弟姐妹的家庭。原则上一栋主屋住一个核心家庭。如扩大家庭居住，首先要在"罗马同古"的东侧加建主屋。由此在中庭的北侧加建若干个主屋，即称为"塔内安朗将（tancan lanjang）"，意为"长庭"。如主屋还不够的情况下，则在中庭的南侧再新建。根据 R.Jordaan 的说法，是从中庭的东侧开始搭建主屋。从最初的主屋来看，新的主屋逐渐建在面向中庭的左侧，最终成为顺时针围绕中庭的形式。主屋盖满后，从中庭南侧驱逐出来的厨房与家畜小屋等附属房屋，就布置在主屋后部以及礼拜栋的北侧等宅基地的边角。

继承各主屋的女性。主屋里居住着宅基地内母系家族一代，其旁边的主屋为长女一代，再其旁为次女家庭居住。家长年老隐居后将"罗马同古"传给长女。这样以"罗马同古"为顶点面向中庭左侧的主屋，被认为是大家族内地位较低的家庭居住的地方。

宅基地整体居住空间的使用方法有一大特征。即主屋的室内空间基本上仅作家庭寝室使用，白天的生活则全部在礼拜栋与主屋前部的露台所围合的中庭这一半户外空间内进行。此外男女使用的场所也明确地区分开来。礼拜栋固然为伊斯兰祈祷的场所，但日常生活中也作为男性场所使用。例如礼拜栋为男人的饮食场所，接待到访的男客。礼拜栋也是特定的家庭男性就寝的场所。即上述将主屋让渡给女儿夫妇后隐居的祖父，以及即将进入思春期的、已不能睡在双亲或姐妹的主屋中的青年，大体为老年和青年这两代的男子。

与礼拜栋为男性场所相对应，女性日常生活的场所为主屋前的平台。庭院上置有称作"愣羌（lencak）"的一张榻榻米（一张榻榻米的面积为 180 厘米 × 90 厘米——译者注）大小的露台。厨房为隐居中祖母的寝室。

16 巴杜依：自闭的世界
——巴杜依，巽他，印度尼西亚

巴杜依（Babui）地区位于爪哇岛西部，南万丹（Banten）的库东山区的北山坡上。在这里居住的是拒绝包括伊斯兰化在内的现代文明，坚守着传统生活的巽他族独立团体。他们禁止读书、货币、水田耕作、乘车等活动。据说万丹的祖先是为躲避穆斯林入侵的巴查查兰王朝（Pajajaran）贵族的后裔，但详情不得而知。他们信仰的是泛灵教（animism）与印度教混合而成的巽他·维维堂（wiwitan，神名）教。

巴杜依地区分为内巴杜依和外巴杜依两部分，其中内巴杜依对传统戒律尤为严格，据说不遵守戒律的族人要被驱逐到外巴杜依或巴杜依区域以外的地方。内巴杜依分为齐备欧（Cibeo）、齐卡塔瓦那（Cikartawarna）、齐卡锡克（Cikeusik）3个聚落。外巴杜有38个聚落。

巴杜依的住居称为"宜麻（imah）"。硬山屋顶的干阑式，规模约为9米×12米。"宜麻"这一称呼也用于有炉灶（parako）的房间。内巴杜依的住居是仅有"宜麻"一室住居，外巴杜依的住居内部则分"特帕斯（tepas）"和"宜麻"两部分。"特帕斯"作为家族团聚的场所和接待客人的房间发挥功能。住居内侧放有称作"各罗多古（golodog）"的脚搭子。住居前面则有名为"索索罗（sosoro）"的露台。入口设2~3个，可从山墙一侧或正面两个方向进入住居内部。山墙一侧的入口称"拉旺古德（lawangede）"，意为大门，拥有特有名称的也只有这个门。

一般客人可以进入的领域到露台和客厅为止，不能进入"宜麻"。"宜麻"是家族成员十分私密的居住空间。因为其内设有炉灶，所以与女性的联系十分紧密。

巴杜依禁止使用除当地材料以外的素材。地板和墙壁用的是竹子，屋顶材料则用的是椰子。住居没有夸张的装饰，十分简单。在周围的山上常常可以看到材料加工的光景。聚落内储存有各种各样的建材。

谷仓集中设置在聚落的周围。谷仓被称为"雷特（leuit）"，有两种形式："雷特汉达布（leuit handap）"和"雷特冷岗（lenggang）"。前者没有防鼠装置，地板较低只有约20厘

图 2-16-1 村长的住居（中间靠里）和广场

图 2-16-3 露台

图 2-16-2 住居（imah），外观

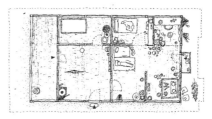

图 2-16-4 住居（imah），平面图

米。后者有直径约为 60 厘米的防鼠装置，地板较高约有 80 厘米。其一大特征是谷仓部分和地板下部分的柱子并非同一结构体。后者规模大，且古老。

巴杜依的聚落在山坡上形成，中心只有住宅。周围有谷仓和洗浴场，还设有脱谷场。30～80 户构成一个聚落。村长（布文 pu'un）的住居位于聚落中高程最高的位置。其前面为广场，与一般住居相比特征是地板较高。相对于一般的人家的 70～80 厘米，村长的家有 120～150 厘米。住居的排列因聚落而异，但屋脊方向统一这一点是一致的。

建造住居时，对于柱子的搭建顺序召开过公听会。从"宜麻"炉灶的方柱开始沿开间方向顺次搭建，以露台的柱子收尾是其特征。居室、客厅和山墙的柱子搭建完毕后，顺着进深方向一根内侧的柱子从住居的背面顺次搭建。住居的柱子全部建完以后，最后建露台的柱子。露台作为联系住居内部与外部的半公共露台空间，多见于最近的住居中，但古老的聚落中带有露台的住居并不多。从柱子的建造年代的顺序以及结合入口的称呼综合考虑，似乎露台并不是一开始就有的，而是近年增设的。即便是在固守传统的巴杜依、外巴杜依的住居也是在山墙方向为出口的高床式一室住居的基础上，通过客厅的分化，附加露台而一点点发生着变化。

17 船屋：作为象征的顶梁柱
——托拿加，苏拉威西，印度尼西亚

苏拉威西（Sulawesi）岛上居住有20多种语言或民族集团，其中最引人注目的是以特殊的船形屋顶而闻名的撒旦托拿加（Sa'dan Toraja）族的聚落。

托拿加一词原为"山中人"的意思，为内陆山区民族的总称。居住在苏拉威西岛内陆山区的托拿加族通常可分为三个集团。即以帕尔峡谷为中心的"西托拿加"，以波索湖为中心的"东托拿加"（巴雷托拿加，波索托拿加），以及撒旦河上游的"南托拿加"（撒旦托拿加）。一般提到托拿加时，即指撒旦托拿加。而其他两个集团的住居形态则大相径庭。波索湖周边托拿加族的住居为尖屋顶直接连到地面，没有墙面。此外还能看到将圆木搭成井栏作基地或基础的例子。

撒旦托拿加族居住地地方位于海拔800～1600米的山地，直到本世纪初其受到的外界影响都比较小，乌尔（布吉斯）人居住的沿岸地区还保留着特殊的文化。其代表就是被称为船屋（Tongkonan）的特殊的传统住宅（日常住房 rumah adat），以及被称为"阿鲁克托东乐（aluk to dole）"的民俗宗教。

岛屿周围湿润的山地一般为烧田耕作，种植水稻。开拓山的斜面而形成的梯田为其景观特征。大部分为天然雨水稻田，较少看到灌溉。

撒旦托拿加的聚落与巴塔克多巴一样，形态相似的住居与米仓相对平行布置。中部苏拉威西的波索托拿加的特征为浓密的竹林围成的椭圆形作为边界。如此的聚落布置不仅在巴塔克多巴和托拿加能看到，也是龙目岛以东的怒沙登加拉（NusaTenggara）群岛和马六甲岛等聚落构成的原型。

船屋的意思为日常住房，同时也有一个亲族集团的意思。聚落为双系制，个人既属于其出身集团也拥有

图 2-17-1 托拿加族的聚落

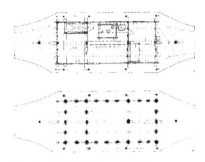

图 2-17-2　住居和米仓，平面图

其他集团的潜在成员权。然而，其并非如伊班族和达雅克族那般为平等主义，而是形成了阶级社会。即王族层（puang），贵族层（ma'dika），平民层（tomakaka），奴隶层（kaunan）这 4 个阶层组成，各阶层形成了各自的船屋。

以叉首结构为基本架构形式的住居与巴塔克多巴族的住居十分相似。其形态上的不同在于屋顶材料采用的是竹片，铺成二重或三重。而决定性的不同在于设在屋外的顶梁柱，以及有大反翘山墙的架构。其实屋顶端部为高反翘形式并非十分久远，而是在 20 世纪后才有的。有基础、台基用枋加固的，也有在础石上设通柱支撑梁桁等各种变化，基本上是相同的。

一室空间基本上分为 3 部分，在地板上设高差，中间低，前方与后方较高。中央 1m 见方处设有高 30 厘米的炉灶（api dapo）。中央为客厅、餐厅、厨房兼用的多功能空间（萨利 Sali），内部的"森本（sumbung）"为

图 2-17-3　托拿加族的家

一家之长的空间，入口前面的"巴鲁安（paluang）"为客人或家族的空间。

南苏拉威西居住着以海洋民族而著称的布吉斯（Makassar）族。因紧邻海岸部故以渔业为生，帆船技术发达。布吉斯族的聚落被称为"瓦努阿（wanua）"或"波日（bori）"以及"雷门邦（lembang）"，由 10～20 户住宅构成，面南或西面成一列而建。

布吉斯族的住居为悬山屋顶高床式，剖面上看由三部分构成。一是被称为"拉各安"的屋顶内房间为存放米等食物、保存祖先遗物的空间。二是称作"阿雷婆拉"的居住空间，三是称作"阿瓦萨欧"的地板下部分用来饲养家畜。在平面构成上有称为"塔姆彬"的露台置于入口前方的形式。此外还可看到由顶梁柱支撑脊檩的四坡顶形式，虽然一般为由梁上的脊瓜柱支撑脊檩的形式。

Ⅱ　东南亚 ——— 119

18 乌玛（住居）和卡雷卡（住居）
——松巴，怒沙登加拉，印度尼西亚

由松巴洼岛、松巴岛、弗洛雷斯岛、杰摩尔岛等组成的怒沙登加拉岛屿，长期以来未受到过印度和欧洲的影响。因此，该地域是解读东南亚基层文化的钥匙。

在松巴洼，可以看到将中央广场呈圆形围合的向心形集合住宅。此外还能见到近似爪哇的"佳格洛（joglo）"的住居形态。与"佳格洛"中独特的高床式，地床式结构等所不同的是其形态与马六甲和爪哇的住居十分相似。

松巴的聚落由3部分构成。即3栋围绕中央广场的圆形住宅相连，形成一个聚落。这样的聚落形式不仅见于松巴，还见于怒沙登加拉的其他地区，由此可以认为其中存在有共通的原理。

昆特雅拉宁格拉特（Koent jaraningrat 印度尼西亚，文化人类学者——译者注）是这样记载弗洛雷斯（芒加莱 Manggarai 语叫贝欧 beo）村落的。

弗洛雷斯的村落出于防卫的目的通常建在丘陵之上。如此古老的村落中，聚落形态为拥有前方、中央、后方三部分的圆形。如在芒加莱村落，这三部分还残留有很特别的名称，村落的前方称"巴安"，中央部分称"贝欧（与指村落的贝欧意义不同）"，后部称"纳达翁"。

纳达（Ngada）人的传统村落一般有中央广场，其中心有舞台状石堆砌物，称作"特瑟尔"。该舞台上放有几块搭成桌形或靠背形的平滑石块。纳达村落的前部，经常能看到象征祖先崇拜的石柱（纳达多），其正面通常建有小的礼拜堂。

塔荣（Tarong）村和莱塔荣古村的形式也属于上述有特征的聚落形态。中央广场上放置有石块，住栋围绕石块排列的形态与其他聚落是相同的。其例外是帕松加（Pasunga）村。

图2-18-1 松巴的住居，乌玛（uma）

图 2-18-2 bakul 住居，断面图

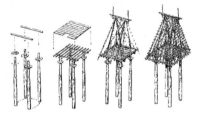

图 2-18-3 daluk 住居，骨架

图 2-18-4 weigalli 村，断面图

此外还有 Praiyavang 村，其住栋排列也为线形。

松巴社会由名为 kabihu 的父系等级组成的基本社会集团。西松巴则存在有母系出身集团，东与西属于不同的文化圈。松巴社会为阶级社会，由贵族（maramba），平民（taukabihu），奴隶（tau ata）组成。

松巴的村落可分为"帕拉因古（Paraingu）"与"科塔库（kotaku）"两部分。帕拉因古是地域的核心，为母村，科塔库则为子村。子村从属于母村。母村由 10~20 户构成，子村则为 3~4 户。塔荣村、莱塔荣古村属于母村。

住居可分为"乌玛（uma）"和"卡勒卡（kareka）"两种形态。"乌玛"为酷似"佳格洛"的中部高起的形式，"卡勒卡"中央部的坡度则较和缓，为爪哇的利马桑的形态。

剖面构成分为三个部分，与其他地域相同。中部高起的部分名为"乌玛达纳（umadana）"的神的空间，地板之下为称作"卡利卡姆布卡（kalikamubuka）"的家畜空间。

入口的方向上，西松巴为屋脊与入口所在方向平行，东松巴为垂直，而其左右对称的形式及向心性平面构成则形成了一定的体系。首先，平面上可分为同心圆的三部分。中央放置炉子，为一家之长的空间。环绕此中心的空间为客厅，再环绕其外的为寝室与餐厅空间。

此外，以入口方向为轴线可分为左右（东西）两部分。左（东）边为男性的空间，右（西）边为女性的空间。结构由以正中央 4 柱为中心的 36 根桩柱组架而成。大体上遵循该结构的原则，由此架构体系形成了明快的平面体系。

column 4   柬埔寨的高床住居

在柬埔寨的历史中最辉煌的业绩要数完成统一的吴哥王朝的建立和本土文化的创造。吴哥王朝以洞里萨湖和其北部一带为舞台展开城市建设。作为构筑物的富有魅力的文化遗产今天仍然吸引着世界各地的观光者。这一观光资源是该国最大的产业支柱，支撑着人们的生活。从吴哥王朝继承下来的庶民生活方式之一是以洞里萨湖为据点的渔民生活，另一个是从事水田耕作的农民生活。

在热带地域强烈的日照下，5～10月的雨季和11～4月的旱季的循环往复中孕育了这块土地特有的住居样式，即水上住居和陆上住居两种居住建筑。为应对多变的湖水水位、雨季激烈的暴风骤雨、蝎子、毒蛇、蚂蚁、酷暑等各种自然环境带来的负面影响，水上住居和陆上住居都采用了高床方式。主要材料是椰子、柚木材（水上住居多用竹子捆成浮子）等，作为辅助材料的墙和屋顶铺装材料使用草、椰子叶等编成墙板，也有使用竹子编成竹栅。但是1995年以后，随着货币回笼经济的渗透，开始使用波形钢板、混凝土预制柱子，各种合成板等新的建筑材料，传统材料建造的传统式样的住居逐渐消失了。

在这一背景下，2002年我们开始了农村住居的调查，目前的田野调查是北斯拉斯兰村（吴哥窟的东方约4公里的国王洗浴场的储水池、撕拉斯兰遗迹的北侧一带），它是一座历史悠久的村庄，波尔布特时代一度被拆毁，社区遭到很大的破坏。

据1995年7月的谷川茂氏的调查（《北斯拉斯兰村调查日志》私家出版）得知，当时人口588人，有127户，住居129栋，养牛190头。这以后到今天为止，从与日本相反的高出生率来看，人口应该增加了一倍。

然而，这个村庄的住居类型，按屋顶的铺装方式可以分为"1栋型"和"2栋型"两类。1栋型的庭院部分是主屋屋顶挑出单坡披檐的样式。

图1　1栋型

图2　2栋型

引人注目的是，除了特殊例子外，房屋为东西向的，2栋型的屋顶形似山谷，比较大的家庭主屋为2栋，但有趣的是屋顶的铺装方式和平面的划分方式完全没有相关性，从平面的规模来看不是很理想，但是在结构的处理上，可以看出超过一定规模时，两栋分别架设屋顶。

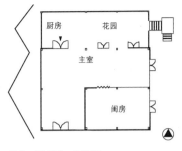

图3　屋顶型，平面图

平面是极简洁的，主屋部分一般作为开敞空间，女性的卧室多用板墙或帐幔隔开。不仅是这个村，一般东南亚的传统是招女婿，即有着所谓母系社会的遗风。因此，也反映在建房上，在家里女性的空间设在上位（日语称为奥），而男性的举止总让人感到拘谨。

厨房以移动式的炉灶和水缸为中心，设在带有披檐的庭院内侧或小独栋的出口、楼梯的一侧。生活用水是井水，也使用水缸收集的雨水。

屋架以斜梁为主，使用辅助材料支柱、梁连接。这种形式始于何时尚未得到确认。由梁柱部分的结构决定层高。柱子由相当于（日式房间地板支柱上的）楞木的粗板条连接（连接方式有4种，如图4所示）。在其上将托梁（支地板的横棱木）与板条垂直相交，按30～40厘米间隔排列，以固定楼板。没有斜撑等斜材。

层高控制在成人身高的高度。柱子按照2.2米±0.1米的间隔，完全是栅极状布置，楼板上主室空间，除了结构上必要的柱子外被省略了，其他柱子作为通柱。过去是使用圆木（直径150～200毫米）的，但最近也开始使用方木。立柱的方式以埋柱式为一般做法，最近混凝土砌块的建造普及了。

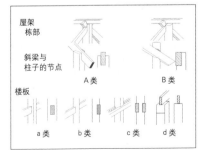

图4　屋架（上），楼板组合（下）

图5　银杏树

图6　砂糖椰（扇形椰子）

column 5　　　　洞里萨湖的家船和筏宅
　　　　　　　　　——东南亚内河流上的水上居住

　　包括日本在内东方亚洲水域，是把船、筏作为住居的水上居住最卓越的地域之一。过去以香港为中心的中国南方的"蛋民（水上居民）"研究曾经是热点，在中华人民共和国政府的"着陆政策"的影响下，近年来大规模的水上聚落锐减。而东南亚内陆水域，令人吃惊地充满活力，现在仍然持续着水上居住。最初看到的是泰国内陆的彭世洛（phitsanulok）和乌泰塔尼（utaitani），在那里沿河岸边成群的筏宅鳞次栉比，最令人感动的是贯通越南顺化香河的家船群和沿着柬埔寨的洞里萨湖形成的大规模的水上聚落。

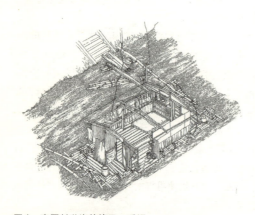

图1　泰国彭世洛的筏居，透视

图2　顺化市香河的家船群

　　顺化市香河的家船约达2万艘，可以看出生活在中游的市区周围城市底层工人，和生活在下游泻湖上的以及生活在上游从事渔业的渔民住居的不同。家船的结构没有太大的差异，相反划一形式是其特色。此外在洞里萨湖，住居类型的多样性显而易见。应对雨季和旱季的6～8米的水位浮动，水上住居是最好的解决方案，在那里家船、筏宅、小型高床住居等，就像水上居住的媒体，所有的类型共存，各类型内部的差异也不小。

　　这种类型的多样性反映了洞里萨湖水上住居历史的悠久。因此在这里想追溯该水域水上居住媒体的变迁。

　　洞里萨湖的家船都是专用于居住，家船本身不去渔场。但是参照其他地域的实测，可以想像原初的形态，即家船本身也兼作渔船是水上住居的初级阶段。这时的家船结构应该与渔船近似,也许是木船上覆盖着用毡子编的圆屋顶的简单构造吧。实际上以来自越南的漂流民为中心,在洞里萨湖至今还散在着这种原初形态的家船。第二个阶段就是居住专用的家船和渔船(小舟)的功能分化。家船从渔业分离出来,增强了定居性。其家船为了扩大生活面积,树立起垂直墙壁,挑出防波板,船的整体接近长方形。筏住居是继承有防波板的家船空间的构成形式,在地板上采用"一般农村的高床住居"的结构法,扩大了定居性更高的水上住居的势力。

进而,想摆脱在水面居住的人们,近年来开始在岸边建造称作"多普"的小型高床住居。多普是由地板下短柱或三脚架托起的简单的高床住居。根据水位的升降改变位置。从木结构法的形式来看毫无疑问是筏宅的延伸。最近"多普"的规模扩大了,在湖岸上建造大型的高床住居的倾向越发强烈。地板架得很高,以便恒久地避开水位上升带来的灾害,从而提高了定居性,看不出与"一般农村的高床住居"的外观有什么不同。

迄今认为家船的居住形态的进化带来了高床住居的看法是错误的,应该认识到家船在"着陆"的过程中,是一般农村高床住居的结构法影响了湖岸住居。

图3 洞里萨湖 chong khneas 水上聚落的家船和筏居

图4 建在洞里萨湖水上聚落的"多普"(可以根据水位变化移动的小型高床住居)

19 有露台的家
——泰国

在泰国农村可以看到用柚木和樫木等建造的高床式木结构住居,在屋顶形状、装饰、开口部、住栋的布置等方面,北部(北部山地)、中部(中央平原)、南部(马来半岛)、东北部(东北高原)带有各自的地域性。在寒冷季节的北部山村,住居的开窗小,为争取日照封檐板呈南北向布置,而中部的三角洲地带,为应对雨季的洪水和防止漏雨,屋顶做成便于散热的陡坡状,为获得季风和遮阳,封檐板呈东西向布置。在南部,为应对漫长而肆虐的雨季,陡坡屋顶和高柱脚的基础成为主要特征。

住居为梁柱结构,在中部窗框和墙壁等使用小口径木材重新板材化,堂屋、厨房及露台等部分是可以拆卸、组装的预制形式。中部住居的柱子向内侧倾斜,据说这在垂直方向上有抵抗力,就像一个人张开脚站立的形态。核心家庭的住居由高床式卧室(ruen norn)、阳台(rabieng)、露台(charn)以及厨房(krua)等构成。

各房间的地板标高也不一样,卧室的标高最高。阳台与露台的地板低一阶(30～40厘米),地板较高的一层可作长凳使用,地板的高差有利于通风,透气性好。

在热带气候下,户外空间也是重要的居住空间,白天地板下凉爽的空间可作家畜小屋和放置农具,进行织布和休息等多项活动。中部地区的露台约占建筑面积的40%,不仅是全家人休息、接待客人,以及作为寝室的空间,也是用于举行结婚仪式或请僧侣作佛教法式的重要空间。北部地区的露台(toen)占据了大部分的面积,有多种用途。东北部也有被称为"科俄依 koey"的露台空间。

在伊斯兰教教徒较多的南部,卧室和祈祷的场所被隔开,是有多功能的一室空间。露台则多在室外,也有带屋顶的室内式的。其名称也各不相同,最大的特征是在日常生活及举行仪式时发挥重要作用的多功能空间。

在其住居建设上也使用人体尺寸,采用"索库(一肘尺)"作单位的较多。如卧室大概为开间6～9索库,进深15～18索库的3柱距,厨房则为2柱距等。

建筑礼仪上也没有明显的地域性,十分类似。首先选址,为选择理想的基地而举行仪式。选好合适的基地后与专业人士进行商谈选择吉日。

图2-19-1 泰国中部的住居,透视

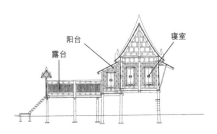

图2-19-2 泰国中部的住居,立面图

图2-19-3 各部为板式可以拼装拆卸的中部泰国住居,墙壁和窗框

一般建造住居较为适宜的季节为旱季的农闲期,实际上也是因不下雨又有人手,收获后经济上也较有宽裕的时期。

之后准备好建造住居的柱子开始建设。无论在哪个地域都认同主柱是最重要的。被视为住居的主人或柱王的第一柱,以及被视为妻柱或妃柱的第二柱尤其重要,其使用的木材必须是没有瑕疵的上等木料。柱子备好后,在举行仪式的柱子上放上供品,祈求居住者的幸福。柱子与居住者视为一体,材料考究,其结果是保证住居有一定的质量。住居竣工时要举行奠基仪式和宴会。

到1980年为止建设住居所用的木材都很容易从森林中伐到,在村里的工匠和亲戚、村民的协力下建造住居。然而到了1980年后半年由于木材资源枯竭,政府出台了木材采伐的禁止法,木材价格高涨且很难买到,于是开始出现梁柱结构为木结构,柱间为砌块造的混合结构。与此相伴的地板的高度也出现了高床式和地板高1米左右的中床式(中等高度)、地床式(外部地面直接作室内地坪。译者注)等多样化。

在农村新建的住居,也有另设一栋在室内设厕所兼作洗浴场的倾向,多设在住宅最后部的南侧或西侧,这与南西比东北低的传统方位观念有关。在建材和室内地板高度的多样化,厕所的室内化等各种变化出现的同时,几乎再现了作为住居空间构成原型的木结构高床式住居平面,尤其是露台这一与佛教信仰有着深厚渊源的空间,在泰国人的日常生活及仪式中充当着重要的角色。

20 舶来的商住屋
——曼谷,泰国

泰国曼谷的商住屋是于19世纪60年代引进的。为学习城市开发手法,拉玛四世(1851～1868年)派遣枢密顾问官到新加坡,他们归国后,相继在曼谷的主街道沿线建造了带住宅的连栋式店铺。商住屋是作为行政性政策,即通过官方被引进的。其实在引进商住屋之前,在曼谷也存在与商铺并用的住宅,但均为木造平房,缺乏立面的统一性,离道路的后退红线也不整齐。

拉玛五世(1868～1910年)统治之时海上贸易活跃,为了应对开始做生意的中国商人和外国商人的进入,由 Pivy Purse Bureau(国立财政局)出资集中兴建了出租用的商住屋。拉玛五世统治结束的20世纪初期,拉塔那古辛(Ratanakosin)地区的主要道路几乎全被商住屋所埋没。从那时起,商住屋的建设扩散到了其他州域,成为泰国城市中主要的城市构成要素。

商住屋通常是带硬山歇山屋顶的两层建筑。每隔3栋或4栋为1单元,由防火墙进行分隔,防火墙间的每个单元由木墙进行各栋的分隔。一栋的大小各不相同,开间为3～4米,进深为20米以内,建设在占地面积26平方米以上的狭长的条形土地上,一层天井高度为2.7米以上。

外观的共同的特征为,一层开口部有对外全部开放的可折叠式木门。有意思的是,在新加坡,连拱廊状的通路为商住屋的主要构成要素,而在曼谷却没有采用此形式。取而代之的是在玄关上设置雨篷及遮阳篷,形成供步行者用的步行空间。

建筑样式与装饰的差异明显反映在二层部分的立面设计与构成上。19世纪后半期建设的建筑几乎都是中国样式。19世纪到20世纪初,西洋色彩逐渐浓厚。最常采用的是新古典主义样式。1925～1950年新古典主义虽依然盛行,但逐渐开始衰落,在完全废除新古典主义装饰之前,有一段较短的装饰艺术(Art deco)样式时代。20世纪中叶以来,逐渐走简洁化道路,最终向如今的盒子样式发展。

商住屋的空间构成基本上为一层前部1间,后部1间共两间房。二层为1间房。一层的前部作为商业空

图 2-20-1　20 世纪初期的商住屋

图 2-20-3　装饰丰富的角地商住屋

图 2-20-2　典型的商住屋

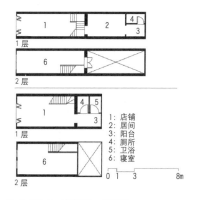

1：店铺
2：居间
3：阳台
4：厕所
5：卫浴
6：寝室

图 2-20-4　商住屋，平面图

间使用，通常规模比前部小的后部房间作为仓库、洗浴间或厨房等服务空间使用。此外与厨房相连的地方设有供通风用的后庭，也有在后庭并设洗浴与洗衣场所的情况。二层作为生活空间使用，但也能看到一部分作商品仓库使用的例子。

由于老朽化及房主的变更，商住屋的空间构成也随着时代的变化而演化。因居民追求更宽敞的室内面积而不断地有增建与改建。中庭被内部空间化，取消房间隔断，逐渐朝着连成一室的空间演变。此外也确保了在垂直方向上扩张新的空间。

伴随着这些变化，与新形成的内部空间不相适应的生活行为（如与配有空调装置的房间不相适应的烹调、洗浴等）被驱逐到里弄等空间，引发了建筑后部的结构变化，以及最终导致外立面变化。

21 神灵之家与世人之家
——阿卡，泰国

20世纪初，泰国北部山地首次确认有阿卡人的存在。然而，大多数的阿卡人是近20年到30年或者说新近从邻国缅甸越境而来的。例如，作为在北泰的最大分支之一的罗米阿卡（Lomi Akha），原居住在缅甸掸邦州山地，由于国民党军、缅甸军、掸军等的进入而发生交战，为避战火弃村逃难离散。之后近20年他们在缅甸各地流浪一直南下到泰国。

阿卡人都自认为是世界造物主超然存在的子孙，在传统家谱就证明了这点。家谱是由在天界的造物主开始，以下按AB-BC-CD-DE……的顺序，把上一代（父）人名字一部分加在下一代（子）人的名字中形成"父子连名"，延续至今。对于阿卡人来说，家谱是证明自己出身的要物，其中有延续了60代的家庭。家谱末端的男人及妻子，以及他们的孩子组成了共同进行祭祖和农耕的家庭（peh za ma zaˇ），生活在一个屋檐下。

阿卡人（nymˇ）的住居设计很简朴。一般为高床式，也有直接在地面置炉做饭和吃饭的地床形式。因为是顶梁柱结构，使用斜梁进行加固，做法高床式和地床式都是共通的。

歇山式屋顶铺有茅草。屋顶一直盖到地面附近，环绕房屋四周的是深深的屋檐。山墙的一侧（男性房间一侧）带有阳台（guiˇga）。

住宅的内部（nymˇeu la k oeˇ），隔开两个基本同样大小的空间。即男人生活的房间（baw law）与女人生活的房间。各自的房间都分为放有炉子的烹调餐饮空间（haw bi）和就寝空间（k aw meh）。男女房间的相互进出是可能的，但居家之时基本上男女在各自的房间中生活。吃饭也是男女在各自的空间中进行。男人房间的就寝部分，放有鹿和野猪等狩猎的猎物颚骨，女人房间的同一部分则放有祭祖用祭坛以及播种时用的谷粒。祭坛中放有每年收获的稻穗。每逢农

图2-21-1 建设中的阿卡族的家

图 2-21-2 建设中的阿卡族的家,断面图

图 2-21-3 建设中的阿卡族的家,平面图

耕时节举行祭祖活动,隆重招待祖先之灵的到来。

男女各自的房间中住有被称为"家主(nymˇsahˇ)"的男女。他和她们是家庭中最年长的男女。一般为夫妇,如双方或一方丧偶,按顺次由年长的男女继承其位。

该男女不称"房主"而称"家主"的原因,从代代口传的神话(poe daw oe)中可以得知。家谱先祖的时代即刚创世的时候,世界还处于混沌之中。人与动物可以对话,没有"某某人"或"某某族"等集团的区分。当时家中人灵共住,神灵在如今男人的房间中,人则住在如今女人的房间。因而神灵所在的房间被称为"灵之家",世人所在的房间被称为"人之家"。也就是说阿卡人的家是由两个家合二为一的。因此男女各自的房间也就称为"家主"。

之后,灵与人闹不和,灵离家出走住到了森林之中。其离家出走之时,将自己房间给了家中的男人,即现在男人所在的房间。人死了之后将棺材安放在男人的房间中,也就是放在灵所住的房间,就是考虑到死去的人已成为了灵。

灵离家出走之时,男人和女人就分开了。到那时为止,原本与灵、人同住一家的动物,有的种类也随灵住到了森林中。家中残留的一些种类,作为家畜被人饲养。每件事物的成立很戏剧化,但也极为简洁,至今家和其中的生活还沿袭着这样的自然观和世界观。阿卡人的传统村落中有门,就是为了不让出走到森林中的灵进入村中而建的。

对于阿卡人来说,放在女人房间的祭坛,是现在活着的人与过去联系的接点,与家谱有着同样的价值。罗米阿卡人从逃离掸邦州的山地开始,就取下了设在家中的祭坛,放到了背篓之中,在数十年的流浪生活中,一直把祭坛带在身边。因此,在找到新居住地建新家之时,要重新装上祭坛。安装祭坛一事,表明了人灵共存的世界是围绕家而展开的。

column 6　　　　　　　　　米纳哈萨传统住居

　　北斯拉威西（Sulawesi Utara）州的米纳哈萨（minahasa）传统住居，在消失前一直为建筑遗产。这个有特色的建筑样式迅速地消失的最大原因之一是现代化的影响。20世纪90年代以后，使用所谓"解体施工法"，预制材料进行更新的结果。

　　米纳哈萨传统住居的基本构成非常简洁朴素。架空的底层围合的空间是开敞的，围合其上部的基本上是木板墙。如果把架空底层空间比作这个住居的脚，那么用墙围合的部分是身体，比作头的住宅屋顶也是山形的。板墙围合的内部空间的前面与其地坪几乎是同样的高度，与住宅的开间等宽的庭院是必设的，进入这个带屋顶的庭院，是通过前面左右非对称的一对楼梯，或者一侧连接的楼梯进入。

　　以上的构成不仅是东南亚地区，类似的例子在太平洋的南岛语族地域也广泛分布，因此不能说是米纳哈萨独创。但是其有着丰富装饰的内部美轮美奂。其垂落着封檐板的外观、屋脊装饰、栏杆、门和窗都有着精美的木雕以及像演剧的舞蹈动作那样富有节奏感分割的木条或铁条，更增添了风采。

　　从庭院中心的出入口进入住居内部。首先是家庭团聚的起居室，其开间等同于整个建筑面宽，起居室的背后排列着许多卧室。卧室的布置有两种类型：一种类型是在住居平面的一侧集中排列，另一方向到住居背部的空间作为长廊式通路留出来。这种非对称的居室布置，从住居的外观上是看不出来的，通路一侧的外墙和卧室一侧的外墙非常相似。另一种类型是在两侧排列卧室，中间为走廊，即平面是左右对称的。走廊的尽端有出入口，从住居背部的后院也可以出入。厨房、储藏室以及家畜的饲养多安排在后院一侧的架空底层。即架空底层的层高最低要确保人体的高度。作为底层部的居住空间的利用而进一步发展，把原本敞开的底层空间用围墙围起来，这样米纳哈萨的传统住居就变成了两层的构成。

图1　米纳哈萨的传统住居

lecture 3　　　　　　　　　　　装饰与住居

建筑上的装饰通常是指细部设计、色彩、雕刻等"与实用功能无关的表达"。现代主义登场以后，建筑的装饰失去了往日的光彩。现在一般认为它没有功能上的诠释，是附加的、附属的、浮于表面的非本质的东西。而住居，特别是乡土住居的装饰，更具有深奥的含义。自觉地进行住居装饰的行为，与身体装饰一样是与"人类为什么要装饰"的根本问题密切相关。

在人类制造的产品中，住居是其中规模最大、最恒久、最重要的。住居的营造需耗费大量的劳力和时间以及造价。住居浓厚地反映了人类所依附的宗教观、阶级地位、社会地位以及主人的世界观、价值观。致使住居从结构整体到细部的形态，带有各种意义和价值。概略地说装饰在视觉上表达了这些。

■ 装饰的动机——个性的表达

装饰住居的动机，从辟邪和巫术到祖先崇拜、权力和地位、资产的炫耀等涉及多方面，但是在几乎不施以装饰的文化中也必定有表达归属意识的标志。在传统社会中的住居必然归属某一个集团，大多以某种样式在视觉上表现出来。示意属于某个特定文化集团的个性，特别显著地是表现在屋顶上。比如苏门答腊岛的住居群，在中欧、非洲看到的房屋顶部的装饰等例子不胜枚举。另外装饰与集团内部的等级有直接的关系，即在住居上施以装饰的多寡、样式，与服装、服饰用品一样，所属集团的人们立即就会辨认出来，是表示阶级、身份、职业等的符号。这种文化符号化的装饰，也是形成聚落同一景观的一大要素。作为个人身份认同的表现，所有的表达是以区别于其他为目的的。瑞士的住居经常刻有家纹、碑、铭文是最易解的例子。

■ 装饰的条件

住居装饰的程度根据地域有多种多样，比起文化性倾向，许多地方可以从材料、技术、经济条件上去理解。影响较大的首先是所使用的地方传统材料的性质。比如木材容易雕刻和着色，但是芦苇和椰子就不适合这种装饰。石材在加工上耗费功夫，因此除了柔和的砂岩住居多使用雕刻装饰。土坯砖的表面粗糙，且不结实，因此只能在砌筑中做出装饰图案，与灰浆一起使用进行局部装饰。此外道具、加工技术的制约也不少。生活方式也对装饰的程度有很大影响。狩猎民不需搬运建筑材料，利用当地材料，每次建造的住居，由于使用的时间过于短暂几乎没有装饰的余地。游牧民搬运的住居单元，虽有某种程度的装饰，但其装饰程度是很有限的。尽管有例外，但是可以说复杂的丰富的装饰基本上属于定居社会的特征，而且是富裕阶层的社会产物，定居社会的住居是数代人连续使用的，因此在经济上、时间上有着花费在装饰上的余裕，这也是有一定道理的。

■ 装饰的要素、部位

无论装饰的条件怎样，很少在住居所有部分上施以装饰的。宗教性建筑、社交场所比起住居有着更高密度的装饰。例如成为住居中心的重要度高的主室、中庭、起居室、宗教仪式使用的房间等装饰就相对集中，而且构成住居的材料、要素的地方装饰程度也有差异。某些空间、要素被装饰，表明这些对居住者或建造者来说有着某种意义或价值，其序列在装饰的密度和复杂程度上更明显。可以说经过装饰，住居内各要素的价值体系被秩序化了。哪些要素是装饰关注的焦点，反映了每个文化的特征。一般有以下几个共同的倾向：

第一，在结构上重要，或者有着特殊作用的要素会有装饰。例如柱子，有时有着社会的隐喻（社会的栋梁 pliiar of society，大黑柱等），由于其卓越的结构重要性，许多乡土建筑进行色彩丰富的装饰。柱子、柱头、根基、肘状平

图1 巴塔克族的聚落风景，苏门答腊岛，印度尼西亚

图2 非洲各地的住居的叶尖式，上左开始多哥、埃塞俄比亚、埃塞俄比亚、下左开始塞内加尔、尼日利亚、尼日利亚（来源：J·V.Rechenberg）

衡木、托梁等结构材料，承载着垂直性、接地性，以及传递荷载的功能，为强调各自的功能和形式以及母题进行装饰。砌体结构的窗框来自结构的要求必须要牢固，强调开口部位需要装饰。如贝多因（Bedouin）人的迁徙住居，其帐幕本身、支柱上装饰很少，但是用支柱连接帐幕的纽带、皮绳有着华丽花纹的织布图案。此外西洋的暖炉，日本的"床之间"等形成住居内部象征性中心的要素是室内装饰的焦点。多层住居，在垂直流线的特殊空间的楼梯间，特别是扶手表现了独具匠心的设计。

第二，装饰突出表现在门窗、出入口等边界领域。围合基地的围墙、住居的外墙是区分内与外、公与私、属于自己的世界和外界之间物理的象征性界限，是表明住居如何与外部世界找到关系的一种态度。在拉贾斯坦邦，在南非的住居墙面施以各种各样的装饰，表明居住者个性，同时也是保护住居不受外界干扰的边界。因此在门、窗开口部的周围，所有文化都是承载了最高级的装饰处理。窗、玄关是住居的门面，同时也是从内部窥视外部世界的画框，从窗框到门窗以至金属构件都进行精细的装饰。这些装饰承担着两方面的作用：一方面给住居带来了令人愉悦的东西，同时也阻止了不速之客的侵入。若把这种装饰意图与人体装饰进行比较就很容易理解，有如外表皮肤上的文身、眼睛、嘴、耳（人体的开口部）施以巫术的装饰。此外住居内部存在着男／女、圣／俗、表／里等各种双分观的领域，这些边界虽然程度上有差异，一般也以某种装饰来表示。

第三，装饰的部位、要素的选择都与可视性程度有很大的关系。不管多么重要，对看不见的地下室、内部阁楼结构一般不会去装饰的，因此归属集团的个性装饰、表示社会地位的重要装饰往往都是选择在外观上最明显的屋顶上。内外的装修材料也有独立于结构的，与前述的倾向似乎矛盾但很容易装饰。木结构的建筑经常可以看到的装饰是额枋、山墙的雕刻，构成外立面的华丽的凸窗、檐壁等，不论蕴藏着怎样的功能和象征性，高度的可视性是基本的前提。

图3 竹和植物纤维编织巴米勒克（bamileke）族的住居，喀麦隆

图4 柱子和柱头上雕刻的锡金的住居

■ 隐形的装饰

图5 墙壁上绘有甘奈沙神是入口的保护神，贾沙梅尔，印度

图6 有精细雕刻的额枋和栏杆，苏门答腊岛，印度尼西亚

也有装饰仅限定在某种要素上的，或看上去几乎没有装饰的文化。但是这种情况，住居往往依据各种规范、礼仪建造的，所以必然要赋以社会的、文化的含义。规范在集团内具有宗教法律的权威，涉及基地、方位的选定以及空间的构成、各部位的比例、尺寸体系。在建造过程中每个阶段都举行各种仪式，维系着土地和建筑以及人三者的关系。从境界领域开始到住居的场所、细部所蕴含的意义，虽然在装饰上没有明显地表露出来，以日常的做法、禁忌的形式日常性地体现出来，在许多文化上隐藏在住居各个场所的神、灵魂也是象征性表现，这些都可以说是看不见的装饰。

装饰就是把自己和世界有序化，是人类与作为人类存在的根源有关联的行为。因此住居的装饰，是人和建筑、环境三者关系的鲜明体现。可以说住居、聚落的形体本身就是对其土地的装饰。

如前所述，人们往往把功能和装饰对立起来把握。但是至少在装饰发生时代，不管是物理的还是象征的，一定是有着充分"功能性"、"实用性"。但是随着时代的进步，人类与建筑、环境的关系会发生变化，过去依存一定关系的表现，势不可挡地失去了根基，演变成"表层性"的东西，但是它是刻在住居上的文化记忆，乡土住居今天仍然雄辩地证明着居住者数百年来如何与环境进行反复地相互磨合的努力。新的关系产生后就有了新的装饰，现代化以后对装饰的排除，是基于经济体系的变化，以及19世纪对样式主义的批判等各种原因，结果只是"不是装饰的装饰"而已。就像人类没有服饰无法生活一样，没有装饰就无法居住。

III

中亚、南亚

panorama　　　　中亚、南亚

　　亚洲中部以享有"世界的屋脊"盛名的帕米尔高原为中心，东西为昆仑山、天山、兴都库什山、喀剌昆仑山等高峻的山脉重峦叠嶂，其山脉的北侧，从西面的土库曼斯坦到东面的中国、新疆维吾尔自治区广阔的草原和绿洲世界为中亚。

　　中亚大体分北部的草原地带和南部沙漠中的绿洲地带两部分，人们的生活方式也对应这种地理条件分为两类：草原地带的游牧民和绿洲地带从事农耕或商业的定居民。前者的住居基本上是优鲁特（吉尔吉斯牧民使用的帐篷，包），分布在整个草原地带。后者是位于吐鲁番、喀什所谓东西交易的丝绸之路的要冲，形成绿洲城市。由于属于极少降雨的极度干燥的地带，因此地下水渠、防止热风的防风林等很发达，由此形成独特的聚落景观，住居普遍是土坯砖或版筑建筑，墙体很厚，形成对外封闭的中庭式。

　　南亚即印度亚大陆，西面为多巴加格尔山岭，北面为喀剌昆仑、喜马拉雅两山脉，东面以阿拉干山脉为界，突出于南印度洋的是倒立的三角形巨大半岛。属欧亚大陆的一部分，由此形成与其他地域隔绝的封闭空间，其规模符合亚大陆的称谓，是具有独立性的地域。

　　南印度基本上属于有着雨季和旱季特征的季风气候带。但是仅就北部而言，就有干燥的巴勒斯坦高原、高温多湿的印度河口以及几乎无雨的塔尔（thar）沙漠，雨季和旱季的差异很大的恒河流域平原，以及世界有数的多雨地带阿萨姆，自然环境多种多样。此外在诸民族的社会、文化交织在一起的复杂性上，南亚也表现了无与伦比的多样性。这个多样性可以从雅利安人、伊斯兰各种势力等数不清的民族迁徙，不断地集中到该地域的历史中去探寻其理由。

　　其结果，南亚戈迪的住居建筑在材料、结构、平面所有方面变化是极丰富的。高温多湿的印度河口的塔塔，有着把风引入住居内部的特殊装置的独特发明。在尼泊尔东喜马拉雅地域，同一民族中根据住居地坪的高度，其建筑材料也不同。南印度固守着与北部截然不同的文化。由马杜赖所代表的寺院为中心的门前街、喀拉拉、斯里兰卡西南部可以看到的线形的聚落形态是其特征。此外在古尔、科钦由于殖民地的统治形成的独特的住居样式，已经构成城市传统的一部分。另外，可以看出都市住居超越了地域、文化的差异有了一定的趋同，即以中庭为中心的住居形式，从拉霍儿到古吉拉特、孟加拉广泛分布的哈维里就是其典型。

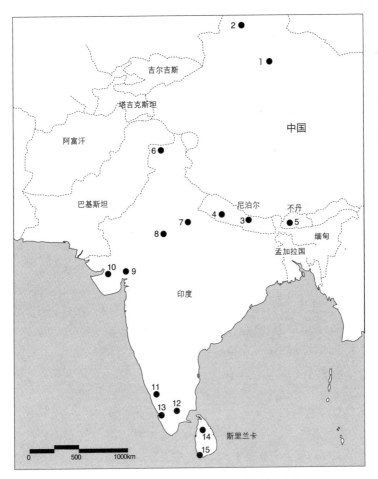

1 吐鲁番，中国
2 维吾尔，中国
3 尼瓦，加德满都盆地，尼泊尔
4 塔鲁，特莱平原，尼泊尔
5 不丹
6 克什米尔，印度
7 北印度，印度
8 斋浦尔，印度
9 艾哈迈德巴德，印度
10 古吉拉特，印度
11 耐伊尔，克拉拉，印度
12 马杜赖，印度
13 科钦，印度
14 斯里兰卡中北部，斯里兰卡
15 古尔，斯里兰卡

01 海拔以下的绿洲住居
——吐鲁番，中国

吐鲁番是沿着过去的西域北道（天山南路）的绿洲城镇，位于吐鲁番盆地以北，距乌鲁木齐东南约110公里。盆地在新疆乌鲁木齐自治区中海拔最低，艾丁湖的湖面为海拔零下154米。公元前200～前400年盆地曾经是印度人和波斯人聚集的极为繁盛的文明中心地。到了9～10世纪吸收了在该地建设首都的维吾尔族人。

当地自古以来就有名为karez（坎井）的灌溉系统，来自周边山脉融化的雪水流经水渠润泽了城镇。汉字拼写成"坎井"的地下水渠总长度为3000公里，分布在丝绸之路上的许多古代城市得益于这种作为水源主要供给方式的灌溉系统。

吐鲁番年均降雨量为200毫米，夏季（5～8月）达到4℃，冬季8℃的寒风卷着风沙，处于非常肆虐的自然环境中。农耕技术和住居技术有效地解决了如何抵御风沙的问题。

住居通常是沿着地下水渠建造，道路也与之平行或垂直。道路与住居群以及葡萄园的边界是土坯砖的围墙。葡萄藤架、围墙，以及沿着地下水渠种植的杨树保护葡萄园和住居不受强风和沙尘的侵袭，在干燥地带营造了特殊的小气候。

吐鲁番在1500多年以前就有人类居住，现存住居的多数是100年以内的建筑。这些住居虽历经不同程度的变化，但是仍保留了基本的形态。

2层楼的住居的基本形式为二层有3个房间，正面有用粗柱支撑阳台的"I型住居"，中间的房间为客厅，两侧的房间中大的为起居室，阳台是户外生活场所，窗户开向中庭，一层为深30～80厘米的半地下，圆顶结构的房间有4个，冬暖夏凉。土坯砖墙有60厘米厚，而砖墙厚度为40厘米左右。此外屋顶是有2%～5%的排水坡度的平屋顶。房间内设有高台，提高室内的空气循环。

通常，住居在建筑与围墙之间有一个中庭，使用葡萄架种植葡萄，在非常干燥的气候下，草木覆盖地表可以适度保持地下水渠的水不被地上蒸发，使水免于枯竭，以降低绿洲城市的气温。葡萄架下宽大的中庭也是住居中非常重要的组成部分。也可以布设地毯、椅子、桌子等，作为招

图 3-1-1 葡萄架围合的吐鲁番市区

图 3-1-2 土坯砖瓦住居，外立面

图 3-1-3 中庭

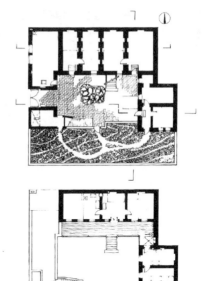

图 3-1-4 平面图

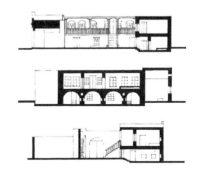

图 3-1-5 断面图

待客人的场所利用。

居室围绕着中庭布置，后院设有厕所、猪圈。中庭的一部分做出格子窗的开口，周围是用土坯砖砌筑的围墙，在那里也是干燥葡萄的场所。

住居内部简朴，但天棚、柱子、走廊、楼梯等均有装饰。这些装饰有彩色、木雕以及用不同砖瓦排列构成的图案，装饰使用的颜色有蓝、绿、白，还有红，从配色上可以清楚地看出，把明亮的颜色使用在暗淡的场所，而把素雅的颜色使用在明快的场所的区别方式。

Ⅲ 中亚、南亚

02 向阿以旺开放的家
——维吾尔，中国

维吾尔族的传统住居，是与土耳其民族的土著建筑融合的产物。多见于西突厥坦、中国新疆维吾尔自治区以及哈萨克斯坦，主要集中在吐鲁番、乌鲁木齐周围的塔里木盆地。维吾尔族住居基本上是由土坯砖墙和圆屋顶以及拱形窗构成，除了门和窗外很少使用木材。土墙的隔热性高，夏天可防暑，冬天可御寒，以及抵御一年四季不断刮来的沙尘，保持室内的舒适。

维吾尔族的住居以称作阿以旺的中庭为中心，朝着中庭开有很大的门窗，而对外部开洞很少，为了隔热采用内侧为玻璃、外侧镶木板的双层门窗，宅基地内的中庭是烧饭、洗涤、消遣等多功能的户外空间。

基本的空间单位是相邻的2个房间和与房间连接的阳台以及朝向阳台的中庭，可以从阳台直接进入任何房间，因此白天的生活、夜晚的睡眠都很舒适。通常西侧的房间用于特别的仪式、招待客人，而另一方用于烧饭、用餐、睡眠。此外受伊斯兰文化的影响，西房为男性用房，东房是私密性高的女性用房。如有已婚的儿子，西侧的仪式用房多用作年轻夫妇的房间。家庭人口增加需要更多房间时，根据情况增加基本单元，最终形成复杂的平面。此外，在去往客厅的路径有着家庭专用的以及通过中庭的开放的2个，这种特殊的考虑体现了维吾尔族"好客的性格"。

因此意味着明快开放空间的中庭是维吾尔族住居的最大特征，然而10～20平方米的这个中庭，根据家庭的规模设在若干个地方的情况很多，中庭上部有采光的高窗，其高窗整个被复杂的格子板镶嵌。中庭还有40厘米高的炕，用熟土砌筑的炕是从事所有家务劳动的场所，不仅是中庭，有时其他房间也有。

大户人家在中庭的旁边分别设有夏天和冬天专用的卧室，夏天的卧室用名为"巴兹（baizi）"的用树枝编成的隔墙将阳台隔开，通风采光以及对中庭的眺望很好。冬天用的卧室被四周的墙壁围合，室内盘炕。

维吾尔族住居的另一个重要空间是使用梯子进入的夏房，作为卧床、户外生活的场所。还可以用来干燥葡萄等收获物以及鸡肉。

图 3-2-1 维族的典型住居,透视

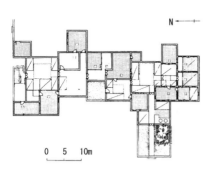

图 3-2-2 维族的典型住居,平面图

图 3-2-3 面向中庭(阿伊旺)开敞的住居,断面透视

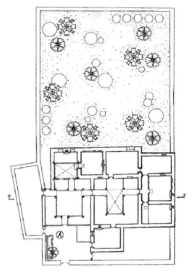

图 3-2-4 面向中庭(阿伊旺)开敞的住居,平面图

图 3-2-5 中庭(阿伊旺),内部

被围墙围合的维吾尔族住居内部,其窗户、门以及中庭的柱子,还有抹灰墙上的浮雕,大量使用抽象的几何形花纹、草花的图案,色彩纷呈的马赛克、有光泽的面砖等,使用了各种色彩,最重要的色彩是伊斯兰神圣色绿和白。房间中的壁龛、米海拉布不仅有着实用的功能也是主人的艺术表达。还有大地毯、挂毯,米海拉布的帘子等,为提高舒适性发挥作用的同时,体现了维吾尔族的土著传统的丰富底蕴。

Ⅲ 中亚、南亚 —— 143

03 尼瓦族住居，最顶层的厨房
——尼瓦，加德满都盆地，尼泊尔

以加德满都为据点的尼瓦(Newa)族，始终固守着自己的语言、传统和文化。尼瓦族大多数是以克拉塔族（史前统治尼泊尔，与印度文明有关系的民族）为先祖的民族。其社区是史前至2世纪迁来盆地的各种民族集团融合形成的，在宗教方面佛教和印度教自尼泊尔的历史初期就被人们所信仰，即使在尼瓦族聚集的居住区两者也难以区分，以共存的形式延续下来。

加德满都盆地有着诸多的尼瓦族集聚地，规模较大的有加德满都、巴东、巴克塔普尔三城市，这些城市中的现存街区，是按照佛教和印度教的规划手法建设的，住居通常是以围合中庭的形式构成，在布局上把符合宗教的图像曼陀罗模式视为最理想的，一个或多个称为bahal、bahil的佛教僧院位于大中庭的中心，中庭外围布置住居的例子可以看到一些。此外印度的规划原理swastika（古印度吉祥标志）在拥有大庭院宅基地的住宅布置上被采用和普及。

中庭中有水井、泉水、社交房、佛塔以及发挥休息所功能的名为pati的亭子等公共设施。有视为近邻街区的象征、守护神的俄尼沙寺院的街区称作tole。

尼瓦族的住居称作"切(che)"，加德满都盆地的任何一个城镇、聚落都有共同的特征。尼瓦族住居的基本

图3-3-1 建有佛塔的中庭

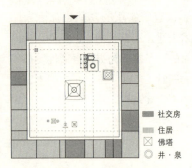

图3-3-2 基于曼陀罗理论的布置

图 3-3-3　尼瓦族的住居，外立面

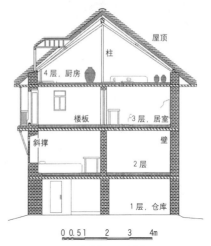

图 3-3-4　尼瓦族的住居，断面图

单位为厚厚的砖墙围合的长方形空间，进深约 6 米，面宽 4～8 米的规模。包括阁楼层在内有 3～4 层，各层的高度约 1.8 米是一致的。这个空间沿着街道与邻居的墙壁相连，长屋式排列，围合中庭布置，形成街区。屋顶是山形的，屋檐由伸出墙壁的斜撑支撑着。门窗等开口部以及梁柱等结构体为木结构。

尼瓦族住居的特征表现在其断面的构成以及垂直地进行功能划分上，住居的一层（cheeri）为多功能的空间，经常用于收纳草、谷物、饲养家畜的场所。沿着城市街道两侧是商店，工匠的住居被用作工场。二层（mata）和三层（chota）为卧室、居室、工作室等。最顶层的阁楼（bugigal）为厨房兼餐室，是通常家属以外的人不得出入的空间。厨房兼餐室位于顶层的原因可以认为是出于印度教的污秽观。

图 3-3-5　尼瓦族的住居，平面图

补充住居功能的中庭对共同体来说是多功能的活动场所，作为洗涤场、谷物的干燥场等日常活动几乎都在那里进行。

Ⅲ　中亚、南亚　　　145

04　把土壶用作隔断的家
——塔鲁，特莱平原，尼泊尔

尼泊尔南部，沿着与印度接壤的国境线在辽阔的特莱平原上居住的是塔鲁（Tearu）族，塔鲁族是南尼泊尔最早为人所知的民族，其起源不得而知。

形成了仅有50～200人的聚落，尽管规模大小不同，住居的布置形态是一致的，住居位于街道的两边，传统上其长边基本上沿着南北轴线。其理由是源自面东可以带来家族繁荣的传统观念。并排建造的住居其间距有数米，每个聚落都设有水井、家畜饮水场、榨油机、脱粒场、祈祷场所等社交设施，其位置关系、建筑的数量、建筑的规模，依各聚落的家族规模不同而不同。

一般塔鲁族的家族规模为4～25人，形态多样，相应的住居规模也在变动。无论规模大小，住居都由面向道路的开放空间（前庭）、主屋、附属在住居旁的小屋等构成。附带封闭的中庭和家庭菜园的也有。

开放空间的一部分为确保饲养小家畜的空间，用木桩隔开的场所，放牛后，将牛赶回家畜小屋前，可以数小时地滞留在那里。其他空间用来晾晒谷物和蔬菜。住居玄关厅前的空间为休息或接待客人之用，中庭用来洗涤大的炊具、洗浴以及打理从家庭菜园采摘的蔬菜，用来编筐、围绳、投网、酿酒等临时作业。

塔鲁族的住居是长方形平面的平房，上面架有草铺的人字形屋顶。陡坡地屋顶被数列木制的柱子支撑，外墙只是为了间隔住居的内部和外部而已。外墙连接的圆形开口部使居住空间的采光和外部换气成为可能。

住居内部由家畜小屋、玄关入口厅以及居住3个领域构成。称作habi的玄关入口厅是招待客人的社交场所。而居住领域，由这个厅将家畜小屋隔开。居住领域和厅之间由顶棚的高度的一半的高度（约2米）的土墙隔断分开，居住领域是由个人用小房间与家族共同的空间构成。

塔鲁族的住居最具特征的是居住领域内使用的名为dairi的用稻壳和土混合制成的土壶。土壶有着储藏谷物的功能，同时在内部空间发挥着分隔祈祷房间、炊事房间和就餐房间、卧室的作用。土壶的高度，容量不一致。由于上部是空的，使房间之

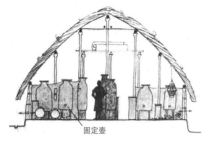

图 3-4-1 塔鲁族的住居，断面图

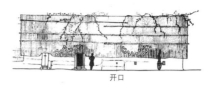

图 3-4-3 塔鲁族的住居，立面图

图 3-4-2 塔鲁族的住居，平面图

图 3-4-4 塔鲁族的住居，幸免于火灾的土壶

间易于通风，夏天的住房内部凉爽。

位于住居内最里面的是称作 bitar 的炊事、就餐的房间。这里不允许家属以外的人进入。其他房间称作 lunti，卧室、储藏室、与谷物有关的所有作业空间按功能划分，而且传统的称作 dura kunti 的房间位于东北角。那里设有家属的祭坛 kuldeuta。这个祭坛也是土壶的形状，其体量在住居中也是最大的，而且该祭坛是朝向东面的。

图 3-4-5 塔鲁族的住居，内部

作为隔断使用的土壶，最大的高 1.6 ~ 2.2 米，具有长方形底部的平壶，土壶的上部盖有土制的圆盘，土壶的内部装满谷物后，将口密封，谷物是从土壶底部用土塞堵住的圆孔中取出的。

Ⅲ 中亚、南亚 —— 147

05 版筑墙的住居，用捣棒建造的家
——不丹

不丹王国位于印度阿萨姆邦和中国西藏自治区之间。东西约为300公里，西北约为170公里，国土4万6500平方米。相当于一个九州的面积。南端的低地是亚热带的密林，北侧喜马拉雅山脉的山峰成为西藏高原的边境，南北国境的海拔高差超过7000米。可以说垂直展开的大半个国土是山岳地带，形成深邃的溪谷。在这种地势下，大多数人们选择了适应生活的海拔1500～3000米的地域——山谷、小块平坦地居住。人口约65万人，首都延布约5万人居住。

民族以蒙古族先民和9世纪迁来的西藏民族为主，19世纪以后南部增加了尼泊尔血统的移民。

以藏传佛教为国教，生活文化整体以藏传文化为基轴。正像现任国王提出的国策"比起GNP（国民总产值）更加重视GHP（国民总幸福指数），保护自然环境和文化，稳步发展"所象征的那样，在保持以藏传佛教为基础的传统文化的基础上进行现代化是国策的重要支柱。因此在新建筑上尊重传统的设计。

不丹的历史建筑概括起来有1）行政厅舍，类似日本的城郭的复合建筑；2）称为"拉康"、"密贡巴"的寺院建筑；3）佛塔、佛具（manikoru经筒），有屋顶的桥等行政厅舍和寺院的附属建筑；4）住宅建筑等。

延布等城市地区，近年来在外观上采用传统设计的钢筋混凝土结构的集合住宅、商业建筑增加了。但是居民的多数居住的半山腰，采用传统手法设计的住宅是普遍的，现在也有用版筑方式新建住宅的，可以看到妇女们一边哼着民谣一边使用捣棒筑墙的情景。这种传统的住宅构成的聚落，与梯田、溪谷等周围的环境一起构成了有特色的景观。

延布以及布姆唐地域的住居如下：

主屋一般是2层或3层，一层为土间，仓库或家畜小屋，与有石围墙的前庭一起为家畜棚。近年来出于卫生的考虑，把家畜集中在聚落内饲养场的增加了。二层和三层，占据20%～30%面积的是佛堂，用木制的隔断严密区分，设一个大的佛坛，庄严地装饰着佛具和幡。二层、三层的地板铺的是净面地板，在起居室将

图 3-5-1　丘米（qiumi）聚落（普纳卡）俯瞰

图 3-5-2　有凸窗的住居

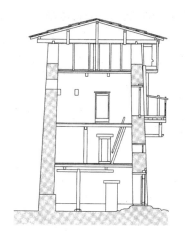

图 3-5-3　纳姆加尔，温丘库的家，断面图

图 3-5-4　用捣棒建的版筑墙

地板切开，用掺有砂和盐的灰土砌筑炉灶，由于炉灶烧饭，室内被烟熏得很黑。屋顶阁楼是粮库。

墙体有版筑的也有石砌的，地板、屋架、门窗都是木制的。传统形式是一直到三层都是版筑墙，只开小窗采光。但近年来将周边的一部分版筑墙取消，在木造露明墙开凸窗进行采光的较多。在建筑增改建时，将版筑墙的一部分接出来或者切掉都很困难，因此后设凸窗和与版筑墙的对接以及在建筑扩建部位与石砌墙并用的做法较多。

在屋架外围的墙体顶部立一版筑的柱子，其内侧最顶层的天棚将土抹匀后建方木柱，在这个版筑柱上面用方柱架梁，支撑屋架。由此屋架获得较高的空间，通风也好，适合储藏粮食。但是与主体构架几乎没有连接，属于非固定屋顶。

屋顶是使用长 1~2 米的长方形石块的压石屋顶，铺板上下搭接重叠小，这种长板铺的样式来自山形屋顶的基本样式。近年流行印度制波形钢板，由于追求施工性等歇山屋顶增加了钢板铺装，农村的景观正在发生着潜移默化的变化。

Ⅲ　中亚、南亚　　149

06 建在断层上的家，tag 结构
——克什米尔，印度

克什米尔高原一带的高原地域，波斯、中亚、中华文明、印度文明交融，在地政学上属于特异的地域，该地域幸免于英属印度的侵入。但是在历史上这个地域曾是阿富汗、吉尔吉斯斯坦、塔吉克斯坦、新疆维吾尔、西藏的境域，由于各文明、各民族的接触，在社会上、心理上可以看出宗教、文化要素混合的迹象，而且连续几个世纪喜马拉雅山脉强烈地吸引着伊斯兰的苏菲（sufi）教、婆罗门教、藏传佛教等神秘主义教团。

丝绸之路中最古老的漠南路连续几个世纪存在于这个地域，7世纪中国的玄奘，12世纪蒙古族为统治中亚把它作为进入路径，13世纪意大利的马可波罗都曾经过这里。

克什米尔中央山脉朝北延伸至被印度河遮住的地方，其支脉朝西，两山脉的末端由枝叶山脉连接。

3层或4层构成的克什米尔的住居，方形平面构成紧凑，石、砖、木结构的构架颇有特色。带有"头盔"的凸窗在悬臂梁上伸出。为了除雪的方便屋顶坡度很陡，过去为了防水采用美国白桦树皮，隔热性好，现在大部分为厚木板上铺波形镀锌钢板。下层的室内顶棚镶嵌着画有手工织布般的几何图案的木板，最顶层的大房间，梁和天窗嵌入暴露的天棚，这个房间多用于婚礼等礼仪，也用作客房。

由于位于克什米尔断层上，其住居具有抗震性，称作 tag 结构，是由砖、木、石三种结构要素混合的结构。tag 结构是木梁承载墙和楼板的荷载，由石或砖向窗间墙传递荷载的系统。最顶层的木梁直接支撑砖墙，同时也支撑下一层的楼板，梁和梁之间是石墙，有着增加强度和隔热的性能。下层的另一个大梁由石梁支撑，梁与梁紧密结合。石造建筑的弱点是地震时斜向力对石墙有很大的作用，而其他墙几乎都没有什么作用，但在 tag 结构中依靠石、砖、木三个结构部件解决了问题。通过结构要素的混合，分散外力对整体结构的影响，即使遇到地震住居也不会倒塌，进行简单的检修即可维持震后的生活。

内装顶棚采用了几何图案——伊斯兰建筑上最重要的设计手法——非常有意思。

图 3-6-1 斯利那加市区风景

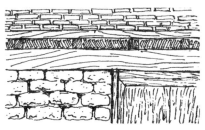

图 3-6-3 tak 结构要素，自上而下为砖墙、木梁、石造的窗间墙

图 3-6-2 克什米尔的住居

图 3-6-4 克什米尔的住居，平面图

石、砖在古代埃及、美索不达米亚希腊等东方国家是唾手可得的材料，使用木头的结构形式，是包括中国的东南亚一般的结构形式，即来自东方的木结构，来自西方的石、砖结构经过漠南路传到喀什米亚。两结构到达喀什米亚后发展了应对地震的合理混合构架结构。可以认为 Tag 结构的混合构架结构发源于喀什米亚的地理性格，象征着东西文明交融的喀什米亚地政学、地理学的特异性。

07 哈维里豪宅
——北印度，印度

哈维里（haveli）是在北印度一带广泛分布的中庭式住居。哈维里一词一般是指权贵富商兴建的传统豪宅，其语言的起源据说是来自古代阿拉伯语的haola，同样的中庭式住居在摩亨达达罗遗迹中发掘有很多，因此其文明可以上溯到印度文明的成立期。哈维里从西部的古吉拉特到东面的孟加拉，从南面的中央邦到北面的旁遮普邦广泛分布。有着丰富的地域多样性，共同的特征如下：

哈维里首先是高密度居住的形式，即可以理解为城市型住居。哈维里在城市和农村都可以看到，只是农村富裕家庭的仅有一两栋，而城市几乎被哈维里所覆盖，大小不等的哈维里的集合，通过穿插其间的里弄构成城市。由此营造出厚重、高密度、阴影多的城市形态，可以说是适合于高温、干燥气候的住居。以中庭为中心的哈维里的内向性和高密度的城市形态，表明了这个住居形式是与城市化一起发展起来的。

哈维里的基本构成是由街道以及邻接住居而界定的基地中心规划中庭，剩下的空间划分成小房间。哈维里比起传统的内部空间更重视外部空间的中庭，因为中庭是在高密度的城市中采光、通风的重要环境调节装置。而且住居中已经半室内化的户外空间承担了多种功能。此外中庭也是住居的象征性、精神性中心，印度教的古代建筑做法是围绕着中庭布置的各房间对应着诸方各神的神殿，最重要的神梵天创造神始终占据着中庭，因此印度教徒居住的哈维里，在中庭种有植神圣的植物图尔西（tulsi）。

内部空间的使用方法是根据气候的寒暖、开放或封闭的环境条件，根据时间带、季节有各种变化。比如夏季的就寝场所是屋顶上，而冬天是在室内，夏天的午觉在地下室，而冬天在中庭，不存在固定的卧室。除了炊事、礼拜例外，其他行为也是同样的，中庭设有水井、地下储水槽，住居内几乎囊括了所有的行为，最具多功能的空间。

哈维里的外立面施以精美雕刻的门扉使住宅富有特色，门的两侧基坛伸出数十厘米，作为住居的延伸以及城市小品加以利用，从玄关开始首

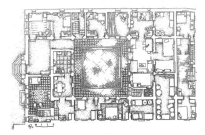

图3-7-1 拉拉玛多拉姆哈维利,平面图

图3-7-3 古吉拉特州的哈维利,中庭

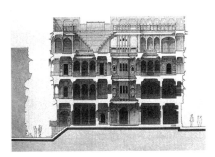

图3-7-2 patouon 哈维利,断面图

先是进入中庭,为遮挡来自道路的视线,在通路上设有转角或高差。

称作 dalaan 或 mahal 的主室必须位于中庭的正面,比其小的房间设在其周围或侧面,中庭的形状也采用正方形和长方形,但是在规模上、为女性的空间布置上出现了文化差异。穆斯林的住居的中庭在整体中相对地占有较大的面积,是开放的,而印度教徒或其他非穆斯林教徒的住居,倾向于小规模、纵长形的封闭中庭。穆斯林的住居一般在入口附近布置男性居室,而女性的居室隐蔽在中庭里面,而印度教徒的住居面对街道的1层店铺、作业场作为男性居室,女性的居室布置在楼上的较多,拥有几个中庭的大规模的哈维里,距离入口最近的中庭作为接待客人、饲养家畜的场所使用,靠近里面的是日常生活的中心,此外中庭用作炊事、洗涤等公辅性空间。

建材一般是石头、砖和石灰,地面是在石头、木制的梁上铺上砖头和土捣实,平屋顶是普遍的,有的地区也出现坡屋顶,在木材丰富的地方,不乏施有精巧雕刻的木造梁柱结构。

今天几乎没有新建的哈维里,因为周围普遍是配有中庭的郊外型住宅,而且现存的哈维里由于所有者的变更和财产平均分配的法律被划分,在德里等大城市改造成工厂、仓库的也很多,哈维里原本是可以顺应适度变化的住居形式,持续了几千年的历史,现在哈维里正面临着消亡的危机。

Ⅲ 中亚、南亚 —— 153

08 印度王都的联排住宅
——斋浦尔，印度

杰耶辛哈国二世规划建设的拉贾斯坦邦的首都斋浦尔的城市形态极为独特。整体是棋盘格状的街道类型，但略有变形，由于西北部有那哈伽赫堡的山相隔，使其棋盘格不尽完整，东南部出现突出于东面的一个区域。天文台和皇宫位于中央。

关于斋浦尔的规划理念有着很多争议，相同点是都与上溯古代印度宇宙观结合的城市理念有关，比如古代流传下来的建筑史书《Manasara》，列举了若干个村落和城市的形态类型，据说其中 Prastara（有研究者根据外形特征，将古代印度的城市分为 8 种类型，其中 Prastara 为正方形或长方形，通常由两条主干道将城区分为 4 个部分——译者注）成为原型。整个区域划分是内九宫格（划分为 3×3 = 9）体系，或者按照 9×9 的毘罗·普路夏（vaastu Purusha）曼陀罗理论最为普遍，在网格顺时针倾斜 15°这点上也有各种解释。东北部的沼泽地以及地形的倾斜是其理论依据。此外还有朝着杰耶辛星座——狮子座的方向倾斜的理论。

王都斋浦尔城市中有许多下臣居住，分给下臣的土地称作赐予地（扎吉尔 jagir，中世纪穆斯林王朝实行的一种土地分割、军事彩邑的土地制度——译者注），被赐予的人称为 jagirdr。18 世纪后半叶，在王都为 jagirdr 建造住宅，实行征收年收入 10% 的政策。除了托普库哈纳哈兹利外，在大街区建了许多住宅。这种国王主导的住宅规划建设，应该制定有城市开发指南之类的文件。

但是，其井然有序的网格状的街道体系和住区构成并不是如出一辙的，各街区不是正方形，规模也各不相同，俯瞰整体呈口字形的中庭式住宅紧密排列，规模大小不一，大规模的住宅中，有若干个中庭（chowk），大规模的中庭式住居称作哈维里（豪宅）。

虽然规模、中庭数有不同，但还存在一些共同的特征，举例如下：
1) 有中轴线，基本上是左右对称；
2) 在中轴线上布置入口、中庭；
3) 中庭为垂直方向，是水平方向的核心；4) 越往里，越往上层私密度越强；5) 多设置进入各户的专用楼

图 3-8-1 哈维利，正立面

图 3-8-2 哈维利，中庭

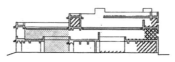
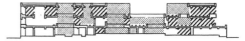

图 3-8-3 哈维利，平面图、断面图

梯；6）为确保私密，多设计曲折流线；7）中庭只有屋顶周围没有墙；8）厕所、洗浴、厨房设在端部。

虽然是非常单纯明快的平面形式，但做出依照独特要素而变化的外立面。此外在中庭周围的列柱、开口部也做了很多设计。皇宫、风之宫殿（hawa mahal）的外立面展现了构成斋浦尔景观特色的诸要素。在开口部上部设置的遮阳屋檐（chajja）、屋面四角的4根柱子（chattas）、凸出墙面的阳台（jharokhas）等印象深刻。若干个拱状形式，类似"伊旺"形式的壁龛、圆顶、椭圆顶也是拉贾斯坦建筑样式的符号。

斋浦尔位于塔尔沙漠的入口，接近高温干燥的沙漠气候，因此比起确保日照来，制造夏天的日阴成为最基本的要求。中庭的规模和高度根据夏天日阴的适合度决定。此外为了遮挡西晒，西侧的墙造得较高。中庭成为夜间蓄冷的空间，屋顶作为纳凉的空间使用。

遮阳的屋檐和四柱的凉台是隔热的重要因素，屋顶用小石头做出1层称作surkui，墙的厚度也是为了隔热，还有开口部为了防止夏季的炎热控制在最小尺寸。

Ⅲ 中亚、南亚 —— 155

09 街路，小广场，门（前庭）里弄，嗜那教街区的里弄
——艾哈迈德巴德，印度

艾哈迈德巴德仰仗伊斯兰势力建于15世纪初，是有着将近600年历史的古都。城市的历史从吉古拉特王朝开始到莫卧儿王朝，经历了马拉塔（marata）联盟、英国的统治、最终独立的种种变化。在旧城区的居住区，自历史的初期开始，就有嗜那教徒、印度教徒、伊斯兰教徒等持有多种宗教信仰的人群混居，时而互相敌视的同时共存至今。长久的历史培育了各民族集团谋求共存的智慧，因此有序地、多层次地交织在居住区。

在嗜那教居住区，主要的街区称作"坡鲁"。坡鲁原意是门，是指区分区域内部与周围干线街区的门，在"坡鲁"的内部，集聚着同一街区的住居群，因此泛指其居住区为"波鲁的内部"。而今把门内的街区以及面对街区的住居群也称为"坡鲁"。进入"坡鲁"后，道路开始分支，支路上有"槛桥"（小广场），再下一级道路有"卡多几"（门，或用门区的几户共用的前庭）、"嘎利"（里弄、弄堂）等，分别对应着小街区，住居并排建造，嗜那教徒居住区是这3级构成的居住区，街道成为树枝状复杂的迷途。

街区内部都采用尽端路，由于街区内共有户界墙的住居连续排列，一旦关闭了街区的门，就具备要塞般防御功能。与印度教徒和伊斯兰教徒相比，嗜那教居住区更加突出阶层性是其特征。也许禁忌一切杀生行为的嗜那教徒，出于避免卷入时有发生的印度教和穆斯林教的争端中，以保护自身安全，而发展了更细化的层级式居住区。

在居住区成排建造的住居，大体分成两种类型，即有中庭的和没有中庭的。有中庭的类型主要选建在"坡鲁"和"槛桥"这种层级的街区上，没有中庭的类型一般建在"卡多几"那样的下一层级街区。

位于热带气候的地区，为了更舒适地生活如何确保开放空间成为重要的课题，没有中庭的，街区空间以邻里共有的形式补偿，比如洗衣和洗碗等作业在街道设的水场进行，生活的一部分也和近邻以共有的形式集中解决。"卡多几"为门，多用来区分其他街区，作为开放空间的街区，与其说是公共空间不如说是近邻

图 3-9-1 里弄

	有轴线		无轴线
	卧室	卧室+前室	复数的卧室+前室
广场型		卧室 前室 广场型 门型 入口前基坛	卧室 卧室 前室 前室 广场型 门型 入口前基坛
门型	卧室 入口前基坛	卧室 前室 入口前基坛	卧室 卧室 卧室 前室 前室 入口前基坛

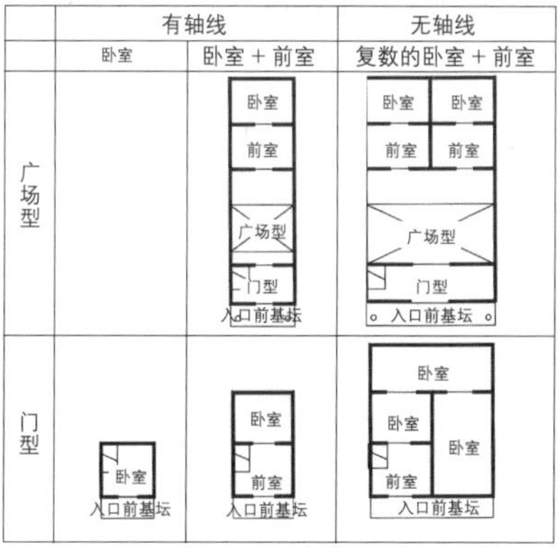

图 3-9-3 小广场型和门型住居平面类型

图 3-9-2 嗜那教徒的住居

半私密空间的含义更强。住居面对"卡多几"排列,是从半私密空间向私密空间展开的层级结构,空间序列是门——前庭——住居群,其构成是城市集中居住的一个单位。

有中庭的类型,从街道一侧开始,其空间序列是入口前的祭坛——玄关——中庭——前室——卧室各室在一条轴线上,向内侧展开,空间的私密性逐渐加强。

可以把有中庭的作为"中庭型",没有中庭的把并排的住居群作为"玄关型"进行一下比较,据 V·S· 普拉马说,与玄关型同样的集中居住形式在北吉古拉特的农村也可以看到,后来这种土著形式被带到了城市。此外,在中庭型中把玄关称作"卡多几",而在玄关型中把前庭称作"卡多几"的共同点上推导,中庭型是从确保开放空间更加私密、强调阶层性的玄关型演变而来的城市住居。

在禁忌杀生的嗜那教中,职业受到限制,几乎都从事商业。出于商谈的需要,接待客人的空间其玄关非常必要,由于采用了开放空间,里面的空间更加有了私密的性格,同时安全性和私密性也得到保证。

"坡鲁"的居住区,与复杂的街区系统对应的是住居类型,进而内部也具有公私领域的等级,细化了的阶层空间环环相扣,其中巧妙地布置各种开放空间,由此保证了安全舒适的生活空间。

10 有家畜围栏的家（delo）
——古吉拉特，印度

卡奇地方位于印度西部的古吉拉特州，南面为阿拉伯海及卡奇海，国境以北与对面的巴基斯坦的信德接壤。年均降雨量不足300毫米，气候干燥，周围分布着名为rann的大片湿地。历史上曾多次遭遇大地震，2001年的1月也遭受了大地震的灾害。

据普拉马研究表明，卡奇地方以及其东面的索拉什特拉的城镇和农村广泛分布着称作delo的住居形式。所谓delo原来在索拉什特拉地方意为"入口的门"，后来逐渐泛指有围墙的住居。该住居面对街道垂直布置并由高墙环绕的前庭构成，前庭面对街道的墙设入口的门，住宅基本形式是由两间并排的房间和前面开放的阳台构成。

这种住居形式成立的最大理由是生业主要为畜牧，牧民集团采用集合的居住形态，各家庭都有自己的家畜，在居住区中建造附属单元，形成了具有居住和家畜小屋2种功能的住居。由于气候干燥，家畜小屋不需要屋顶，独立的住房和围栏就是住居的标准元素。

Delo住居的布置直线排列的情况较多，便于牧民的日常行为。住房由于开间大可以确保宽阔的中庭，也方便收容家畜。此外住房与街道的关系是垂直的，便于直接将家畜赶回畜舍，而且外部人很难直接看到住居的内部。厨房的位置也颇有特色，位于阳台的一角，女人们对来访者隐蔽其身，可以一边做家务一边照看家畜的幼崽，这种设计是来自畜牧生活的。delo住居的基本形确立后，即便农村城市化，产业发生了变化也仍在延续。

后来在发展过程中，由于住房的进深浅，在房屋的上部进行扩建，装上了阁楼房间，去阁楼使用放在阳台的可移动的梯子，从前面的小开口部进入。在第2个阶段阁楼完全变成了2层，包括阳台在内住居的进深全面加大，由此带来了厨房的变化，

图3-10-1 delo的基本构成

图 3-10-2 街道一侧的外立面

图 3-10-3 华丽的 delo 住居的门

围墙加高至顶棚，在阳台一侧设入口，炊烟通过墙的通风口排向庭院。在与厨房相反方向的阳台上设楼梯间，因此成为只有中央部开放的阳台。二层与一层的平面相同，至此 2 层的 Delo 完成了。由于家庭人口的增加，在阳台中央设隔断改成 2 间房的也有，分别增建了厨房和楼梯。由此当初 3 间平面构成经过细分化，演变成各层前后 2 室的形式。

卡奇地方南岸，巴德雷秀瓦尔村的住居就是这种 Delo 的基本形。厨房突出于阳台端部的布置、阳台不是前面开放的，而是用墙围合的室内化等都是有特色的构成，而且规模扩大后，围绕着庭院增加其他住房的也有，增建房不一定是 3 间的平面构成，有 2 间的或厅形的 1 间构成的较多。

结构是石的墙体结构，以当地采集的黄沙岩为材料，加工成 200～300 毫米高的石材，砌筑 2 列厚 450～500 毫米的墙。石材间的缝隙是以泥为主要成分的灰浆勾缝，外表涂白灰或者用石灰为主的白色涂料涂装，山形、四坡的屋顶较多，不架设梁，在山墙上直接搭上脊檩、檩条，在其上放上圆木，铺上瓦是基本做法。

在装饰上，门框和窗框、窗檐等开口部都富有特色。门框有基本要素的组合，格子状的窗框被加固的门，左右上部稍微突出的门框，用多瓣花纹的雕刻强调的门楣，用牛腿支撑的施以王冠式雕刻的两端檐口，门的左右两侧有凸窗式的经过雕刻的点灯用的龛。规模较大的门，开口部做成拱形，门的两侧配有圆柱或方柱的柱形，使其显得壮丽辉煌。

11 印度南部的住居,建筑史书的蓝本
——耐伊尔,克拉拉,印度

耐伊尔(Nair),集中居住在印度的南部,是占州人口约16%强势群体之一,具有独自的住居形式,作为母系制(marumakkathayam)社会而闻名。但marumakkal意为侄子,实际上不是母系制,而是侄子继承制,家长是称为karnavan的最年长的男性家庭人员,财产是从叔父到侄子在家族内继承,奈伊尔在梵语中是领导,是由意为武者的nayan一词而来,主要是领主,构成战士层。

典型的住居选址在田园地带,房屋的周围是围墙,宅基地内设有供水设备的水井和储水池,还种有椰子、香蕉等果树。住居称作tharavad,由30～40人构成的大家庭居住。正式的署名除了名字还要加上自己住居的名称,因此住居与居住者之间有着密切的联系,从建筑形态可以解读住居者所属的集团、社会地位、文化背景。

住居的选址、布置、增建都以对外部的防御性和安全性为首要条件。以中庭和围绕它的住房为基本单元,住居根据几个单元构成来进行分类。例如lukettu意味着有4个房间,ettukettu为8个房间,padinarlettu为16个房间,基本单元和中庭以及住房数表示家族社会地位和富裕程度。

基地、住房的布置、建筑材料、尺寸、细部的样式都是严格依照古代印度建筑史书《华厦学》的《建筑基准》决定的。

基地的确定要把符合"有泉水、坡地,土地适宜种植果树、植物等"视为吉兆要素。住居由坚固的门、洗浴用的浴池、水井、家畜小屋,以及留下的原生态树丛构成。住房位于基地的东侧,厨房和水井布置在北侧,浴槽在东北侧,寺院和家畜小屋布置在南面或西南面,防止蛇的生态树丛在西北侧。

建筑的面宽和进深的比例、周长、庭院树木布置的尺寸也是依据《建筑基准》决定的。如果需要,首先在中庭的西侧,然后在南侧住房增设2层。从住居、中庭以及围合的住房关系上着眼可以分为9类,从建筑材料的种类可以分为14类。

住居是围绕中庭的住房复合构成的自我完结的对内开放空间。住居以中央中庭为中心,其西侧为主室,

图 3-11-1 科钦拉加的住居,外观

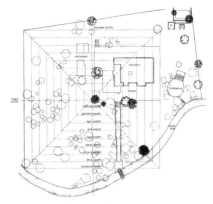

图 3-11-3 住居,基地图

图 3-11-2 科钦拉加的住居,前庭

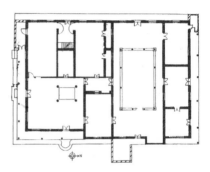

图 3-11-4 住居,平面图

北侧房间用来进行炊事,南侧的房间进行日常的家务。45°斜坡的歇山屋顶、大屋檐的出挑、阳台、良好的透气性是应对强烈的日照、大量的降雨、潮湿的。为了防止水淹,建筑建造在高于地面的台基上。

建筑材料使用当地可以得到的石、石灰、木材,屋顶使用植物材料和瓦。过去瓦屋顶只限于宫殿和寺院。

玄关门前为辟邪装饰有黄铜制门钩和恶魔的雕像,精致的山墙饰前端常留下制作者的名字。

家具和工艺品很朴素,富裕的家族一般拥有黄铜灯、黄铜水壶、槟榔木箱,成为社会地位的象征,现在受城市化的影响,据推测在 tharavad 住居中过母系制生活的耐伊尔占整个社会的不足 5%。

12 马杜赖的住居，同心圆方形街道的城镇
——马杜赖，印度

马杜赖是继印度最南端的州、泰米尔纳德（tamil nadu）州的首都清奈之后，为该州第二大城市。自公元前6世纪开始作为潘迪亚王朝的首都，在中世纪作为纳亚克王朝的中心城市而繁盛。位于马杜赖中心位置的米纳克希神庙是印度南方系建筑末期的代表作，也是南印度最大的巡礼地。居民的大部分为多拉维达系的泰米尔族。

马杜赖的城市构成极为明快，以米纳克希神庙为中心形成4重同心圆方形街道，按照等级进行居住划分，直至19世纪之前马杜赖被双重城墙和护城河围绕，其中发展了高密度的城市型住居。19世纪成为英国的殖民地，建筑样式采取了英国殖民地样式，但是平面还是维持了传统的样式。多半住居是2层的，近年新建3层的较多，过去有血缘关系的几户家庭一般居住在移动住居中，随着核心家庭的逐渐普及，每个住居的居住者渐渐减少。

住居的结构形式几乎都是石造砖墙结构，也有木造砖墙结构。墙厚25～60厘米，常有壁龛，屋顶几乎都是平屋顶，称为madras terrace的结构形式是普遍的，所谓madras terrace就是在木梁上放置厚木板，再在上面砌砖的施工法。木梁使用的是柚木材料。

住居内部空间是直线的，细长形的宅基地，从入口开始依次划分为矩形的层次，入口内的流线是一条直线，从入口到最里面可以一览无余。平面构成依据进深的长度而不同。住居的前面，面对街道是名为thinnai的阳台，用木头或石头列柱支撑着天棚是其特征。阳台有楼梯，可以上到0.5～1米的楼面。阳台是坐卧和

图3-12-1 平面图、断面图

图 3-12-2 外立面

图 3-12-3 多功能厅（koodam）的吹拔

休息的空间，在变化公私空间上发挥着功能。如果宅基地的进深浅阳台就被省略，这时就会在入口前面增设楼梯，让其发挥阳台的作用。

从阳台到多功能厅，途经走廊，多功能厅是可以作为居室、卧室使用的住居内的中心空间，约有2层的挑空，上部为了采光和通风，4面都开了采光窗，形成宽阔的空间。如果多功能厅的天棚用木或石的列柱支撑，只是列柱围合的部分挑空。宅基地的进深浅的话，有省略第一个厅的，在走廊的旁边设房间作为进行礼拜仪式的房间（puja）以及卧室、仓库使用。

厨房、浴室、厕所等服务领域多设在住居后方，多功能厅的后面设厨房，里面是内院，设浴室、厕所，近年来有的家庭开始在后院养牛，为此也有在住居旁开通直通后院道路的。二层主要是作为多功能厅、卧室、仓库使用。屋顶作为晒衣和谷物的阳台使用。

外观的特征是英国殖民样式，可以看到列柱、拱、有着圆窗的屋顶的女儿墙，此外住居内的列柱也施以殖民风格的雕刻。

在高密度的城市中，住居最大的问题是通风和采光，因此有很多的创想，为了通风从入口到内院的门和窗都布置在一条直线上，还有在住居的左右有一条细长的通风空间，马杜赖的住居，可以说是为通风和采光而结合细长宅基地，形成南印度风格的城市型住居。

Ⅲ 中亚、南亚

13 瓦斯科·达伽马的家
——科钦，印度

科钦位于印度亚大陆最南面附近的马拉巴尔海岸，从公元前后开始地中海以及中国来的商人航海到这里，是东西文化邂逅的地方。1498年瓦斯科·达伽马（Vasco da Gama，1469～1524年12月24日，是一位葡萄牙探险家，也是历史上第一位从欧洲航海到印度的人——译者注）1498年以航海为契机开始与西洋接触，直至1947年独立之前受葡萄牙、荷兰、英国的统治。荷兰统治时期，以马拉巴尔海岸为据点，作为胡椒的装运港而发展，现在是喀拉拉州最大的城市，印度屈指可数的商业港兼军港。

荷兰东印度公司（VOC）1663年占领科钦，缩小了葡萄牙的富特，进行了重编。在河口留下了现在的富特街区和街道，可以看到很多荷兰统治期的建筑。

富特是以英国统治期填埋了的运河为主轴构成的，沿着运河并排修建了公司的仓库、航海装备品制造厂、长官宅邸、教会以及市场为代表的VOC的贸易设施。现在还保留着集市开市的广场、教会。

街道沿着近乎东西南北相交的2个轴线上，街区的形状是以与穿越富特中央的运河并行的绅士大街（Heerstraa，荷兰语——译者注）为界东西各不同，东侧是南北细长的长方形街区，西侧是田字形的正方形街区。东侧的街区是自由市民居住，西侧街区集中着与VOC贸易有关设施。东侧利用葡萄牙统治期的街区，而西侧是VOC统治期新形成的。东侧留下了瓦斯科·达伽马曾经居住的故居。

分别对应着不同的街区，可以看到"townhouse型"的住居和"前阳台型"的住居2种住居特色。Townhouse型住居是在长方形基地上建的二层的商住两用住居，在东侧街区可以看到，面对街道由主屋和几个内院构成，这个构成是在原先的葡萄牙形式上附加了荷兰形式，为适应热带气候而成立的。

主屋是红土结构，墙很厚，开口少，隔热性好，此外，1层的天棚低，每间房屋都是独立的屋顶架构，这些要素特别是在葡萄牙北部到中部的建筑多见。另一方面四分窗，山形屋顶都有着荷兰影响的痕迹，四分窗是被中央交叉的构架一分为四，像田字形的窗户，17世纪成为常见的形式。

居住空间的主要构成要素是厅、

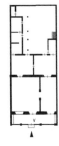

图 3-13-1 townhouse 型住居（左）和阳台型住居（右）

图 3-13-2 townhouse 型住居，外观

图 3-13-3 阳台型住居，外观

卧室、餐厅、厨房、厕所（浴室），主屋二层由厅或厅和卧室构成，厅是最重要的空间，面对着街道。面向街道的窗下设有长椅，厅、卧室的后面是餐厅、厨房、厕所和卧室。这些房间布置在附属栋，通过设在后院的阳台与主屋连接。生活必要的功能都在二层。

后院有水井，是日常各种活动的中心。后院也是通风、采光不可缺少的。

前阳台型住居是前面有阳台的专用住居，在西侧街区可以看到。它由主屋和附属栋、后院组成，基本上是平房，长屋形式的联栋型建筑划分成长方形，作为主屋。

前阳台型住居的外观以及平面构成，与以古尔为首的斯里兰卡的荷兰殖民地城市所看到的住居形式之间有着许多的类似点。

主屋是红土结构，从山墙一面进入，面对街道设阳台。阳台前面有列柱和墙裙的开放空间，可以得到日阴和良好的通风，是与近邻居民进行交流的场所。

居住空间的主要构成要素与 townhouse 型住居一样。居室排成 2 列为特征，进入正面入口就是客厅，后面是餐厅，厅和餐厅的旁边是卧室。

作为东西交通中转地的科钦从很多地方引进了多样的建筑形式，加以折中，形成自己的独特样式。折中的原则是适应热带气候，但是 townhouse 型和前阳台型 2 种住居形成鲜明对照的解决方案耐人寻味。

看看现在的设施的利用形态，2 种形式都向观光相关产业转移令人关注。可以预测街区构成、住居平面的构成今后会大幅度地变化。寄期望于有关建筑单体以及街区规模的适度保护法的出台。

14 森林中的小屋
——斯里兰卡中北部,斯里兰卡

斯里兰卡的中北部的传统住居,是古代文明发源地干燥地带的住居,对斯里兰卡社会来说属于最重要的乡土建筑,是尊重农耕生活的最简约的住居,几个家庭在一起居住。

基本上是一个家庭一个居室,只设一扇门没有窗户。门通过名为 pila 的阳台面向共有地。居室的两端连接阳台,附设单坡屋顶的小屋。小屋是半户外空间,一方是厨房,另一方作为放农具的仓库使用。也有将仓库居室化的,作为成年男人的卧室或学习房间使用的。住居的前面建有谷仓(bissa),储藏当年收获期之前的粮食。几家共住一个住居的,居室和仓库只按照家庭人数建造。家长为保证家族的安全,睡在阳台,家庭内的成年男人睡在阳台或仓库,女人睡在居室,对来访客人也提供阳台。

聚落的单位小村称作 gamgoda,其构成反映了村民的关系、与寺院、作业场的关系。小村是属于父系社会几个家庭集中居住的形态,有着独特的构成。住居具有 30 米 ×60 米大小的共有地 (thisbamba),面对各户的谷仓。

从外部首先进入共有地,那里有通向各户的小路,小村为了防止野生动物、外来人侵入使用圆木、小树枝做的栅栏围合,正面设门(kahulla),门的旁边设有日常使用的出入口,门经常是关闭的,小村的内侧也设有门,背后是水田、森林、储水池。

家畜在共有地上,晚上进入用栅栏围合的围栏中。像鸟类那样的小动物放在用绳子吊起来的笼子里。

在离开小村一段距离的山麓的森林中有意味着山寺的寺院(kande viharaya),每逢满月村民到这里祭拜。

住居建在用土堆起来的台基上,墙是在编织物的底层上抹灰而成,屋顶铺草。

图 3-14-1 典型的小村布置图

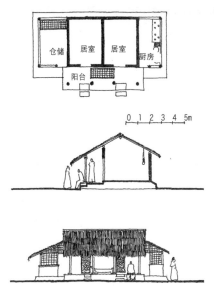

图 3-14-3 住居前的谷仓

图 3-14-2 住居，平面图、断面图、立面图　　图 3-14-4 带有阳台的住居

屋顶的架构是木构件，使用草等铺装材料。屋面是用木柱承重。在柱子之间组成木骨架，糊上用土砂混合而成的黏土块做成土墙，再涂上黏土和沙子混合的土，即黄土色肌理的细沙和黏土混合的土进行装饰。地面是用土垫实高出路面 600 毫米，装饰使用的是蚂蚁窝的土和牛粪混合的土，住居的周围被砂地的庭院围绕，有着警戒夜间蛇等野生动物以及外人入侵的作用。同样为了防止蛇等爬上屋顶，对住居周围的树木进行了修剪，入口处有用细木材和草做的推拉门，内侧由顶门棍关闭。

住居是在适应气候、土壤、害虫、蛇、野生动物为首的干燥地带的环境的特性发展起来的。台基抬高可以防止来自地面的潮气，同时保护不受蛇等野生动物的侵害。屋顶和墙之间留有缝隙，使用贴切的自然材料，使房间有良好的通风。通过矮墙和深檐保护墙体不被日晒和雨水的腐蚀。而且土墙通气性好，可以保证室内的适当温度。

由于政府的开发性援助，这类住居的形式迅速消失。在援助上鼓励用耐久性高的材料建造住居，确保更宽阔的空间，引入近代的设备。政府进行的财政援助，经过土地利用，建设技术的教育，城市基础设施的整备，致使许多传统的聚落和住居很快消失了。

15 荷兰式阳台，要塞中的商家
——古尔，斯里兰卡

古尔地方原本是天然良港，据说曾有僧伽罗人的聚落，1344年伊本·白图泰（ibn Battuta，1304年2月24日～1377年——译者注）写到在古尔附近看到穆斯林的船。漂流的葡萄牙船只偶然发现了古尔是1505年，葡萄牙1507年以古尔为据点开始贸易，建设了富特。1640年荷兰在激战中打败了葡萄牙，占领了富特，以后延续了约长达150年的统治，立即着手进行了正式的富特建设，1669年其基本构成完成。扩建了葡萄牙时代的城堡，沿着东端河堤为"星"，中心部为"太阳"，西端为"月"分别建设了城堡。在建设上使用了黑人奴隶，用大褐色花岗石砌筑

了城墙，巨大的城墙围合了半个岛，前面挖有深沟。城墙内周围约3公里，面积约35公顷的宏大规模，是斯里兰卡最大的富特。

富特内的住居基本沿袭了当时荷兰建设的形式。英国在许多殖民地带来了"班加罗"式样，但是在古尔富特内几乎看不到。因为"班加罗"样式不适合开间窄、进深长的富特基地。

古尔富特的街屋，与荷兰本国完全不同。基本型是以中庭为中心，前后左右被4栋建筑包围的中庭式住居。面对道路是柱子排列的阳台，放有椅子、长椅。斯里兰卡的传统住居也有阳台，僧家罗人称作"易

图3-15-1 封闭的"荷兰式阳台"

图3-15-2 gorufoto的木结构商家

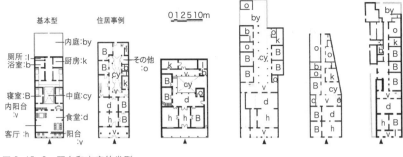

图 3-15-3 阳台和中庭的类型

斯托帕",泰米尔人称作"天乃依"。荷兰时代诞生了有列柱的所谓"荷兰式阳台"。

中央部设正面入口,进入后直至中庭布置有居室、餐厅,用作待客空间。也可以用作仪式等正式社交的场所。日常就餐多在后部的阳台或厨房的旁边。居室旁边设客用以及户主用的卧室。

中庭的四周以及前后方的建筑也布置阳台,因为与邻居共用户界墙,房间基本上没有窗户。

有后院的,后部房屋沿着主轴设走廊,两边布置厨房、浴室、厕所等诸功能。没有后院的,在中庭后边诸功能与流线垂直联系排列,卧室设在中庭的两侧。

住居的基本构成如上所述,但中庭根据其位置可以分成 3 类,加上没有中庭功能的共 4 类。

1)四周包围型——中庭设在中间,其周围为各室的包围型。住居的正面入口也位于中央,连接正面入

阳台/中庭	Ⅰ	Ⅱ	Ⅲ	Ⅳ
A				
B				
C				
D				

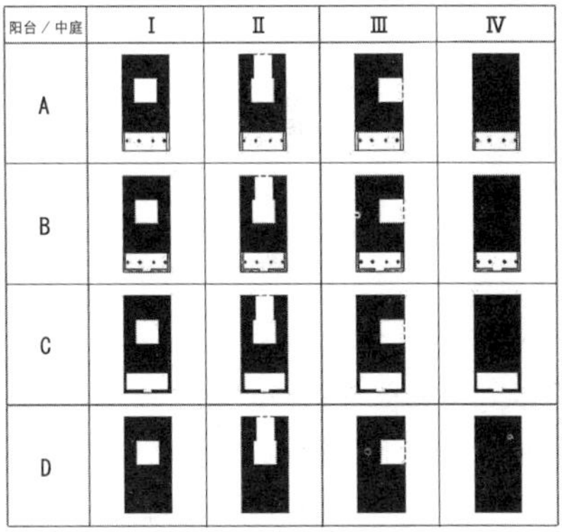

图 3-15-4 住居平面的基本型和实例

口、中庭的直线本身就是住居内部的流线轴(或走廊),是基本型。

2)后方扩大型——中庭与后方的后院连为一体的形式。是"四周包围型"的变形。中庭和后院的界限以有无内阳台、材质的差异、有无晒衣场等区分,在边界上设隔墙的也有。

3)侧方布置型——中庭位于一方,中庭一方的墙成为边界。

4)中庭欠缺型——由于改造失去了中庭的功能,或者取消了中庭。

Ⅲ 中亚、南亚

column 7　　　　文明交流和住居设计的丰富
　　　　　　　　——白沙瓦的传统城市住宅

　　城市作为文明交流的舞台,其住居设计势必非常丰富。巴基斯坦西北边境的州都白沙瓦,位于印度亚大陆和中亚的交接点上,公元2世纪作为迦贰色迦(kanisika)国王的皇都建设以来,始终处于文明的热潮中。而且被城墙包围的旧城区留下的传统城市住宅的设计是非常丰富多彩的。

　　3至5层的城市住宅居多,空间构成独特,由于基地狭窄向屋顶挑空的设计富有特色。引人注目的是外观门面的装饰。莲花型半圆顶和荷叶型叠涩上装饰的八角形凸窗是印度风格的设计。孔雀、狮子的塑像装点着墙面。称为"巴斯塔"的上下推拉窗据说起源于中亚,用作店头、中庭周围、房间之间的间隔墙。细腻的木雕在喀喇昆仑的山岳地带的住居中经常可以看到。多样的柱型,其柱式已经印度化了,柱头的叶型装饰从叶阴到眼镜蛇扬起镰刀形脖子。中亚的设计在巴基斯坦、印度国境的附近的拉霍尔是看不到的。殖民地风格的设计在阿富汗也看不到,的确是位于文明十字口的设计。

　　然而壮丽的交流舞台有时也会有残酷命运的眷顾。在无数次异民族的侵入中经历了严重破坏和压制。例如19世纪成为统治者的锡克教徒的意大利佣兵队长阿米塔布尔以施以大量的处刑而臭名远扬。另一方面在城市改造中,扩建了巴扎尔道路,同时引入了带阳台的殖民地风格。英属统治也不是和平的,但是帕尔拉德安风格的建筑坐落在军队驻地,相似的设计——商住两用住宅立即出现在巴扎尔。此外,在1947年的印巴分离独立时白沙瓦是最为混乱的城市之一。许多印度教／锡克教徒去了印度,取而代之是从印度迁移来了许多伊斯兰教徒。新居民要消除印度神中不喜欢的偶像,在白石灰脱落的遗迹中依稀可见白克里什的形姿,相反成就了不可思议的外观。在残酷的命运中可以塑造坚固的住居造型,只是近年来面目皆非。临国阿富汗的长年战乱使白沙瓦成为世界最大的难民城市。战争带来很多灾难的同时,又振兴了经济。在这个"难民泡沫经济"的影响下,旧城区迅速展开了建筑更新,传统的城市住宅逐渐消失。邻国的战争给白沙瓦带来的利弊,在现阶段评价尚早。然而在丰富住居设计上是否有新的附加和展开,目前的回答是否定的。

图1　毛哈拉卡基黑兰,连续立面、剖面图

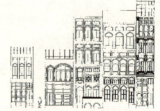

图2　毛哈拉恰卡伽里(旧印度居住区)连续立面剖面图

| lecture 4 | 住居的构成 |

由于地形、气候、生业、家庭形态、信仰、世界观等各种要素，在世界各地可以看到地域多样性的住居形态。在此考察其多样性的同时，关注住居内的生活行为、赋予住居的象征性意义、住居的物理性空间的构成以及住居的构成等内容。

■ 行为和场所 住居的内部

住居内的日常生活行为主要有就寝、就餐和团圆。根据每个行为分别有对应的房间是一般做法。在一个住居中，最低限度要确保为就寝的场所、为做饭的场所，为团圆的场所。一般就寝的卧室（单间），做饭的厨房，团圆的起居室是最基本的要求。就餐的场所，即所谓餐室独立的很少，有利用炊事空间作为就餐场所的、有使用起居室的、也有在单间或者在庭院等户外空间就餐的多种多样。

与这三种行为对应的房屋构成，决定了住居的主要空间构成。为避免从外部直接到内部的私密空间，设有作为缓冲空间的玄关、通路。也有让露台、庭院发挥功能的。也有接待客人的空间是独立房间的例子。为确保采光，有着许多的创意，完全外部化的例子也常看到。除此之外，与信仰有关，确保与祭祀房间以及有特殊装饰布置的各民族的住居个性成为特色。储藏或者贮藏行为，比起每日的生活行为是定位为时间跨度较长的行为，在考虑住居场地上是重要的。在东南亚看到的以谷仓为范式的各种住居，暗示了住居与谷仓的密切关系。在其他地域也有收纳空间在住居中占有较大比例的例子。

住居以卧室、厨房、起居室以及仓储为主，以玄关、庭院、露台、祭祀空间，家畜的场所为辅构成，在该场所进行就餐、睡觉、团圆、创作、休息、排泄、清洁、学习、拜祭、储藏等行为。

■ 外部和内部的联系

庭院的存在告诉我们，人类私密的生活行为只在住居内部是无法满足的。休息、团聚、贮藏也可以在庭院中进行。外庭和中庭，其性格也不同。

外庭是作为私密空间的居室与作为公共空间外界之间产生的场所。容易形成所谓的中间领域，作为半公共空间或半私密空间发挥作用。住居基本上是向外敞开的，在庭院放置的私有物品、栽植、装饰品的摆放等是面对外部空间的表情。

另外，中庭是属于内部封闭的空间，原则上是其住居所有者利用的空间，住居本身是对外封闭的。没有外庭的，在中庭中展开私密行为。

■ 住居的构成要素

界定住居的场所，不光是称作房间、庭院等特定称呼下的空间，一根柱子、一片地板、家具和物品也可以界定行为场所。

①柱子

木结构建筑文化圈，住居内部的柱子是不可缺少的。柱子作为结构体是其第一功能，此外赋予其附加意义的很多。作为神社心脏的御柱，与梁分开，不作为结构体发挥作用的例子在伊势神宫等许多有名的"大社造（神社本殿的形式之一——译者注）"中可以看到。柱子本身就具有意义，只树立1根柱子，其周围就有产生场所的契机。不依靠木结构的地域，也有让柱子承载重要意义的。在某些地方柱子被认为是世界之轴，或者承担着所谓男性柱、女性柱的意义。即认为住居是一个微型宇宙，柱子作为这个宇宙中心而耸立。有些地域出于区分男性和女性空间，柱子作为表示空间的指标发挥作用。

②墙

墙是边界，具有明确区分这里（内）和那里（外）的功能。从保护私密，防灾，确保寒暖的舒适环境等意义上有着分离、隔离的作用。因此开口部位在连接这里和那里有着特别的意义。在开口部位施以装饰也反映了这点。

不完全依靠墙壁也可以划分领域界限。一室空间的构成，行为空间的分隔不依靠墙，家具、物品、幔帐等也会用来划分空间。放置炉灶就形成炊事空间，铺上席子就变成寝空间，依靠收纳的家具，可以区分暧昧的场所。应该认识到依靠墙的围合形成房间的方式不是唯一的。

③地板

地板的高差会产生意义。在日本，住居的土间部分和高床部分的高差也是一样。此外"书院造"的"上段间"的地板虽然只有略微一点高差，其空间差别却有着重大意义。在非洲的复合型住居（compound，有围墙或篱笆的住宅群、大院）的中庭有着一些高差微妙不同的地板，分别为放置炉灶、水缸、石臼、谷仓的场所。在东南亚一般高床式住居的高差有需仰视的高度的，也有几厘米高度

图1　各种高差，萨萨克族的住居，客厅内部

的、有微妙水平高差的各种地板，以及用土垫起来的高台等多样的地板。

■ 布置和意义

构思住居平面时，有加法和减法两种方式可以考虑，也称为附加和分割。在日本的商家等属于前者，方形、长方形宅基地作为场地条件，在其方形中划分房间来确定平面。农宅也基本上是在方形平面中划分空间，作为固定的型而存在。此外，东南亚的高床住居，矩形住居的核心部分，加上有各种意义的地板形式。此外在一些中庭型住居中也有以中庭为中心在周围附加若干房间，形成住居整体平面的例子。

总之都是由场所的布置和排列的相互关系，赋予各个场所以意义，根据前与后、表与里、上与下、中心与边缘的布置，产生了各空间的等级序列。

①前与后，表与里

在私密的住居中，个人空间、家庭成员的空间，从公、私的角度上可以看出差异。一般认为，从与外部空间连接的出入口来看，里面以及越往里走，其空间的私密性越高，随着距出入口距离的拉远，后比前，里比外等空间的等级逐渐升高。

②上与下

从剖面构成上来看上与下的差产生意义。可以套用上述地板的例子。从与人体的关系来看，日常生活中，不能把脚放在桌子上，不坐在地上等行为规范，不仅是出于干净与肮脏的角度，更是从人体的垂直结构出发自然产生的。高的水平比低的水平具有上位的意义。

③中心

在圆形的住居平面上，表示中心的场所意义较强。观察一下世界住居的平面，就会发现圆形平面意外的多。有非洲复合型住居那样由几个圆形单元复合形成一个住居的形式，有蒙古包那样一个圆形平面对应一个住居的形式，以及客家圆形土楼那样一个巨大的圆形平面由若干家庭居住的三种形式。

特别引人注目的是三种形式都是与圆的形态有关的。在大规模的圆形平面中，有圆周和中心两个场，圆周上布置若干房间，中心设置公共设施、广场等公共场所是一般做法。而单栋的圆形住居分配与矩形平面的房间一样，可以看到直线形划分的例子，但是特征是中心作为特别的场所发挥功能，经常把炉灶设施放在中心也反映了圆的向心性。

■ 场所的象征性

不仅是形和配置，象征性空间认识也赋予场所以意义。以下的方位观、宇宙观、

图2 budui族的住居，居室的炉灶，印度尼西亚

象征性，双分观都是相互重复的概念。

①方位观

每个民族都有自己由来已久的方位感觉，可给予空间的配置以特有的意义。有的在东西南北的绝对方位下定义其意义，较多见的是缘于地形、神话的例子。山和海的对比，河川的上游和下游的对比，与出生场所的关系产生的方位观等。也有依据其民族固有的民俗方位的。

住居内部的炉灶位置、出入口、男女的居所、建的第一根柱子的位置等都受着固有方位观的影响。

②宇宙观

住居是一个微型宇宙，其宇宙观（世界观／宇宙观）极大地影响着住居的空间构成，最广为人知的是三界概念，即天上界、地上界、地下界的三段法，反映在平面构成、布置、剖面构成上。

③象征性

用人的身体、船的象征来认识住居，头、胸、腹、子宫、性器官、足等与住居的各部位都有关联，还有模仿从出生地向现住地移动所使用的船的造型建造住居的。屋顶的造型模仿牛角或船的形态。在场所的意义以及形态意义的承载上，使用人体、神话来象征。

④象征的二元论／双分观

社会生活的各领域可以分成相辅相成的两个部分，即左和右、上和下、前和后、内和外等领域，可以与男和女、圣和俗、善和恶、富和穷、生和死的概念结合。人死后要在住居内停放一段，其安置场所一般在左侧或下侧。此外还经常可以看到男楼板、女楼板，或男柱、女柱左右对称布置的例子。

lecture 5　　　　　　　解读聚落的设计

关注聚落的风景、空间构成、外部空间的设计，解读聚落设计有 25 个关键词。

■ 聚落空间的特征

①与生活对应

聚落是生活的场所。与该地域人们所从事的农业、渔业等产业有密切的关系。聚落是儿童、老人等各年龄层的男女老少 24 小时生活的场所，也是一年当中所进行的节事、婚礼、葬礼等人生礼仪的场所，作为人生舞台发挥着功能，人的存在方式就是聚落的特征。

②人体尺度

外部空间作为生活场所的例子很多，容易营造适合人体尺度的空间，一般以步行的方式移动的现象较多，可作为步行场所来设计。道路成为人体尺度的空间，与以车行为中心的现代都市形成对比。也很少有高层建筑排列的现象。

③与自然的关系

研究已经表明聚落与自然条件的关系密切。并不是必须与自然保持亲和的关系，但是自然环境是决定聚落空间的必要要素，至少前提是不需要用空调机等机械的人工环境来改变自然条件。在自然条件恶劣的地域，为适应自然所采用的手法极大地左右着聚落规划。

④重视生长（发育）变化的阶段性规划

聚落在不断地变化。最初的形态不会永远存续，在该地居住的家庭在不断变化，住居也经常重建更新。聚落就是成长、变化的产物，现存的聚落鲜有保留最初始规划的。

⑤自然材料

使用地域材料木材、石头、土、草等自然材料建造聚落以及建筑。自然材料年代越久越有魅力，容易与周围同质材料的建筑协调。此外，纤细也是自然材料的特征，没有一个同样的。同类材料也是多样的，其多样性自然让人感到有亲切感。

⑥意义空间

方位观、宇宙观、象征主义等也反映在聚落上，具有各种意义的各种空间组成了聚落，与现代建筑的均质空间形成鲜明对比。

图1 屋顶连续,托拉杰族聚落风景,印度尼西亚

■ 解读风景

①屋顶的重叠、反复

屋顶的形态构成风景。屋顶有平屋顶、四坡顶、圆锥顶、圆顶、山形、鞍马形屋顶等。这些屋顶的集合,构成聚落风景的特征。受材料、技术的制约,由于相关技术的规范即住居设计规范的存在,造就了整合的风景。可以说规范就是型。型与变形的叠合,构成整体。

②型与变形、规范与创新

如果是山形屋顶的话,其方位、坡度、屋顶材料等在某种程度上统一产生整体感,假如构成材料完全雷同,风景容易单调,整体在一个基本型的基础上进行变形,重要的是均衡地混合,不仅是屋顶,建筑整体的色彩、材料、形也是一样。

③地标

此外,突出于聚落整体的地标的存在给聚落以特征。产生图与底的关系,地标作为图被认识,周围的住居群就是底。

④树木的效果

作为构成聚落风景的基础,树木的作用很大。根据地域有不同,有的作为世界名树而耳熟能详的树木存在于聚落内,或者庭院、道路经常种植的树木,在单调的聚落风景中成为景点。

⑤对大地的尊重

在不大规模地改动大地的条件下建造聚落。山、川、沙漠、森林等周围环境决定了产业和自然环境,构成有特色的聚落风景。有沿着山的天际线形成聚落的,有沿着河流形成聚落的,地形也决定聚落的选址。

⑥立面的分节化

通过在建筑立面施以装饰,分量化处理等手段,可以减少在街景、聚落风景中的压迫感、存在感,墙面分别使用不同的材料,对开口部布置进行设计,依靠开口部周围的装饰,对立面进行分节处理。比如分节的符号在聚落整体上互相类似,可以形成整合的风景。

■ 解读构成

①集合形式

聚落的主要构成要素——住居、谷仓的集合形式,极大地影响着聚落的构成。有密集、围合、排列、散点等形式。

散点式有为保护农田完整，不采用集中布置的情况，有依土地的形状不能套用规整的规划的情况。密集、围合、排列都是集中居住的集合形式。围合是住居围绕着广场的布置形式。在考虑聚落空间构成上，共同空间放在哪里是一个重点。还有住居的线形并列排列的情况，沿街的聚落属于这一类。

图2　共用空间，萨加达族的集会所，吕宋岛，菲律宾

②共用空间的设计

为维持社区，各种空间装置——广场、道路、水井、集会所、宗教设施等，成为整体集合的场所分散在聚落内。作为小的邻里社区交流的场所发挥各种功能，着眼于公共空间可以弄清社交和空间场所的关系。

③方位

根据日照的方位、风向，确定居住建筑的布置和聚落的构成，有把山、海的位置，河流流向作为重要考虑因素的，有宇宙图式聚落构成的。根据南北、东西的绝对方位，民俗方位，自然环境决定的轴线等，成为将宇宙观具象化的基础。

④布置

有的聚落其寺院、墓地、王室等在设施的布置上有明确的原理，也有与依靠等级区分居住与居住地布置而构成的宇宙观有关。在聚落内着眼于每个设施的布置形态可以解读出规划原理。

⑤境界

不采用围墙、栅栏或物理的形式，只有居民认同的境界或禁区，形成内和外的领域、圣的内部和俗的外部两元化对比。

■ 外部空间的设计

①错位、曲折

由于不依靠网格的建筑布置，不采用几何形布置，在聚落内形成不整形的道路和广场。

所谓错位是在一条直线下找齐的住居墙面线，前后错位，或对应聚落的微地形，住居的基础面在上下的水平上错位。所谓曲折，是在一条直线上的道路弯弯曲曲，住居采用与其他住居不同的角度布置，产生不规整的道路空间。

道路错位、曲折，多样的场所在聚落内形成。各种形的各种场所分散在聚落中。

②缝隙、间

住居与住居之间的缝隙，接纳住居户外的各种活动。在那里可以进行备餐、织布、聊天等行为，经常碰到规划时疏漏的部分被赋予了积极意义的例子。

此外，缝隙也是吸引视线的空间，从缝隙中可以看到地标、山、邻里住居，成为确认自己的方位、移动的契机。

③开拓、曲折

在聚落的道路转弯处会展现新风景，道路转弯处也是开辟新风景的场所。胡同的展开等在传统的城镇、住居密集的渔村、聚落也可以看到。

④聚集

不规整的道路，有时是能创造集聚的场所，有的是有意图规划设计的，也有的不是，采用人体尺度规划的道路一端不经意形成的节点，成为邻里日常交往的场所被使用。

⑤时隐时现

在森林中的聚落，有狭窄的山路连接聚落与聚落，往聚落的方向走，在树林的缝隙中的聚落时隐时现。在聚落内散步时，从道路一侧也可以隐约地看到成为地标的宗教设施和塔。

⑥小品

道路尽头，从住居与住居的缝隙看到的正面，住居、树木、宗教设施等布置，成为驻足的场所。曲折道路的拐弯处可以看到各种各样的小品。

在口字形、凹字形聚落以及直线形的线形聚落中，中心的共用空间、道路空间的对面布置成为节点的集会设施，村长的住居等。

⑦连续镜头

连续带来多样性变化，是聚落空间的特征之一，通过曲折、变形，展开聚落内各种各样的内外风景，沿着地形布置的聚落，由于道路的高差，有着各种各样的视点，风景变化生动。

⑧空间的相互渗透

住居的内和外，聚落内某边界的内和外，聚落边界的内和外相互渗透，边界周围空间的意义变得暧昧，圣领域和俗领域经常由围墙等为边界分割。这种边界不仅是坚固的、硬质的，软质的也很多，虽有围墙，但为实现渗透，也有用简单的门作为边界的，住居内外边界中出现中间领域也是常识性的。

IV

西亚

西亚

　　本章在地理上，以爱琴海为西，黑海、高加索山脉、里海、厄尔布尔士山脉为北，阿富汗西部的高原地带为东，阿拉伯半岛的南端为南的范围作为论述对象。在地域上含有小亚细亚、美索不达米亚和其东部的高原地带，地中海东岸的沿岸地方，阿拉伯半岛。

　　在气候上，有热带、亚热带的阿拉伯半岛、有地中海气候的沿岸地方，有冬季 −40℃ 的高加索的山岳地带等多种气象，除了湿润的地中海、黑海、波斯湾、红海沿岸外，大部分为干燥的沙漠和高原地带。

　　在文化上，该地域受伊斯兰的影响，是美索不达米亚文明发源地之一，伊朗高原曾是波斯诸王朝的中心地。小亚细亚含有 hyuyuku chataru 等考古学上最古的居住地，13 世纪末以来曾作为奥斯曼帝国的中心地而繁荣。地中海沿岸一带以耶鲁撒冷为圣地诞生了犹太教、基督教、伊斯兰教 3 个有力的一神教。阿拉伯半岛在麦加、麦地那等伊斯兰的中心地带，盛产乳香等香料，同时又是马的故乡，为巡礼交易途径做出了贡献。

　　西亚一带由以丝绸之路为首的交易路线所连接，形成了贯通主要城市的沙漠商队的路径，与陆路同样重要，也称海上丝绸之路，是从地中海穿过波斯湾通往东非、印度、中国的航路。西面受埃及的影响，此外在红海沿岸与非洲关系密切。

　　伊斯兰的住居出于宗教的规范将男性空间与女性空间分离是其特征，但结构、材料、平面布局依据地理条件、气候而不同。

　　在西亚最普遍的是中庭型住居，中庭在通风上、发挥了空调装置的重要作用。而且构成伊斯兰城市高密度的特征以及复杂曲折的街巷，可以防止沙尘暴，同时减少日照受热面，产生风道和日阴地。

　　可以看到反映多样的文化和历史，地域特征的住居。在美索不达米亚的湿地，5000 年以前就有利用天然的芦苇建造的住居。在其东面伊朗高原城市沿着交易路线排列，住居各有独特的结构，例如其中的亚兹德（yazd 典型的沙漠——译者注）可以看到装有集风塔的住居。集风塔是将上空的气流送到室内的天然空调机，这种集风塔在伊拉克、科威特的波斯湾沿岸也可以看到。住居规划中称为"卡纳特（ganat 坎井——译者注）"的地下水渠，不仅可以供水，还起到降低居住地气温的空调作用。

　　在小亚细亚城市，建有木结构加土坯砖、烧砖、石块围护墙体的奥斯曼土耳其人的住居。夏天和冬天分居室居住。番红花城的阿马西亚等地域各地构成各异。周围最普通的是像 bodoramu 那样土坯砖或石造的矩形住居。土坯砖具有 8000 年以上的历史，在同形式的住居上的使用超越了民族、文化的边界。在初期的基督教教堂和地下城市中可以看到有名的卡帕多奇亚洞穴住居。此外，在北部的山岳地域、格鲁吉亚地方可以看到木结构砌体式住居。在里海沿岸可以看到瓦屋顶和草屋顶的木造住居。

在地中海沿岸地方，有屋顶露台的矩形住居为普遍的形式，有诸多的花园和中庭，在北部像姆斯利米尔那样的土坯砖造的叠涩拱的住居。这种形式过去曾广泛存在于小亚细亚，现在只能在叙利亚、伊拉克、小亚细亚东南部看到。在城市基本型为带有称作 atrium（中庭）的三层结构的住居。是将源于古希腊、罗马的建筑高层化的形式。

阿拉伯半岛的大半被中央部的沙漠覆盖，游牧为主要的产业形态。支撑贝多因人沙漠生活的是骆驼、山羊毛编织的帐篷住居。天幕住居大体分为两类。对应游牧生活的范围以西亚为中心在东为西藏，西为西非范围内分布。在小亚细亚中央部、阿塞拜疆、伊朗北部可以看到土耳其族从中亚带来的毛毡房的优鲁特。

在半岛西南部的也门，从周边地区到城市广泛分布有塔状的住居。高层化可以说是重视防备部族间争斗的防御功能的产物。石、土、砖砌筑至 8 层。像阿西尔那样，一般下层为家畜小屋或仓库，上层为居住空间。在萨纳等城市部，一般在建筑上施以华丽的装饰，也有把下层作商店的。在萨纳还可以看到中庭型住居的高层化的独特形式。

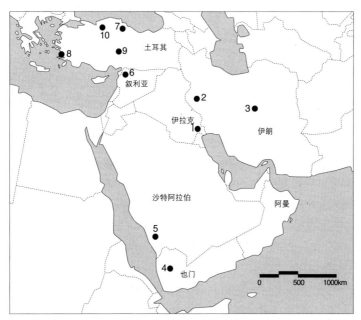

1 马丹，伊拉克
2 库尔德，伊朗
3 亚兹德，伊朗
4 萨那，也门
5 阿希尔，沙特阿拉伯
6 姆斯里米耶，叙利亚
7 阿玛西亚，土耳其
8 博德鲁姆，土耳其
9 卡帕多西亚，土耳其
10 番红花，土耳其

01 用芦苇建造的家
——马丹，伊拉克

南伊拉克的底格里斯幼发拉底河的合流地域，大湿原遍布在古尔奈以西的纳西利亚，以北的阿尔阿马拉，东至伊朗国境。海拔1～-4米，河流泛滥时水深达0.5～4米。气候特征是冬天干冷、夏天湿热，因此芦苇生长茂盛，在这块湿地上居住着称为马丹的阿拉伯民族。主要作物是甘蔗和大米，使用水牛耕作。

住居的建筑材料非常有特色，全部使用芦苇。将芦苇根弯成拱状作成半圆形骨架，将扎成2个捆的芦苇相对插在地中（深75厘米），上面弯曲对接就成了拱形，这种拱形成组排列，用芦苇根呈水平连接（1～2米反复绑扎）。地面上的垫子也是用芦苇编制的。总之全部是芦苇建造的家。端部立有4捆芦苇为柱。与入口

图4-1-1 芦苇的家，伊拉克

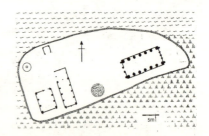

图4-1-3 芦苇的家，平面图

图4-1-2 村长家的客厅（nudhif）

图4-1-4 客厅（nudhif）入口

图 4-1-5 芦苇的家、聚落

图 4-1-7 芦苇中的芦苇的家

图 4-1-6 浮现在底格里斯·幼发拉底中的芦苇的家

图 4-1-8 芦苇的构架

相连的是客厅、起居室，里面是卧室、厨房，边界是靠储藏物分隔，也有房间是单独建造的。这种芦苇住居历史久远，从已被刻画在乌鲁克出土的水槽上的浮雕上来推算，可以上溯到公元前 3000 年左右。在浅滩上填埋，形成岛状的宅基地。岛的规模依据家庭的大小各种各样，原则上一个家庭有一个独立的岛。除住居以外还建有家畜小屋等附属房屋。家的周围空地是作业场所，水牛和家禽同居。唯一的用土建造的是炉灶，但由于担心火灾，一般放在远离芦苇房屋的地方，岛和岛之间的交通使用船。

村长家有称作"马德福（mudhif）"的共用的客厅，宽 3～5 米，长 7～8 米至 30 米。用于外来客人的接待和村内的仪式。也兼有清真寺的功能。芦苇的拱数规定为奇数，可建 7～17 组。

芦苇建筑寿命短，一般 7～10 年。将根部切掉还可以延用几年，但是一旦土地被水淹没了就彻底放弃了。

02 羊毛的家（毡房），波斯型帐篷和阿拉伯型帐篷
——库尔德，伊朗

在游牧民生活的场所，到处可以看到帐篷住居。帐篷的起源应该在美索不达米亚的某个地方。羊毛作为帐篷的素材与山羊、绵羊的家畜化有关。随着游牧民的移动从东面的阿富汗到巴基斯坦，直至西藏，西面从马格里布到萨赫勒(sahel)其分布的地域在扩展。

起源于西亚的黑帐篷大致分为波斯型和阿拉伯型两类，东方即伊朗、阿富汗、西藏的帐篷是沿着纤维方向缝合的，而西方即居住在伊拉克、叙利亚、沙特阿拉伯等贝多因族以及受其影响的北非等地的帐篷是垂直于纤维的方向用应力围带缝合在一起的。当然后者是牢固的，是历史的创新。

帐篷的素材一般使用有强度的山羊毛，也有把羊毛与骆驼毛等植物纤维混合使用的例子。但是羊毛拉伸力较弱，骆驼毛短。在西藏使用牦牛的毛。绑绳使用兽毛或麻。作为柱子的细木条等帐篷用构件用驴或骆驼搬运。黑色可以大量地吸热，但是织布的粗布纹散热，一般内部比外部气温低 10～15℃。帐篷被雨淋湿后纤维膨胀会堵塞布纹，此外，毛本身含有天然的脂肪吸水。虽耐不住长时间的雨水，但在干燥的地方没有问题。

伊朗型的帐篷通常由两部分构成，沿着合缝分别缝上两个环，与中央支柱的两面的洞穿连起来，然后用一层布覆盖在缝隙上，纤维方向的两

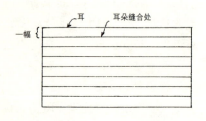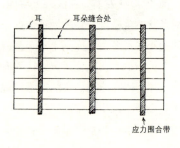

图 4-2-1 波斯型（左）和阿拉伯型（右）黑帐篷

端也缝上环，用绳子拉紧，非常简单。但是根据骨架形态有微妙的不同。

库尔德族的帐篷，中央支柱部分呈尖形。卢卢族使用上部装有栱（翘）的T型支柱，屋面光滑，墙使用稻草或杂草编织的席。

遍布伊朗、阿富汗、巴基斯坦的巴鲁齐族的帐篷，其骨架使用的是弯曲的2根木材组成的拱顶形的梁，建成圆屋顶。在阿富汗还有杜拉尼族的圆屋顶形帐篷。有些变化的是泰玛尼族的直方体住居。用柳树枝编成骨架，也使用檫木、橡子，是进一步进化的形态。

阿拉伯型帐篷的代表是贝多因族称为"羊毛的家"的帐篷。据说阿拉伯语的"贝多（badw）"称呼来源于男性（贝多伊），女性（贝多亚）的词汇，后被法国人音讹为贝多因。"贝多"本来是对应城市居民"哈达尔"的词汇。其大部分以阿拉伯半岛的沙漠地带为生活舞台，也有居住在伊朗、中亚的突厥斯坦、非洲以及苏丹等地的。

真正的贝多因族，只饲养骆驼。骆驼生长在草木贫乏的沙漠，不仅可以轻而易举地运送大量的货物，其乳汁和肉可以食用，粪便可以做燃料，毛可以织成布，皮可以做成鞋。

贝多因族的"羊毛的家"。可以说是达到了帐篷结构的巅峰。应力围带可以与纤维方向垂直缝合，纵横拉

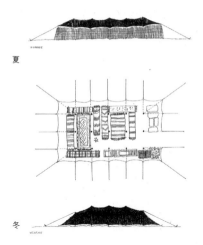

图4-2-2 库尔德的帐篷，立面图，平面图

紧。柱子为T形，与檐柱一起构成3列支柱，可以构成近乎平屋顶的屋面。拉绳极长是其特点，拉绳网等构件以及细部相当洗练。帐篷的规模用中央柱的柱数计算，酋长等级的帐篷为4根柱。

帐篷的朝向根据部族、地形、季节不同而不同。内部由称作"伽塔阿"的隔帘分为男屋和女屋。女屋通常比男屋宽敞，放有炉灶，除了做饭还要从事织布等作业。地上铺有地毯，使用坐垫和被子，还备有儿童用的吊床。帐篷由妻子管理，组装也是妇女的工作。

今日，游牧民的世界发生了极大的变化。拖拉机、机动车代替了骆驼，围绕水井的权力关系已经瓦解，而且国境切断了生活领域，可以说国家扼杀了游牧集团的统合力。

03　风塔的家
——亚兹德，伊朗

位于伊朗高原中央部的亚兹德（yazd）。其历史可以上溯到5世纪。作为丝绸之路的交易城市曾有过很长时间的繁荣。这里自古以来就是拜火教的圣地之一，9世纪居民的大多数为伊斯兰教徒，直至现代。

该地区的降雨量年仅20～100毫米，周围是干燥的沙漠，几乎所有的生活用水都是通过地下水渠从西南的扎格罗斯山脉引来。城市沿着地下水渠发展，主要的道路、"巴扎（商店街）"从东北向西南延伸。亚兹德是利用地下水渠人工建造和规划的地下水渠城市。

旧市区以星期五清真寺为中心，"巴扎"穿行市区。远离喧闹的商业街进入面目一新的住宅区，两侧为土黄色墙围绕的细长道路网。街道上方只能看到一些支撑墙体架设的土拱，面对街道除了玄关以外几乎找不到住宅的开口部。

亚兹德的住居与其他城市的一样面对街道布置，有中庭，非常封闭。面对街道唯一的开口部是木门紧闭的玄关前像壁龛那样的空间，从街道（dargah）凹进去。两侧设有长凳供近邻和来客使用。

在伊斯兰的戒律中，女性禁止让家属以外的男性看到头发和体型。在大巴扎购物、在住居内接待客人时男性站在女性前面，女性外出或招待客人要身着称作"茶多尔"的宽松的黑衣服，但平时在家里不穿。因此在住宅内为保护家中女性私密的空间设置是多层次的，从玄关到中庭住居内的通路可以看出不同级别地应对外来者的考虑。

从街道进入内部，是称为hashti的八角形小屋，在亚兹德亲属和兄弟姐妹居住在不同住宅中却共用一个玄关的很多。于是hashti的前面有若干个进入住居的路径。而且从hashti

图4-3-1　亚兹德的街道风景

图 4-3-2 中庭

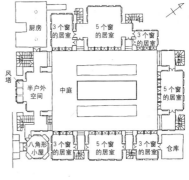

图 4-3-3 平面图

前面经过走廊（daran）可到达中庭。为了避免外来客人与女性的碰面，客厅也区分女性用和男性用的。

住居的平面，以中庭为中心布置居室。中庭是绿地丰富的美丽空间，与街道形成对比。石榴、无花果等树木成为遮挡强烈日照的树荫，并设置了凉爽的水池。居室比中庭约高1米，面对中庭对称布置。通常，建筑为一层。面对中庭窗户的尺寸是一致的，窗户的大小直接反应房间的规模，因此平面为几何图形十分规整。

中庭的南侧空间几乎没有直射的日光，因此设置半户外空间（talar），主要是应对酷暑的户外生活空间，也作为祭祀的舞台使用。中庭的北侧房间主要是冬季的居室。Talar的上部设有风塔（badgir）穿过屋顶上的风，经过风塔送入室内。这是为在严酷的气候条件下舒适生活，把风用作天然空调，同时构成亚兹德景观特征的最大要素。

从中庭到各房间要经过称作"伊万"的像庭院那样的半户外空间。居室和居室之间也要经过"伊万"或短走廊（ralo），各自确保独立，不面对中庭的房间作为厨房和仓库使用。

居室内的生活都是席地而坐。地上铺有地毯，团圆、就餐、就寝都在同一居室进行，明确划分女性专用居室、男性专用居室、礼拜室等，各居室都设有凹进墙壁的收纳物品的壁橱。其四周用白灰勾勒出尖拱形的边框，施以伊斯兰花纹的雕刻等装饰。

04 塔状住居
——萨那，也门

萨那是位于也门西部的山岳地带中部，海拔约2500米称作贾巴（jabal）的城市。其历史可以上溯到伊斯兰以前，7、8层塔状住居林立构成独特的景观。周围是岩石裸露的干燥地带，周边设有称为"曼基尔（majil）"的石造的蓄水池，以确保生活用水。

城堡、大规模的清真寺，有市场的最古老的城区马迪纳（madina）和西城墙端部的犹太人地区的2个地区形成市区。各地区有着独特的住居形式。市区中与住居混合有菜园和果树园，经营着农业。

塔状住居是源于以防御为目的的瞭望塔而发展起来的，在也门也是普遍的住居形式。空间的构成，一般与赖以生存的农业、畜牧业紧密结合。住居除了通风口以外没有开口部的底层作为粮库和家畜小屋，上层为居住空间。居住空间的划分为下层作为放置家中财物的场所和客厅（diwan）、客房，上层为家庭的生活空间。

在马迪纳结合城市生活，居住空间占有很大比例，由此发展了独自的城市型住居。其构成和精致的装饰无与伦比。许多住居把一层作为店铺，谷物或家财放在夹层进行保管。夹层设置在客厅上面，越往上层走窗户越多、面积越大，是家庭的主要生活空间。门很窄，其高度很少有超过170厘米的，顶层全部为客厅（mafraj, mandhar），是一家中最年长的男性的空间，只有很少的客人可以进入。主要的房间布置在南侧，走廊、作业房间等流线空间、服务空间布置在北侧。服务空间是不脱鞋的，而居室内是赤脚的生活。寝室的位置随着季节发生变化。许多家务劳动是共同进行的，为了避免家庭间的矛盾，厨房通常设置2个以上。废弃物处理设备很有特色。首先将固体和液体的垃圾分类，固体的通过垃圾道投入一层，在那里垃圾进行干燥，然后与秸秆进行混合，用作公众浴场的燃料，其灰烬作为肥料。

图4-4-1 萨那市区

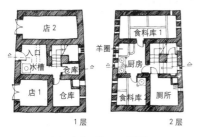

图 4-4-2 屋顶中庭型住居,平面图

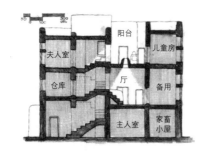

图 4-4-3 屋顶中庭型住居,断面图

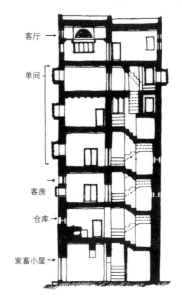

图 4-4-4 塔状住居,断面图

建筑物的一、二层使用平滑的熔岩石垒砌,三层以上是红砖砌成,红砖部分有装饰,沿着屋顶、楼板有壁龛、窗间墙,窗户和门的墙面有浮雕。带有装饰的红砖表面多用石灰涂成白色。窗户强调拱形,窗的分割线十分精细。古老的窗户有数层雪花石膏的边框,楣窗是石膏做成的复杂的几何形图案窗格再镶嵌上彩色玻璃。此外由连续的拱形扶手围合的屋顶花园给予外观以特色。室内由白石灰涂装,开口部为拱形或施以精美的雕刻。

在犹太人地区的住房可以看到顶层有中庭的"屋顶中庭型住居"被简化了的形态,据说这种住居在sadah、thula、dhamar等高原中部也可以看到,据说是在伊斯兰以前的希米亚里特(imyar)王国的影响下成立的。面对中庭布置主要房间,中庭采光用的竖穴(shamsia)伸向底层。萨那是17世纪后西端城墙处犹太人再次定居后才固定下来。

犹太人的建筑由于高度和外观的限制,几乎所有的住居都是2层以下的,外观没有装饰。许多房间必要的场合经常比街道路面降低一些以确保台阶数。顶层的中庭称为hijra,有的在位于其周围的某个房间开一个天窗做成礼拜堂。住居通常是用土坯砖垒砌而成的,基础使用巨大的石材。屋面的铺装是间隔40~60厘米排列树枝,在其上用过筛的细土进行压实,土层达30厘米厚。

05　瞭望塔的家
——阿希尔，沙特阿拉伯

阿希尔族居住在沙特阿拉伯西南部，南面的西贾兹高原的城镇阿布哈及其周边。该地降雨量充足，自古以来以绵羊、山羊的放牧和农耕为业，维持着定居生活。

阿希尔族，以也门北部塔状建筑物而著称，山坡上建造的细长瞭望塔、农田建造的避难塔、村落中的居住用塔等都构成了本地特色。这些塔的修建据说也始终伴随着种族间的纷争。

建筑朝着垂直方向增建构成塔状。高的超过5层。层数不同空间构成也不同，拥有多层的大规模住居，一、二层用作家畜小屋和仓库，中间层为居室和厨房，顶层为客厅。建筑材料各村也都不一样，有石头、固化的土、土坯等。

典型住居以打桩的地基为基础，墙体内侧向上有收分，高度接近12米，墙厚底部约1米，顶部减少至50厘米。一层的内部面积达7米×8米，中央垂直相交的2面墙直达顶层，用墙划分成大小不同的4个房间，其中之一是楼梯间。天棚高2.65米。顶层的最小的房间没有外墙，成为大阳台。花园式的屋顶可以使用梯子上去。雨水通过栏杆小孔从墙体突出的1.5米圆筒形木制雨水管排出。

一层部分使用当地产的风化了的片岩碎石建造，片岩排列在内墙和外墙做出空心墙，中间用土、草、水混合的泥浆和碎石充填，最后用薄石板的小片勾缝，做成平滑和坚固的墙体。上层的材料使用土、草、水混合，做成圆的砌块，在固定的位置用手拍打，整合成四方形，建成高40厘米的墙。墙体建好1层，干燥1、2天后，再进行下一层，层和层之间向下倾斜伸出石板的水槽，防止由于雨水使土脱落。

地面和屋顶间隔1米排列直径30厘米的圆木。为了垂直交合，粗枝材呈直角排列。天棚的梁裸露着，但是内墙和地面进行了涂装。外墙基本没有装修，为了能耐风化，窗户和门的周围涂上了白灰，与中间空白的屋顶女儿墙一起发挥了装饰效果。

为了防止异民族的侵袭，一层没有窗户，只是安装了一个结实的木门。墙壁上开有小孔洞，通风兼枪眼使用，该层作为粮库和家畜小屋。

图 4-5-1 阿西尔的住居

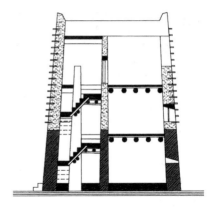

上层的房间有着带木套窗的窗户,用于储藏、餐厅、卧室、客房、起居室。每个房间都沿墙设有夯土做成的高40厘米、进深40厘米的长椅,供休息和睡眠使用。建筑物内没有厕所设施。做饭在上层的庭园进行,到了傍晚,庭园里有许多居民聚合,成为团聚的场所。

但是这样的传统住居,20世纪60年代中期以后不再建设。而且原有的住居也多被进行了现代化的改造。建筑呈现出混凝土砌块的外观,外墙是砂浆和白色的涂料。为家畜和谷物的储藏外面加建了小屋,一层改成了起居室。此外受伊斯兰的影响,有了明确的男女空间的划分。现在一层设置了主人接待男性客人的空间以及女性用的玄关,上层完全变成了女性的空间。

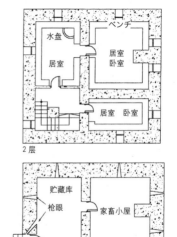

图 4-5-2 阿西尔的住居,断面图、平面图

IV 西亚 —— 191

06 蜂窝，纺锤形半圆顶的家
——姆斯里米耶，叙利亚

姆斯里米耶（Mousrimie）是位于幼发拉底流域平原的北端、阿勒皮东北20公里的叙利亚北部的典型农村。这是一块沙砾遍布的红土平坦地，北边是连绵的石灰岩山岳地带。有50～60户称为蜂窝（beehive）的纺锤形半圆顶的住居，密度很高，居住人口2000～3000人。

头戴圆顶的住居，从意大利南部到巴尔干半岛的南部、土耳其、伊朗等地域以及喀麦隆都广泛分布。但是叙利亚北部住居，其平面构成、几何形态、结构上具有独特的形态。纺锤形的半圆顶，在古老的亚述王国的浮雕上也可以看到，据说可以上溯到塞普罗斯岛的遗迹。

平面形式上为石砌墙体上面覆盖土坯砖垒成的半圆顶。边长为3～4米的正方形平面的房间为基本单位，住居由这种四方形的基本单位和围墙围合的中庭为中心构成。因此住居的平面沿着比较规整的网格状构成。经过中庭的门进入住居内部，各单元面对中庭有着出入口。中庭的中央是水井。

重要的房间为平屋顶，是用于接待客人用的男性房间，以及女性和孩子的房间。纺锤形的基本单位有成年男性的房间、家畜小屋、贮藏间、厨房，住居内不设厕所。根据经济情况、家庭成员的人数基本单元可以扩建。男性的房间和女性的房间通常是设在日照好的朝南方向。前面在高出地面数厘米的位置设有石铺地面抹灰的花园。进入花园要脱鞋，晴天时铺上草垫或绒毯作为起居或作业场等多功能地使用。水井除了炊事、盥洗、洗衣外，还是女性交流的场所，中庭成为主要的生活空间，没有专门设置水渠，污水排放到中庭。

基本单元，即各房间的门、窗基本上只设在中庭一侧。房间的入口安装的是朝内开启的木门。由于墙厚，打开的门不会伸出室内。入口部分比周围的地面低一阶，是为了室内不受风雨的污染。地面是砂浆铺装后铺上草垫或绒毯，室内是赤脚的生活。室内家具很少，把窗台和墙上的壁龛作为壁柜使用。

聚落的布置是多数的住居排列在一起，是高密度的集中居住形态，邻里的户界墙共用，因此住户之间的

图 4-6-1 住居，外观

图 4-6-3 住居，断面图

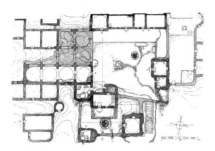

图 4-6-2 住居，平面图

图 4-6-4 基本单元，断面图、平面图

联系方式由基本单元决定。不是一家一户的住居，而是作为集合的整体在同一个网格上展开。

墙体为石灰岩不规则的石块砌成，目测垂直线为 50～80 厘米厚，2.3～3 米高，在墙体上面覆盖高 2.5～3 米用土坯砖砌成的拱形圆顶。圆顶底部直径与室内的宽度和进深相等的墙体完全采用内接，组成室内从地面到天棚的连续界面。四角的穿隅部分通过砌筑推出或以隅部 45°角排列的圆木支撑荷载。土坯砖的大小为 208 厘米 ×46 厘米 ×7.5 厘米左右，通过内侧错位水平方向垒砌，顶部镶嵌用石头做的镇石。大的结构一个圆顶要使用 4000～5000 块土坯砖。圆顶的纺锤形把木制外框作为规尺使用，通常为一定的比例尺度。围墙也是根据不规则的石头砌筑的，与墙保持同等的高度，地面是碎石铺地再用砂浆找平。如能确保作业人员的话，一个单元 10～14 天即可建完。开口部的上框是用柳树圆木排列而成的。作为排烟孔，直径 15～20 厘米的孔洞，镶嵌有石灰石板的四方厚板安装在圆顶的腹部。

今日，有圆顶的住居迅速减少，已经被钢筋混凝土建筑所取替。

07 伸出河面的家，层状的街景景观
——阿玛西亚，土耳其

阿玛西亚自赫梯时代以来，在长久的历史长河中，都是战略的要冲之地。位于阿纳托利亚的高原北部，耶西尔河的湿原地带。今日的城市沿袭着庞王国的米斯里戴帝斯（Mitoridatesu）王二世时代整治的街区而建，主要是在奥斯曼帝国时代发展起来的。但是如此久远的历史城市和建筑面临着被无视地形、气候、历史、文化的文脉的现代建筑破坏的危机。

耶西尔河的北侧堤坝为险要的山脚，有庞王国时代的墓穴和化为废墟的城寨，奥斯曼帝国时代的住居在城寨附近密集地排列。当时这个地方被奥斯曼人视为有阳光、庭院，可以得到美丽眺望的理想场所。而且，阿希利亚的居住地区的几个地方，至今留下奥斯曼帝国倩影，可以回味当时的空间构成、社会及建筑的历史、生活样式。

今日保留下来的历史建筑多为19世纪以后的，但是也有一些18世纪或17世纪的建筑。许多建筑被破坏了，特别是至今还传达着奥斯曼帝国时代气氛的地区，当时穆斯林地主占领的地区是在亚洲最繁盛的地域。

影响空间构成的是地形、社会条件。阿纳托利亚高原北部地形极为不规则，需要沿着地形规划。居住地的基地是夹在河流和山坡之间的狭长地块，住居沿着河流伸出河面，河边上的空间面积是有限的，因此通过增加上层楼板的面积来扩大居住空间。越往上走悬挑越大的结构极富特色。地形以外决定住居布置的还有若干条规则，其中不妨碍近邻住居的眺望，不侵犯庭院的私密等为必须的条件。住居是由中间夹着中庭的2栋房子构成，一侧的房子面水，另一侧房子临街。

私密空间的居室布置在面河的一侧。南向，并确保河水的眺望。河

图4-7-1 沿河建造的住居

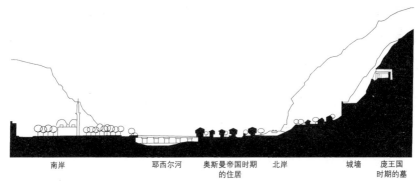

图 4-7-2　阿马西亚的地形

南岸　　耶西尔河　　奥斯曼帝国时期的住居　　北岸　　城墙　　庞王国时期的墓

流一侧的建筑布置卧室。接待客人在临街一侧的建筑中进行。仰赖丰富的雨水庭院的植物枝繁叶茂。

　　住居的平面，根据河流、街道、方位、私密性来决定，住居的立面是垂直垒砌的，数层并列的构成。其住居的多层次构成了像弯曲河流般伸展的层状街景。

　　在技术方面，以阿纳托利亚高原北部的森林地带的丰富木材资源为背景，培育了木工技术的传统。发展了建筑构架技术、高级家具制作技术、护墙板等外装修技术。典型的奥斯曼住居是木构造，墙是用土或砖充填，表面涂灰浆。有许多窗户，铺瓦的屋面是倾斜的。底层通常为石结构。一层平面对应着不规则的街道为不整形的。二、三层是木结构的，平面为矩形，由悬臂梁挑出街道。结合温和的气候条件，夏天打开门窗以便通风，冬天关闭窗户，以防热气散出。起居室通常有暖炉。

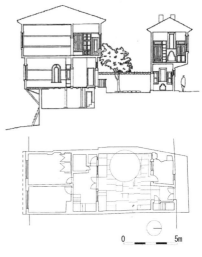

图 4-7-3　住居，断面图、平面图

IV　西亚

08 顶棚高度不同的家
——博德鲁姆，土耳其

博德鲁姆（Bodrum）是位于土耳其西南海岸的半岛。沿着海岸线细长的平原蜿蜒伸展，聚落散落在其中。平原的背后是广阔的森林和山岳地带，山脚下也形成了居住地。

隔着中央半岛海湾的西侧和东侧居住地的性质不同，沿着东侧的海岸展开的是坤巴西（kumbahce）地域，与西侧相比居住地宽松，居住着许多居民，他们以渔业为生。

沿着西侧的海岸，人口稀疏的居住地呈细长形，居民主要从事农业，远离海岸线分散在山脚下的居住地也适合于农业。

有趣的是沿着西侧海岸的居住地构成，居住地以塔普斯科（Tepecik）、土耳其库育苏（Turk kuyusu）、厄斯科切什梅（Cesme）3个场所为中心发展起来，形成两侧为高墙的复杂的街道网。

住居形式也有夹层型住居、希俄斯（khios）型住居、塔状住居等不同类型，最普遍的住居是夹层型住居。

夹层型住居主要是从事农业的人们居住，白墙、窗户井然有序地排列，像墓碑那样的窗户形式是其

图 4—8—1 居住地的分布

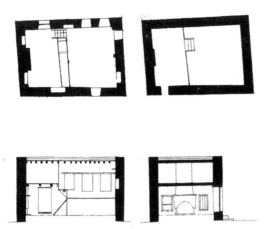

图 4-8-2 夹层型住居，平面图、断面图

图 4-8-3 夹层型住居，外观

特征。住居的主要构成要素是厨房、起居室、谷物粮仓和夹层。

特别值得一提的是内部空间，各房间的天棚高度根据功能决定。有厨房的玄关空间为 2.5～2.8 米，夹层为 1.6～1.8 米，起居室的天棚最高达 3 米。天棚的高度不同有着促进室内的空气循环的作用。

住居的平面为短边 5 米，长边 7 米的长方形，墙厚 50 厘米。长边设入口，正面门设在墙宽的三分之一的位置。

进入入口第一个房间的地面与室外同高。靠近门的短边方向的墙面中也设有暖炉，这个空间作为厨房使用。有暖炉的墙角有小的洗浴场，放有净身的大壶和水缸。厨房旁边是高出一阶的起居室，进入起居室有设在正面门前的台阶。

起居室下的空间可以作为食料、谷物的储藏库使用，储藏库对经营

图 4-8-4 夹层型住居，远景

农业的居民来说是不可缺少的。厨房和对面墙的中央也设有暖炉。有暖炉的墙被称为"暖炉墙"。人们围着暖炉坐在木制长椅上。紧靠起居室的厨房旁边是碗柜，碗柜上面是夹层，使用靠在墙上的梯子上夹层。柜子里收纳有褥子等卧具、衣服，也可以用作仓库。

住居建造在用土建的基座上。其低矮的基座本是为了稳定建筑，如将下部空出的空间用来养牛，就在外部另设楼梯进入居住空间。

09 巨大的地下城市
——卡帕多西亚，土耳其

卡帕多奇亚（Cappadocia）位于中部阿纳托利亚高原，土耳其的首都安卡拉的东南200公里，曾作为东西交易的要冲而繁荣的开塞利（皇帝的街）的西端。说到卡帕多奇亚，人们立即会浮现出在火山的作用下生成的独特景观，以及想居住在那里的人们修建的洞窟住居的景象。自公元前3000年卡帕多奇亚最古老的洞窟住居诞生以来，其传统的继承延续至今。一望无际的凝灰岩的大地，目前停止了活动，是由3个火山灰形成的该地奇妙的容貌——溪谷和凝灰岩的圆锥状突起物，是经过1万年的侵蚀造就出来的。

10世纪，迎来拜占庭时代的基督教徒修道僧们聚集在这里，开始了为离开俗世修行的隐居生活。据说他们为了躲避阿拉伯军队的侵袭，在凝灰岩的大地上挖掘了数层，形成可以容纳1～2万人生活的巨大地下城市。地下城市的内部有若干个起居室、厨房、还有礼拜堂。在每个连接走廊的地方都放有一旦外敌侵入时堵塞通路的石盖。地下城市的各房间，有些地方使用烟囱、隧道互相连接，以防止外敌的威胁，为了在任何情况下都能确保逃生，各户至少有2个以上的出口。

奥斯曼土耳其人们来到此地后，就在基督教住居的附近建造了新的洞窟住居，居住了长达几个世纪。他们的住居完全是分离的，洞窟入口附有用石拱券支撑着平屋顶的开放式花园，这种住居式样逐渐地普及，以致出现了现在的城堡（uchihisaru，三个堡垒）等令人叹为观止的景观。最终基督教徒离开卡帕多奇亚移居希腊是穆斯塔法阿塔蒂尔克领导下开始近代化的1920年初的事情。

卡帕多奇亚村落中最古老地区的住居，基本上是"洞窟＋花园"的组合。人们冬季在温暖洞窟里生活，夏季走出开放而明亮的花园。洞窟内的房间保温性好，也可以作为储藏。合理地储存葡萄、水果、面包等可以保鲜几个月。所以人们建造有符合某种功能的特殊房间。比如，为储藏用的黑暗冰冷的房间，为起居室、半户外的厅、厨房、家畜小屋以及为鸽子小屋的温暖明亮的房间等。这个阶梯状的花园群，在坡地较陡的高密度居

图 4-9-1　卡帕多西亚，远景

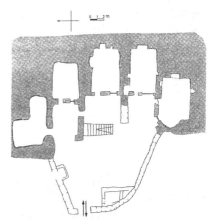

图 4-9-3　洞窟住居，平面图

图 4-9-2　洞窟住居，外观

图 4-9-4　洞窟住居，平面图、断面图

住空间中确保各自的私密，又给予各户以开放的空间，洞窟内部完全一体化等，可以说都是顺应卡帕多奇亚特殊的条件的独创性构成。

20 世纪 70 年代初，政府为实现西洋化、现代化，诱导洞窟居民向欧式住宅转移。最初憧憬西化的人较多，逐渐感到这些住宅的非现实性，即夏天极其的酷热，冬天又很寒冷，在寒暖差异如此之大的这个地方是不适宜的，于是人们在欧式风格的住宅周围建造石灰岩的住居，其中也有一些人搬回到洞窟住居中。登录联合国世界遗产后，现在这里成为珍贵的观光资源。当然作为人们日常生活的掩体，卡帕多西亚的洞窟住居依然存活着。

10 夏季的房间和冬季的房间
——番红花，土耳其

番红花（Safranbolu）是位于阿纳托利亚高原西北部的小城市，人口8000人。这里曾经作为运送谷物到西部黑海的队商的住宿城镇而繁荣兴盛，18～20世纪初建造的传统住宅和街景至今保存完好。与接壤的阿拉伯诸国、伊朗的封闭式住宅形成对比，外部的开口部设的很多，房间的外伸、屋顶的形状、色彩演绎着开放的外观。

沿着谷底主要的道路有排列着清真寺、大巴扎（chalshi）、公众浴场（hammam）的中心街区，沿着两侧的坡地是住宅区。据说中心街区朝着山谷发展的理由是，地方产业的皮革制品要确保足够的水源，以及避开冬季寒冷的季节风。酷热的夏季，在可以得到充足的凉风的坡地上兴建夏季用的房子。有拥有两套房子过着根据季节和昼夜进行有效使用的换居生活的人们，也有在同一个房子里分出夏天用房和冬天用房的形式。

住居的结构大多是一层为石结构，二、三层为木结构的3层建筑。该地域雨水较多，气候湿润，因此屋面是铺瓦的四坡顶形式。一层的地板不铺装，作为牲畜棚、作业场、仓库使用。外观上看白石灰涂装的较多，偶尔一部分为半露明木骨架，也有在白石灰上再涂上薄薄的颜色的。

作为居住空间使用的二、三层朝着坡地开大窗，成为眺望很好的开放房间。没有山谷的一侧的窗户为了避免与对面房间的对视，将楼板或窗户的位置错开。在不规则的基地上建造时，二层以上的墙面伸出一层，以将平面整合成矩形的做法较多。

住居的平面把称作sofa的厅形空间为中心，其周围布置居室，厅起着连接各居室流线的作用，同时作为接待客人的空间使用的较多，住居中也有公共性格的空间。大家族居住的情况下那里可以是团聚的场所。高出1步台阶的私密一角eiban设在窗台边，是可以休息、聊天、眺望的放松的场所。台阶多的情况下，面对厅布置，居室隔着厅与其他层连接。

一般把眺望不太理想的1个房间作为厨房，其他居室用作卧室、男性用房、女性用房、祈祷的场所、作业场等。顶层的厅空间、宽敞、天棚高的居室是夏天用的房间，冬天用的

图 4-10-1　番红花的住居．远景

图 4-10-2　街道

图 4-10-3　平面图

房间为了有效采暖比较狭窄，而且天棚做的较低。

居室的周围放置 sedir（高 20～30 厘米的像床那样的家具），可以在那里坐卧、就餐、睡觉，即所谓多功能用途的家具。靠墙设置木柜，可以收纳餐具、寝具、衣服等所有的东西，墙壁设置的暖炉作为暖气使用的同时也有炊事的功能。

许多情况 sedir 设在窗户的背面，为了让躺在上面或坐在上面的人们可以眺望外景，窗户下的墙裙的高度设得较低。

室内的地面铺有地板，上面再铺地毯。在地毯上就座，背靠 sedir 进行生活起居。墙面除了架子外涂白灰，天棚和地面一样铺有木板，成为中心的居室天棚有圆形的雕刻图案。木柜上也施有华丽的雕刻，居室内部比起接待客人的厅更加注重装饰。

column 8　　　　萨马拉文化期的格子状住居

在人类史上，作为恒久的建筑——住居的诞生，可以在最初建造以农耕为生活基础的西亚一角，即所谓苏美尔文明之地以及附近看到。其年代比城市的摇篮还要遥远，是人类还未能使用土器的时代，在巴勒斯坦地方是公元前9000年左右，在美索不达米亚周围的山麓地带是公元前8000年左右。初期的住居大多是使用石头、黏土砌筑的直径3米左右近乎圆形的墙壁。

那以后住居由于风土的差异带有丰富的地方色彩，经过了长年累月逐渐发生变化。其形态可以概括为规模扩大了，出现了间隔墙，轮廓变成矩形。在建筑材料方面土坯砖推动了进化过程。所谓土坯砖就是掺入沙子和切碎的稻草合成的泥土放入矩形的木制模板里成型，靠太阳晒干的建筑材料。由于可以事先大量制造，在有计划地直线地砌筑墙体、缩短工期上有优势。公元前5000～前4000年左右，与称作瓯贝德文化即西亚一带传播的同质的农耕文化一起广泛普及。在此之前存在着使用称为"黏土块"、"原始砖"等以泥土为素材的过渡期的建筑材料的地域文化。

萨马拉文化末期的公元前5500年左右，在幼发拉底河的东方，使用长大的徒手制作的类似砖建造的特殊住居形式已经普及了。在伊朗国境附近扎格罗斯山麓下的乔加马米遗迹（伊拉克废墟）中首先发现。这里作为西亚出土的最早的灌溉遗迹而声名远播，由此进入超干燥的平原地带成为可能。其住居无一例外都是矩形平面划分成格子状的建筑，有4室2列、3室3列、4室3列等变形。在相当规整的总平面上每个房间的规模最大只有2米见方，把这些看成住居似乎有些勉强，后来又在伊朗国境附近的 tell songor（伊拉克中部的 Himrin 遗迹群——译者注）遗迹中发现了同样形式的一组建筑，包括不完整的在内发掘出5栋左右，平面是小房间排列的格子状，其外墙有扶壁的式样与乔加马米是同样的。只是乔加马米的砖被形容为"卷叶型（cigar-shape）"，也许不是使用模板成型的，而 tell songor 的砖好像是成型的，长70厘米左右，而且四角截面的宽度几乎是一致的，这些砖被推定为是在自然干燥的状态下堆积起来的。

除了这两个遗迹以外其他地方没有再发现相当于住居的遗迹，那么只能认为居住者愿意住在这狭小的房间起居了。可以说是名副其实的"躺下一帖（1张榻榻米大小）"的住居。另外发掘出的坟墓中的遗骨都是屈身的姿势，这不仅使人疑惑是否先人睡觉时并不将身体伸展开？

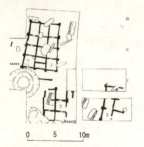

图1　伊拉克 tellsongoA 丘萨马拉文化期遗迹

lecture 6　　　　　世界的厨房

■ 厨房的功能——与社会一起不断变化的后方空间

厨房多位于住宅的里侧或者后方，是一般来客看不到的后方作业场，但又是家庭成员日常生活不可缺少的场所。每天要进行日常的备餐分餐，传承食文化的是厨房，世界几乎所有的地域都是住居与厨房并存的。与住居的历史一样，厨房的历史真实地反映了社会的变化，即所谓地域社会史的结晶之一。伴随着食文化、住居的形态、经济状况以及全球化的程度，今天的厨房仍在不断地变化。

■ 日本的厨房——从坐式到立式

日本的厨房最初在画卷上的记载是室町时代初期描绘的三井寺南龙院的"水池子"。内部构成有炉灶、作为洗涤槽的木条踏板（有间隔的低矮的台子）、水桶、舀子等，僧侣们以坐姿进行烹饪，这种形态一直传承到江户时代后期。江户时代有了变化：屋内的土间（不铺地板的场所）排列着大灶，水和火开始在同一空间中使用。

图1　美国人莫斯在日期间考察的农家厨房，明治10（1877年）年左右

到了明治，在外国人居留地开始建造西洋馆，尽管在银座点起了瓦斯灯，但是一般住宅的厨房并没有受到文明开化的眷顾。据明治10年（1877）访日的美国人S·莫斯的描述：当时的日本厨房非常幽暗，"不方便烹饪"。"尽管厨房布置在日本的住宅中，并不像其他房间那样干净，缺乏作为一个房间的整合性"。与他观察到井然有序的其他房间，以及热爱清洁的日本人入浴的习惯相比，日本的厨房就像不见阳光的"灰色日常"的空间。

到了大正时代，开始流行"和洋折中"的菜肴，大型的面包房应运而生，普通日本人的食生活从主食到副食都发生了很大变化。为对应多样性烹调法，出现了新的烹调用具。

图2　菲律宾宿务州的高床住居，地上层部分设置炉灶，正在煮饭，上层也有厨房，但是烹饪多在半户外进行

日本的厨房出现了新型的铝锅、铁瓷锅、"改良炉灶"以及石油、煤气炉。另外大正2年（1913）在《妇女之友》中介绍了"家庭用烹调版第1期"，大正5年（1916）朝日新闻社举行了厨房设计竞赛等，鼓励"立式厨房"的设计。大正末期"文化洗涤池"及初期的整体厨房出现了。

昭和初期在立式厨房普及的基础上，为提高作业效率，面对只有3坪的狭小厨房出现了追求虽狭小但方便的厨房尝试。《妇女之友》、《住宅》等杂志积极策划厨房设计专集，有奖征集"文化"厨房改良方案。战后最划时代的厨房变化是始于昭和30(1955)年的日本公团的"小区"的建设。在4帖半的空间，布置有洗涤池、操作台、煤气灶、配餐台、桌椅等的"餐厨一体式"登场，是在有限的空间中，运行高效的现代化生活的新方案。从70年代开始出现了欧美式整体厨房的潮流，那以后为适应现代日本人的全球化以及杂食化的食生活，至今厨房还在不断地变化。

■ 世界的厨房——有火和水的半户外空间

所谓厨房简单地说就是"有火和水的场所"，也是地域（食）文化的结晶，其室内的位置和样态依据地域有各种不同，美洲土著居民天然的帐篷等寒地建造的小规模住居，用于加热、烹调的炉灶兼作住居的暖炉使用，即"烹调的场所在平面上也是家庭的中心"。另外，在家庭规模大，或温暖的地带，厨房放到外面。把使用火的厨房布置在户外，有利于换气，同时也出于防火的目的。

在非洲，一般在房屋一角设置有炉灶的空间或建独立小屋为厨房。厨房不能没有水和火。在缺水的地方，水是宝贵的，水主要用来煮饭，洗涤锅碗使用从地下汲上来存放的水，或沙子。在东南亚，即使在城市，户外、半户外的厨房也是普遍的。泥、水、生垃圾的存放、烟熏火燎的煎鱼、

图3 缅甸，仰光市住宅，左前是储存雨水的方形混凝土罐、外厨房、内厨房、花生等香辛料的小石磨以及研磨棒

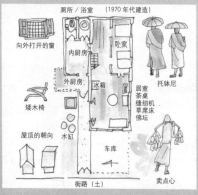

图4 仰光市的住宅一层平面，水系是固定在基地内部，厕所在尽里面。用餐时在前面的居室，席地而坐

油炸的烹饪，以及烹调前的准备都是在半户外空间进行。越南、中国使用住居附近的共同水井，在水井旁边进行洗菜等烹调前的准备。因此为了不污染水源有着许多的措施。

在古巴、墨西哥，中庭是生活的中心，可以进行建造住居的木工作业，也是儿童安全的游乐场地，同时也是养猪、屠宰、以及烧烤的露天厨房。在北非独立住宅中连接户内车库设置厨房。便于处理用私家车集中购买的大量食品，可以用作大型冰箱或者食品贮藏库。有自来水的家庭，与水源的连接不是厨房位置的决定因素。厨房是与左邻右舍不可分离的私密空间。厨房的功能、位置反映了各地域的气候、社会环境以及城市基础设施的状况。

战后，在世界各地的城市，可以看出厨房的全球化以及伴随着全球化的地域特色的展开。以菲律宾的"双厨房"制为例，60年代末，随着向美国移居者的增加，包括建筑设计在内的美国文化的大量涌入，人们憧憬城市中、上流阶层的"美国郊外住宅型"厨房，并引入自家新建的住宅。但是美国风格的柜台式的洗涤池，无

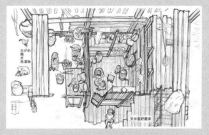

图5 泰国乌汶清迈省的农家厨房。做饭前的准备不仅在内厨房，也在野外进行。炊事用具有圆形切菜板、刀、蒸煮年糕等的蒸煮锅，水壶等

图6 斯里兰卡，干燥地带的农家厨房，红土砌的灶，2.5×4米，占去厨房大半面积。上部为烹饪、下部用作储藏空间。没有冰箱。从屋顶吊下来的壶用来储藏鱼干

法进行鱼类烹调前的准备，其室内厨房是"dry kitchen（干厨房）"，是用圣诞蛋糕、速溶咖啡招待客人的优雅的舞台装置。即使有家中"厨房"也不仅是烹饪的场所，是"节日"的厨房。平日的烹调，主要是主妇在传统的半户外的"湿厨房"进行。在土著文化的基础上与统治阶层的西洋文化重叠创造了有菲律宾特色的表里空间。

在各地独具特色的厨房仍然尚存的今天，美国标准的厨房和炊事家电的普及非常显著，任何国家的城市都可以找出大体相同的整体厨房（或者厕所、浴缸等水系设备），这些美式厨房适合于共同的城市集合住宅。同时厨房是适合各国本土的食物内容和模式的空间。只要生活没有剧烈的变化，厨房的功能就可以继续保持。因此，各国独具特色的厨房和器具，是在食文化的淘汰过程中被继承下来的，打造了各国独自的"全球化"。世界的厨房，在展示多样化的同时，更加深了地域的色彩。

| lecture 7 | 世界的厕所 |

■ 定居和厕所

厕所可以定义为"可以反复进行排泄的场所"。回顾人类厕所的历史，日本的贝冢被视为是厕所历史的开端，在那里发现了排泄物的遗物（粪石），确定在那里曾有排泄行为。非定居的游牧民没有厕所，从而证实了定居与厕所的关系。但是在定居的民族——泰国东北部的山岳民族中，有在茂密丛林中挖坑，或在沙漠、海边、河边等进行排泄的。在有"水"和"砂"等可以净化排泄物的场所，定居的民族中没有厕所的例子也存在。

■ 古代水洗厕所的发生

城市的厕所最古的例子是美索不达米亚文明城市遗迹，是公元前 2200 年左右建的水洗厕所。随着城市人的集中居住，人口增加，排泄物的量也随之增多。作为城市内大量排泄物的卫生处理方法，是发明了有下水设备的水洗厕所。在印度文明中也发现了水洗厕所的遗迹。此外据考证在古代罗马帝国由于水道技术得到进一步发展，曾有过可以更多地处理人类排泄物的水洗厕所。

日本的城市厕所最古老的遗迹是藤原京的城市内设置的水沟，在其沟内注满水进行水洗，但使用这样的设备仅限于一部分贵族阶层。

图1 环太平洋的海水冲洗厕所

图2 古代罗马帝国时代的公厕

■ 表示排泄场所的词汇

日本语表示排泄场所的词汇有便所、厕、手洗、化妆室等多种。这些词汇增加的背景是为了回避直接联想排泄行为的巧妙表达，通过各种措辞，即使用场地（河边的小屋——川屋——厕），关联设施（化妆室），关联行为（洗手——手洗）等词汇表示排泄场所。

除了日本，在英语中同样有 water closet

表示水洗厕所，closet表示封闭的场所。还有convenience（方便），necessary room（必要的房间）等对厕所的委婉表达。在法语中toilette（化妆室）是日语的厕所的语源，toilette的语源toile是表示布，意为排便后洗手，用布（毛巾）擦手，由此成为厕所的语源。

图3　中世纪欧洲的马桶

■ 城市厕所文明的停滞

在欧洲古代罗马帝国以后，厕所文化停滞，可以说是衰退。城市内不再设置下水设施，住居内也不设下水设施。在室内使用马桶排泄，在室外集中处理的方式为主流，即在城市从窗户往大街上倾倒排泄物是一般做法。不但不能卫生地处理来自住居的排泄物，而且使城市环境恶化，是厕所的不毛时代。

随着基督教的渗透，否定舒适性的思想得以普及，据说追求古代罗马时代的舒适性的水洗厕所也遭到否定。在住居内放入"马

图4　平安京的街道的情景（饿死鬼小儿书插图）

桶"的形式，即使在现在的中国北京、上海等城市也有，在南亚还有椅子式的马桶，因此其使用不仅限于欧洲。

在平安京，贵族使用马桶，一般人在大街上排泄。平安京的锦小路由于当时堆满了排泄物被称为"粪小路"，天皇觉得这个名字太过粗俗，命令改为"锦小路"的逸话记录在《宇治拾遗物语》中。

■ 排泄物的再利用

以中国文化为中心的日本、韩国文化圈有着把排泄物作为肥料的农耕文化。在日本从镰仓时代开始就把城市的排泄物用作农田的肥料。这些排泄物的回收对保持城市卫生起着非常大的作用。江户末期来访日本的欧洲人对江户良好卫生环境表示吃惊成为热点话题。在使用排泄物作为肥料的文化圈是基于没有把排泄物视为不净的信仰，也许是因为认识到作为肥料的价值。排泄物在中国用马桶，在日本用罐储存，由农民取走。

在印度，把奶牛、水牛的排泄物用做肥料。据说世界上有1/6的奶牛，1/2的水牛集中在印度，即便没有人的排泄物，也不愁没有肥料，因为没有视牛粪为不净，而

视人的排泄物为不净,颇有意思。

来自"川屋"的排泄物用作家畜饲料的厕所形式在中国、东南亚广泛采用,比起作为肥料其普及的范围更广。在印度南部的果阿州也可以看到。

■ **宗教和厕所**

在中国根据风水的思想选定厕所的位置。在韩国公厕的便池前档朝向入口设置的很多,日本正相反多设在与入口相对位置。有研究认为对儒学思想上重视礼仪的朱子学在韩国备受推崇,所以对入口采用有礼节的形式去面对。而日本比较崇尚阴阳学,不像朱子学那样重视礼仪,因此对入口没有那样重视。

对斯里兰卡的佛教僧来说,厕所是冥想的场所。在印度,印度教徒的高级男女厕所都将大、小便器分离设置。因为认为小便没有什么不净,而大便是非常不净的,所以不放在一起。这样一个厕所空间要放4个便器。在印度喀拉拉州的地主家小便器设在住居内,大便使用户外厕所。这也许是出于同一个观念。

在伊斯兰厕所有一定的规则,例如不能朝着或背着麦加的方向进行排泄行为等详细规定,要遵照这些规范建造厕所。

图5 印度克拉拉州的女用小便器

图6 中国没有隔墙的公厕

■ **经济发展和水洗厕所**

在欧洲由于传染病的流行,19世纪中叶开始普及水洗厕所。由于产业革命人口向城市集中,卫生环境恶化,由于经济实力和技术水平的提高使下水道的整治成为可能。西欧列强为发展殖民地进入世界各国,厕所也随之普及。在日本,1884(明治17)年以后随着现代下水道的改造普及了水洗厕所,但也出现了日式水池厕所,这也许出于排便姿式的保守性,不仅西洋椅子类型的厕所,各种水洗厕所的形式在世界各地问世。

这样俯瞰一下世界的厕所史,尽管其排泄的方式和便器等有很多变化,其发展潮流大体都是朝着水洗形式集约的。排泄物被水包裹着,在排泄的同时也消除了臭气,被水冲刷的瞬间在眼前消失,它与净与不净观的不同无关,是人类共同的意向。

V

欧洲

欧洲

　　P・奥利弗在EVAW中把地中海沿岸作为一个独立的地域从大陆欧洲中剥离出来。本章把欧亚大陆西部作为欧洲来论述。具体范围是北为北极圈的拉普兰，南为地中海沿岸的意大利半岛伊利比亚半岛，西为大不列颠岛，东为俄罗斯。

　　这些地域的气候风土以及生长的作物也很丰富，结合各民族的文化生活样式，发展了各种住居形式。

　　由古代传承下来的石结构住居的传统，其坚固性经过反复改良成为现在城市住居的骨骼保留下来。这些城市住居的原型是一室住居的集合体——"银秀拉（insula）"型。古罗马的庞培遗迹等表明当时的城市活动与"一室住居"有着密切关系。

　　本章举例介绍其发展型博洛尼亚(bologna)的斯基叶拉(音译)型住居。这是将"银秀拉"叠加而成的细长型住居，作为典型的意大利城市住居形式。同样是意大利在丘陵上形成的城市有着独特的住居形式，迷宫般的街路和尽端路上集聚着住居，外楼梯等外部空间内部化的特征引人注目。本章还列举了倪白宫（也称倪城市）的实例，其他城市型的多层集合住宅有希腊的裴里昂住居，苏格兰的集合住居。在意大利的农村地区也可以看到更原始的住居。其中特别是有特色的圆锥形屋顶、圆形平面为人熟知的是阿尔贝罗贝洛（alberobello）的特鲁利（trulli），这个住居以本地产的石材为材料由居住者亲手施工。

　　围绕着地中海一带让人难以忘记的是新石器时代存续至今的洞穴住居。马泰拉是在由于侵蚀形成的洞窟的基础上发展起来的，在上面和前面增建了对应住居功能的建筑。

　　另一方面，在森林资源丰富的地域，木结构住居被广泛建造，木结构之一的垒木式住居成为各地的传统。本书介绍了瑞士、芬兰、波兰、瑞典以及俄罗斯的实例，由于各地的气象条件不同、结构细部也不同地发展起来。

　　木结构的梁柱结构也有多种。在拉普兰的goatte（骨架）是两对木构架为1组放在中央的半圆形帐篷。利用同样弯曲木材的有英格兰克拉克的住居形式。这些古老住居的形式,由于缺少适当的材料渐渐不能建造了，发展为柱和枋组成的正方形框架的架构体系。

　　同样是英格兰，东南部的森林多，可以获得质地优良的橡树，于是采用了柱子间距小的建造方法，在柱距之间的木墙上涂上掺有稻草、毛发的黏土的建造法，称作板条和陶布的建筑。

　　在德国可以看出不同时代和地域的建筑材料的变化，有以石结构为主流的城市以及有木结构的半露明样式建筑的城市，成为每个城市的特色。

此外在石材和木材都缺乏的地域，建造砖房，在荷兰的阿姆斯特丹，出于防火的需要在法规上要求使用烧砖。

不仅是结构的差异，在有特色的要素、平面形式的住居方面介绍了法国香槟地方的门之家、德国的科隆地方的葡萄酒农户的家，葡萄牙的吉卜赛的红砖聚落等。

1 皮利翁，希腊
2 奥斯图尼，意大利
3 马泰拉，意大利
4 阿尔贝罗贝洛，意大利
5 博洛尼亚，意大利
6 米尼奥，山后，葡萄牙
7 彩布斯特，瑞士
8 凯尔西，法国
9 Champagne，法国
10 北部石勒苏益格·荷尔斯泰因，德国
11 阿姆斯特丹，荷兰
12 苏格兰，英国
13 英格兰，英国
14 拉普兰，北极圈
15 芬兰
16 塔特拉，波兰
17 俄罗斯北部
18 杰拉布纳，葡萄牙

01 式样的长廊
——皮利翁，希腊

希腊的住居也是因地域而异，呈多样性。基克拉迪（yclades）岛几乎终年不降雨，植物也相当贫乏，石材是主要的建筑材料。依靠平屋顶可以收集有限的雨水，用作饮用水和造园，在希腊半岛的马尼（mani）为了防御海盗的侵袭以及部落之间的频繁争斗，发展了塔状住居。

皮利翁（Pelion）的住居吸收了广泛遍布希腊本土的传统建筑的源流，不是希腊独创的，是受着小细亚巴尔干建筑的影响。可以说是在奥斯曼帝国时代样式的基础上融入了本土的要素。此外随着与欧洲在商业上交往的扩大，附加了西洋的木雕、大理石的雕刻、壁画、彩色的窗户、家具等，从中央希腊到北希腊到处都是同样的建筑样式，但又有着地域的变形。卡斯托里亚那样的地域，有着丰富装饰的住居争奇斗艳般地展示着其优雅和独创性。

有着手工业基础的皮利翁古镇，居住区围绕着集中教会、广场、会议场等设施的核心构成。住居为2、3层或4层的多层建筑，划分为内部（mesa）、外部（exo）、居住部（spiti），装饰典雅的宽敞空间。平面的基本型为长方形、L型、U型3种。上层部分从下层部分挑出的形式，挑出的部分（sachnisia）其位置、形态、数量、大小都根据平面不同而不同。

一层部分，在住居周围的大庭院延伸到住居的内部形成的空间，明确将外部和内部分离开。一层正面是由玄关、为年长者冬季用的房间以及小厨房构成。地面是夯土或石材铺砌。过去一层是食品、冬季的燃料以及家畜饲料的储藏场所。厚厚的石墙、少数的开口，通风用的竖缝、地下室、上层封闭的外观，这些都是为得到一定的、而且是最合适的室温而设计的。

作为二层中心的是冬季用的房间（cheimoniatikos），是住居中最大的。设有暖炉，与邻居聚会，从事编织、织布等晚上的作业。其居室和卧室的地面抬高，与穿鞋的空间加以区别。据说玄关上面的开口，是为了向从入口闯入的外敌泼洒热水和热油而设的。而且玄关上面窗户的设置是为了窥视从入口进来的人。厨房（magereio）设在二层的较多，放置生活不可或缺的炉灶（pyrostia）。

最上层有夏季用的房间

图 5-1-1 皮立翁市区

图 5-1-3 木雕装饰

图 5-1-2 有出挑的住居

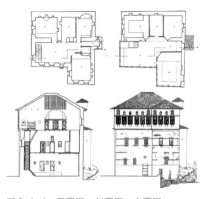

图 5-1-4 平面图、剖面图、立面图

(kalokairinos)，分成 2 个房间，都是从底层的石造部分挑出的楼板形式。也用于祭祀、洗礼、婚约、结婚仪式等宴会，是精心布置的房间。

皮利翁住居中中庭是主要的构成要素，使中庭能够得到最好的眺望是设计的要点，因此，居住地整体是一个有机的形态，中庭除了有果树、菜园外，还设有储藏间、马圈、户外炉灶、作业场、厨房，独立小屋等。

随着 19 世纪以后的社会经济的变化，建筑样式也在发生变化。现在人们普遍喜爱对称、新古典主义的样式，从一层的平面和开口的布置上看其样式可略见一斑。

V 欧洲————213

02 外楼梯的街道
——奥斯图尼，意大利

奥斯图尼（Ostuni）位于意大利南部的穆尔杰（murge）的东端，距亚得里亚海7公里。周围地区是肥沃的农田，仿佛在其周围农村风景中画出一条界线那样，建筑以密集地连成一体的形式，成为完全白色的丘陵上的城市。

奥斯图尼这一城市名，是由希腊语源 Astu（都市）和 Neon（新）合成的，Ostuni 即新城市的意思。意思是某一时期，在前一时代城市的基础上建造的新城市。但是究竟是何时没有留下实证性的记录。最早的纪录是996年，记载着这一年第一次升格为有司教地位的城市。当时处于拜占庭帝国的统治下，后来成为诺曼的公共领地，不知更换了多少代领主进行统治。

13世纪昂热家的卡洛斯Ⅰ世与那波利合并，其间历经了海盗的袭击以及奥斯曼土耳其的侵略，接着15世纪开始是西班牙的阿拉贡家的统治，进入17世纪是塞普罗斯家族，19世纪初又变成法国的波旁家族统治。

由此奥斯图尼经历了各种民族统治的反复变迁，经常处于面临外部进攻的危险中。12世纪在丘陵的顶部修建了城堡城市。旧城区的历史街区位于丘陵的最高位置。旧城区的平面形态近似圆形。该城堡几经改建加强了防御要素，完成了今天的形式。城墙内高密度地建造外墙涂成白色的住居群，形成迷路，为保护山顶上的大盛堂，住宅楼围成几圈，城市本身成为一种城堡。

道路锯齿形曲折，可以看到很多尽端路，通过里弄、楼梯、外墙复杂地交织在一起的迷宫般的空间进入到各户。

一般的住居结构为左右两边是住房，与背后的邻居共用分户墙，由于三面封闭，开口只有朝向道路一侧。住居内部也涂有白灰，居室空间明亮。

住居基本上是1室户，是兼作居室、餐厅、厨房的多功能的空间。该1室户决定了城市组织的形状，随着时代的进展，各住户向上扩展成为集合住居。

作为集合形式，只有前面有开口的住户单位沿着道路线形排布，道路是尽端路的集合形式。连接这个集合体的一个重要的城市构成要素是

图 5-2-1　奥斯图尼历史街区

图 5-2-2　山丘上的城市

图 5-2-3　外楼梯

图 5-2-4　住居下部的街道楼梯

图 5-2-5　迷宫状的街道

户外楼梯。

尽端路的集合形式，不仅是奥斯图尼，在凡轮，奇斯泰尔尼诺等普里亚地方这种白色聚落的独特形式也普遍能看到。面对尽端路的外部空间是不规整的，和上层的联络几乎都是使用外楼梯。墙面线有楼梯出入的凹凸，那里是住居紧密联系的场所。里弄窄小、建筑物高，很少能看到天空，由于里弄有微妙角度的曲折不能眺望，因此外部就仿佛内部一样的空间构成。外楼梯、街道楼梯、街道上部的扶壁等都是创造街道空间的要素，形成白色的丘陵城市。

03 岩场的洞穴住居
——马泰拉，意大利

地中海的周边地域，自先史以来就有洞窟住居，积淀了建造聚落的独自文化。其中南意大利、巴西利卡塔地方内陆城市的马泰拉，从新石器时代开始至19世纪初，洞窟住居的历史长达2000年以上，其中心称作"岩场居住地"。

沿着溪谷耸立的岩场分布着由于侵蚀的作用而成的天然洞穴，因此人们开始居住在大自然中，没有必要构筑掩体。

到了古希腊时代，南意大利几乎整个领域都纳入了希腊的统治范围下，成为希腊的殖民地。诸如梅塔蓬图姆和耶雷库里亚的近郊殖民地居民的一部分流入现在的马泰拉，因此诞生了METapontum + ERAclea = MATERA的城市名。那以后罗马时代以名为"奇布塔"的高地为中心形成了城市，作为近邻阿皮亚街区的军事上重要的殖民城市而繁荣。

7世纪进入伦巴德王国的统治领域，以奇布塔地区为中心具有城门、小塔的作为城堡城市的功能。以后8、9世纪，来自希腊的为摆脱伊斯兰迫害的修道僧移居此地，形成了高密度的中世纪的城市。16世纪进入了那不勒斯王国的统治，保持了安定和平的环境，商业和农业相当繁荣。进入17世纪，位于高地的富裕阶层开始大兴土木进行住宅的建造，城市的行政中心转移到高地的平坦地上，城市分化为下部的洞穴住居和上部的住宅区。

19世纪以后，这种两极分化越发显著，第二次世界大战中，推行了强制洞窟住居的居民迁到郊外住宅区的规划，之后高地的市区得以发展，而洞窟住居沦为废墟。

分布在岩场的住居，其形态、结构可以分为三类：即在岩场穿洞建成的洞穴住居（8世纪之前）；背后为洞穴，前面有增建部分的半洞穴住居（16世纪左右）；以及整个建在地上的地面住居（17世纪左右）。

岩场的住居是以多功能的1室户住居为基本型。兼有起居、厨房、餐厅、卧室等多种功能。以1室户为基本的家属的住居形式又有新的展开，先是向垂直方向的展开，一层为洞穴住居，上面为普通的住居的形式。垂直地进行功能划分，一层用于家畜小屋、仓储等，二层为居住专用。

图 5-3-1 马泰拉的市区图

图 5-3-3 内部的街道空间

图 5-3-2 马泰拉的街景

图 5-3-4 洞窟住居（复原）

随着生活功能的多样化，出现了洞穴住居上面的居住部分扩充为 2 室以上的形式，开始向着水平方向展开。

作为集合形式，面对道路的住居群是直线排布的直线形，根据岩场的基地形态，住居群有不规则排布的弯曲形。在地形复杂的选址上，出现了以围绕岩场的低洼处的形式聚集居住的前庭型。各住居的房间的面宽只有 4～5 米，面对开口进深较长。由于是洞窟住居，侧面和背面都不开窗，为采光和通风的开口部只有外表的出入口，因此有着对外部空间的依存度较高的倾向。在外部空间进行生活的比重较高，人际关系的密度

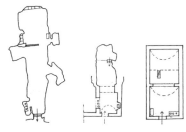

图 5-3-5 岩场的住居，平面图
（自左起洞窑住居，半洞窑住居，建造住居）

也高。岩场的居住者喜爱带有共用空间——前庭型的集合形式。

随着现代化的潮流，居民陆续向外迁移，岩场逐渐荒废了。但是近年来马泰拉市当局在调整政策，开始推进有着历史的珍贵城市遗产的复苏。

V 欧洲 —— 217

column 9　　　　　　桑托利岛的洞窟住居

　　桑托利是巨大的卡尔德拉岛。公元前15世纪发生了大爆炸,中心部大部分被夷平,留下现在的样子。那以后经常发生火山和地震,以灾难频生的恐怖之岛闻名地中海世界。另一方面堆积成厚厚的火山灰土壤也给岩石覆盖的不毛之地基克拉泽斯群岛中带来了特殊的环境条件。火山灰不仅会复苏土壤,还会微妙地改变气候,使该岛成为丰登之岛。可以产生夜露的火山灰土壤栽培了棉花,织成绒毯和棉布,栽培了葡萄,酿造成葡萄酒上市交易。基克拉泽斯群岛大多为1个聚落,多则几个,地理位置条件苛刻,而桑托利岛有20几个聚落。

　　聚落有3种类型,基本型是位于外轮山背后的波塔莫(potamo)河阶地的村庄。这是在侵蚀而成的火山灰阶地崖上挖的洞窟,在确保居室的情况下,在其前面的河原上设中庭或前庭、附设烤面包炉、水系空间等附属房屋。因此,住居以波塔莫河阶地同样的幅宽相对布置,其中央为兼用雨水排水的坡度较大的通道,多是按照自然地形形成的线形聚落空间。

　　在威尼斯统治时代,意大利人迁入殖民地,在丘陵上建设了称作"卡斯托罗"的城堡聚落。在17世纪的地图上还标有5个卡斯托罗,但是随着不断的同化,现在只有皮尔戈斯还勉强保留了昔日城堡的遗容。威尼斯商人带来了平屋顶砌体结构的施工工艺,与坡地上挖的土著洞窟共存。

　　另一个是由船长和船员们建造的从外轮山绝壁深潭到顶部的聚落。18世纪希腊人中出现了在出口丰富的农产品和葡萄酒上崭露头角的一匹狼商人,他们的集合逐渐形成了聚落。最繁荣的是位于外轮山北部的伊阿地区。据史料记载在19世纪中叶,曾有120支帆船拴在现在的海湾。

　　这个船长和船员同业者一条街,受到后方农业生产力的支撑,其帆船商业体制也反映在聚落上,船长在外轮山顶部建造了面海的商馆,船员在绝壁的斜面挖洞居住。船长的商馆有着好似帽檐装饰般奢华的外立面,虽是平屋顶的砌体结构,但天棚内部是用土和石填充的,使用了类似洞窟住居内的拱形和交叉半圆顶手法。而船员的住居是以波塔莫的农家洞窟同样的方法建造的。从遥远的水平线到眼下帆船可以一览无余的商馆,以及从绝壁崖上可以窥视到底下拴在岸边的帆船的船员横穴住居,是船业维持管理不可缺少的条件。

　　进入20世纪,随着蒸汽船的出现帆船减少了,船长、船员渐渐迁居到比雷埃夫斯、西罗斯等现代的港口。洞窟住居失去了往日的居住功能,而且在1956年震灾中绝壁上的街区遭受到毁灭性破坏,政府在其背后平缓的坡地上建造灾后住居,禁止再回到绝壁上居住。街区被遗弃了20多年,后来复原了废墟上的船员住居,许多是作为长期滞留型简易旅馆使用。这些复原的住居与桑托利的洞窟住居的共同特点主要有3点。

1)住居单元的居室构成,多采用垂直排列向内延伸 2～3 间。几乎看不到横向的居室或两侧洞窟并接的实例。房间的使用方式是:面对庭院的外间为客厅,主要用于家庭团圆、用餐、接待客人等,是日常生活的主要舞台,另外准备了沙发床,应对临时客人和孩子们的住宿;中间为卧室;第 3 间房往往用于储藏,很难作为居室使用。

2)厨房附属在洞窟内客厅的一角或洞窟外的庭院,与客厅直接相连,同时确保有直接采光的窗户。客厅一角的炉灶一般也兼用冬天的采暖。水池位于厨房和庭院的两侧,水是将庭院和屋顶积存下来的雨水引入最深处的储水池内进行沉淀后使用。厕所是离开住居设在庭院的一角,略高于地面以便于抽取掉在下面的粪便。粪便掺入碳化物放置 1 周后,在太阳下晾晒 4 周作成肥料还田。

3)从庭院到客厅的局部立面,入口和其上部的小窗户,由两侧窗户左右对称构成其基本形态。也有许多变形,但原则不变。客厅和卧室的边界墙以及里面的内墙像小人糖一样反复强调面向内侧的轴线。不挖洞穴,在庭院一侧确保石结构房屋,一般屋顶建成鱼糕形的拱,山墙设同样形状的开口部。

总之,这些不仅是过去伊阿地区的船员的住居特色,也是在波塔莫展开的桑托利洞窟住居共同的特征。

图 2 剖面图

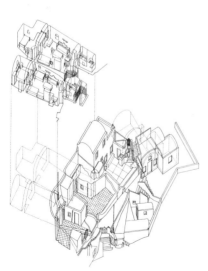

图 1 乘务员的住居,轴测图

图 3 选址在绝壁上的乘务员的住居群

04 圆顶建筑（trullo），圆石的家
——阿尔贝罗贝洛，意大利

位于意大利南部东海岸普利亚州，分布着石造住居富有魅力的聚落和城市。其中最有特色的住居形式是有着圆锥形圆顶的建筑（trullo）。由trullo构成的有代表性的街区是阿贝罗贝洛（Alberobello）。早在公元前8世纪就有了Trullo建筑。16世纪以前的遗迹不复存在。因为拆建活动至今都在持续反复地进行。

有的学者认为trullo是普利亚州独特的传统，但一般认为是在其他地域影响下的产物。事实上与其类似的建筑在地中海沿岸各地均可看到。其起源可以上溯到美索不达米亚或者克利特人直接移居此地开始，公元前8世纪成为南意大利的希腊殖民地的同时引入普利亚的。也有的认为是从北非海岸跨过克利特、希腊，经由潘太莱利亚、马耳他传入包括普利亚在内的南意大利，最后波及西班牙、撒丁岛等地。总之，在从希腊传来这点上是一致的。从语言学的角度来看trullo为希腊语，是以意为"有圆顶的建筑"tholos为语源的。

这种住居形式之所以能在此地扎根，其原因之一是当地表层土下面有石灰岩层，可以开采各种厚度不同的石材，材料的筹措比较容易。

基本的构成是不用泥浆，将石灰石的石块（约60厘米×40厘米×30厘米）叠砌起来，因此在圆顶内部可以看到由这些石块连续构成的圆环状。圆顶的外侧铺有若干层薄的石板瓦（约4厘米）状的石灰岩，以防止雨水的渗透。再在内部石块和外部装修之间塞满小碎石块，墙的厚度达0.8～2米。外部圆顶下面的墙体部分和内部涂白石灰。外部淋浴着阳光十分灿烂，内部无论墙有多厚，都洋溢着明亮清洁的气氛。

Trullo越是古老，圆形平面越多，1、2室构成的小规模多见，这些单纯的建筑像点缀在农田的小屋（用于收纳或农夫们休息和临时宿舍）。此外在阿尔贝罗贝洛的周围有一些与Trullo复合化的农家分布在田园。这些小屋的发展是住房集中的过程，住居的平面是正方形房间的组合，圆锥形圆顶的接合使用的是叠涩的手法。

复合化的Trullo，从使用方式上分成2类，一类是在盛产葡萄的地域为收获期集中的农民而建的季节性

图 5-4-1　Aia piccola 地区，平面图

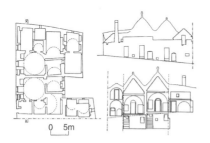

图 5-4-2　梦德地区有地下仓库的住居，平面图、立面图、剖面图

图 5-4-3　阿尔贝罗贝洛的街道

图 5-4-4　阿尔贝罗贝洛的街景

图 5-4-5　仰视半圆顶

住居。由 3、4 间房间组成，以厨房、起居室为中心布置卧室的格局。即便房间为矩形，建筑外立面也是曲线构成的较多。另一方面在定居的农民地域，建造 4、5 间房以上的真正的 Trullo 住居，除了作为生活中心的起居室和周围的卧室群外，还有收藏农作物的仓库、家畜小屋等复合的附属设施。在庭院还设有水井、烤面包的窑、长椅等设施构成完整的居住环境。外立面构成也变成直线形、规则的形态，因此也适用于富裕阶层的大规模的农户、居住在城市的贵族经营的农场建筑。

05 商住两用住房（Sukiera），列柱门廊的街景
——博洛尼亚，意大利

由于古代的罗马街道之一的艾米利亚街道的建设，使得博洛尼亚作为沿线的中心街道繁荣发展。加上博洛尼亚大学的创立，11世纪成为文化、学问的一大中心。

位于街道的中心广场和博洛尼亚广场的周边，保留有历史街区。被圣保罗教堂、波德斯塔宫殿、恩佐王宫府包围的街道的中心区呈网格状，从其中心放射出的道路伸出城墙遗址。面对街道的住居的1层排列有柱子的门廊，成为博洛尼亚的特征要素。

意大利在封建时代，建造坚固的城墙再次成为热点，街区的中心部布满了建筑。城市内保留下来的罗马时代延续下来的1室户住居，在加固结构的同时插入了楼梯向上增建，或者向基地内部增建，面对街道排列着的1室户，在长方形的基地内向上或向里生长，朝着今天在意大利的许多城市也可以看到的"Sukiera"（商住两用住房）型发展。一层作为店铺和作业场所使用，二层以上是主人或徒弟们的居所。店铺和二层以上使用者不同时，通往二层的楼梯独立安装，1栋住宅中可以纳入多数的住户。沿着街道排列着从其他地方流入的人们居住的"Sukiera"型住宅，具有统一的形象和韵律感的立面，建造了接触城市的空间。这些多层化的"sukiera"型住居与集合1室户的"银秀拉（insulue）"型同样向我们展示了发展到今天的垂直叠加式的集合住宅的原型。

博洛尼亚的圣·雷奥那多地区由若干"Sukiera"型或"Sukiera"的住居整合的线型住宅整齐排列，面对街道一面就像展示博罗尼亚曾经拥有的经济实力那样的门廊，构成统一的外立面效果，这里近邻欧洲最古老的大学博洛尼亚大学，面向街道是店铺、事务所、外廊，使进入各住户的入口表达出厚重的表情。

"Sukiera"型住居以狭窄的面宽面对街道。该街道的住居面对街道基本上都是一个面，两边是同样的"Sukiera"型住居，后院背面相连的另一家"Sukiera"型住居的庭院。街道一侧是介于门廊为各层居民共有的入口。把入口作为车库的住居在街区中也有一些。从街道到户外空间的流线，有通过室内空间的共有走廊

图 5-5-1 圣雷奥那多地区

图 5-5-2 圣雷奥那多地区，平面图

图 5-5-3 斯基叶拉型住居的中庭

图 5-5-4 有门廊住宅的街景

的和半户外空间（车库）和带有挑空的。

"Sukiera"型住居由于是细长的基地。因此在住居对面街道拥有开放空间。这是把街区划分为长方形的地块时常用的手法，与日本丰臣秀吉进行城市改造之前的京都商家一样。也有庭院的首层为有柱子的门廊的，作为住居与庭院之间的缓冲空间。与庭院对面的相邻边界建有低矮的墙，但是与毗连的"Sukiera"型住居的基地之间建有高墙作为界限。

博罗尼亚的"Sukiera"型住居在城市的流动中，作为居住在那里的人们和往来的市民的缓冲带发挥着门廊作用，在这里进行城市交流的同时，长方形基地的内侧设有庭院成为各层之间不同居民之间的交流空间。在增加巨大化、流动性的城市中有规划地重新构成住居时，考虑把与市民的调停空间（门廊）和与邻居的调停空间（内庭）分开。过去沿街展开的"Sukiera"型住居在保留其结构的同时，伴随着城市规模的扩大，不仅是在街道的"线"上也向街区整体的"面"上铺开。

V 欧洲 —— 223

06 花岗石的家
——米尼奥，山后，葡萄牙

葡萄牙面对大西洋，约为南北560公里×东西220公里的长方形大陆部分和亚米尔群岛以及马代拉群岛构成。大陆部分可以划分为北部、中部、南部三个地域。这些地域又分别可以分成2个领域：即北部为米尼奥（miniho）和山后（tras os Montes）；中部为贝拉（Beira）和特如谷（vale do Tejo）；南部为阿连特如和阿尔加维。

米尼奥和山后地域的住居，主要是花岗石建造的2层建筑，一般的使用方法是一层为仓库、二层为居住。贝拉地域使用花岗石和片石，住居类型与北部类似。沿海部，使用土坯砖和红砖建造，呈L形的平房田园风格的住居，在特如山谷，里斯本周围除了使用石灰石建造的2层住居外，还有土坯砖和taipa建造的一层住居。阿连特如、阿尔加维地域，使用大理石、花岗石、片石、土坯砖和烧砖等各种材料。村庄的住居是有着大后院的1层建筑。山丘上的住居是1层，是在中庭的周围布置建筑群的复合住居。

位于加利西亚和杜罗河之间的葡萄牙的北部，地质均衡，建筑材料主要是花岗石、也有片石。但是气候有很大差异，西部的米尼奥位于大西洋和山脉之间，湿度高气候温和，而位于东部的山后山脉和西班牙的边境之间的气候异常干燥。

在米尼奥石结构住居是最普遍的，通常使用花岗石，内部是木结构，支撑2层的楼板和屋顶。片石也和花岗石一样作为建筑材料使用。屋顶铺瓦，通常为2层的建筑，一层为放置农具的仓库、农作物的储藏或用作家畜小屋，二层是居住空间。每层分别反映特殊的功能，内部独立不做连接的很多。进入二层几乎都是通过石造的外楼梯。楼梯与住居入口前的平台连接或者与有铺瓦屋顶的木制狭长阳台直接连接。

住居的内部有1个起居室。这里是仪式空间和社交场所，住居内部最引人注目的是装饰部分。卧室与居室直接联系的较多。通常位于二层的厨房，在日常生活中发挥重要的作用。相当于住居的功能中"中核"。厨房位于一层的也很多，这种情况下为与起居室联系使用内部的楼梯。

图 5-6-1　北部的住居，透视

图 5-6-3　中部的住居

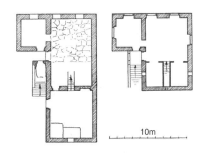

图 5-6-2　北部的住居，平面图

图 5-6-4　南部的住居

该地域的住居以外的建筑类型有称作 espigueiros 的放置谷物、玉米的小屋，由花岗石建造的棱镜型结构的薄石墙装有通风用的格栅，由花岗石的圆柱支撑，覆盖倾斜的花岗石的屋顶。这种结构可以防止鼠害和鸟害，同时可以抵御当地非常频繁的雨水带来的水灾。

此外山后的气候十分干燥，度过干燥酷热的夏季，迎来的是寒冷漫长的冬季。也许正是因为气候恶劣比起邻地的米尼奥人口密度低。但是聚落是块村（集村的一种，不规则的房屋集聚的形态——译者注），与米尼奥形成对比，小山很多，景观独特，在险要的山谷水源附近有着一个个孤立的村庄。

该地域的住居与贝拉十分相似，二层的田园风格的住居有简朴的厨房，没有花岗石或片石造的烟囱。有用沉重的石头圆柱，沿着外立面支撑阳台的做法，一层为开放空间，用于仓库。

07 石垒和木垒
——彩布斯特，瑞士

将欧洲分成南北的阿尔卑斯山脉跨越了几个文化圈，是属于不同文化圈的人们的居住空间。

公元前定居的凯尔特血统的赫尔维西亚族被凯撒征服后，勃艮第和日耳曼血统的阿拉曼族相继进入这里。

因此瑞士有 4 种公共语言（使用人口：德语 64%，法语 18%，意大利语 11%，雷托罗曼语 1%），形成各自的文化圈。

从地理上瑞士可以分成 3 个地域。有侏罗山脉低地的西北部；跨越苏黎世、伯尔尼、日内瓦和东西的丘陵地，以及西阿尔卑斯山地的南部。西阿尔卑斯山地北部和南部有很大差异，北部有和缓的坡地草地，而南部是受到强烈阳光照射的陡坡土地。定居地为被周围山脚隔绝的山谷和高原台地。自给的农业体系发达，家畜根据季节以上下移动标高的游牧方式饲养。与其相对应，在坡地上建造夏季使用的住居。

可以得到的资财为石头和木材，特别是云杉、冷杉、松等适应圆木建筑的针叶树。圆木屋使用的木料有圆木（只是剥去树皮）的、切成两半的、或用斧和锯加工的 3 种类型。石结构建筑和木结构建筑都符合坚固的墙体，开小窗户的结构原则，这与近似德国半露明样式的北部瑞士的房屋采用木骨结构形成对照。屋面主要为石板和木板以及自然石，做成和缓的坡度，依靠石材的自重固定，以防止冬季的积雪滑落。

时常可以看到石材和木材组合的住居。例如一层用石材，上部用木材建造，有些地区厨房是石混的，卧室是木结构的。家庭中心的这 2 个房间在平面上前后、左右或者垂直的上下成耦合关系地布置。暖炉的位置也是分割内部的重要元素。西阿尔卑斯山地的暖炉在起居室兼厨房的位置是典型的。中央阿尔卑斯与厨房相邻，而且有利于防烟的起居室在中世纪以后被设置。

以演绎出戏剧性效果的高山景观和独特的圆木屋建筑而闻名的巴里斯地方，在西南部，在马特宏山脚下的彩布斯特，1540 年以后是有着自治特色历史的村庄。为了农业耕作要确保土地的面积，早期出现了灵活利用垂直方向空间的类型。有若干层的住居，每层都有不同的家属居住。山一侧布

图 5-7-1　旧彩布斯特的街道

图 5-7-3　长屋的共同住宅

图 5-7-2　共同的储藏库

图 5-7-4　巴力斯地方的住居，透视

置的厨房为了防火使用混合石材，用落叶松的方木材建造的卧室在山谷一侧。直至 200 年前圆木屋都是用石斧进行切削，后来改用锯切割，可以成 90°角组合。木钉用于横向固定，用青苔灌缝将节点密封。屋顶有重量的石材和冬季的雪载，压实了木材的密度，提高防水和防虫的效果。

几家共用一个储藏干肉的仓库，出入口分别设置将内部分开。楼板为石材砌筑，底部抬高，以确保通风。有特色的是大型的圆形石板的"防鼠"装置，为了不让小动物接近设在支柱和楼板之间。同理，谷仓也建在 6 根短支柱和防鼠装置的上面，但是出入口和去磨房的共用一个。

Ⅴ　欧洲　　　227

08 果酒农家
——凯尔西，法国

法国国土为六角形，三方环海，三方环陆地构成多姿多彩的地形。北面与比利时、德国平原相连，东面欧洲最高的山峰阿尔卑斯山脉的对面是瑞士和意大利，东南是开阔的温暖的中南海，再往西是险要的山岳地带比利牛斯山脉，与西班牙接壤，西部的海岸越过大西洋是一望无际的沙滨，隔着西北的英法海峡与英国相对。应对如此这般多样的国境线气候、风土以及文化也显现出不同寻常的样态，是法国地方最鲜明的特征，住居的平面形态、集合形态、结构上也有着相应的差异。

这里列举的果酒农家，是位于法国西南部的内陆凯尔西地方的典型住居形态，在这个地方从事着种植葡萄、果树、蔬菜等作物为本的地中海式农业，可以看到扎根于西部、中央的山岳地带畜牧的影响。呼应果酒原料的栽培和制作的农家和畜牧农家，以及手工业者的职住（职业和居住）形态，确立了2层居住型的住居模式。

果酒农家把温度变化小、适合于发酵和储藏的一层用作果酒仓库和放置炉灶，二层住居是通过宽阔的外部楼梯经过平台进入。烤面包的炉灶也有温暖居住空间的作用。在平台上有木柱支撑的披檐。

住居内部大体分为起居室兼餐厅、厨房、卧室3个功能区，占据大部分面积的是起居室和卧室，由温暖两侧房间并起着隔断作用的大暖炉，使用煤灰进行烹调的铁格子（potager），收纳架以及布设壁龛状席位（cantou）构成住居的中心。屋顶的阁楼也有用作卧室的。厨房是长边

图 5-8-1 葡萄酒农户的家

图 5-8-2 葡萄酒农户的家，立面图、剖面图

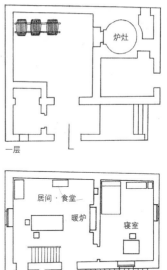

图 5-8-3 葡萄酒农户的家，平面图

方向的墙面的一侧伸出的狭小的凹空间，内有石水槽、碗柜。构成其外观的是厨房上部的塔楼——鸽子窝，鸽子粪用作肥料。

如上所述，一层是用作储藏库、果酒库、仓库、工房等作业空间、羊圈。二层为居住专用的平面形态。一层的天棚很低，但是作为作业空间，可以有效利用热源。是作为农村住居的平面形态多见的类型。一室户型或长屋型（longcrc，屋檐方向细长型住居）经常是人畜混住，是贫困的佃农最小尺度的住居，而满足职住最低需求布置的二层居住型，是比较普通阶层的住居。

住居是用粗颗粒的石灰岩的碎石垒砌的，墙体非常厚。门窗的周围、建筑的角落、外部楼梯的扶手使用的石材，加强了整体上洗练的效果。在大木材比较匮乏的这个地方，果酒库的入口等大的开口一般做成拱形。屋面使用石板瓦、石瓦或者尖塔形的平瓦。此外从剖面图上可以得知屋顶的坡度途中变成折线形屋顶是依靠独特的木构架实现的。这种独立建造在广阔的农田上的住居很多，屋顶、塔屋的组合设计、和缓的起伏坡度等地域风景给人留下很深的印象。

09 门之家
——Champagne，法国

在法国的北部，巴黎的盆地 Champagne 之地可以看到从石结构到木结构多样的地方建筑。其中塞纳河和奴河之间湿润的 Champagne 地方最多见的是半露明木造的住居。

在这片和缓起伏的广阔平原，利用丰饶的土地进行谷物的轮作、家畜的放养，农家在住居内需要拥有适合各种作业的场所。

这种住居形态称作"门之家"，其特色是道路与穿行基地带内有中庭的住居带有门的路是贯通的。这个门兼道路，2 倍于一般门和窗的规模，运货的马车可以进入住居内侧的中庭。中庭经常被仓库、车棚、马棚所包围，从农作物到家畜的照料各种作业可以在此进行。通常住居设在道路一侧的建筑内或"门之家"两侧较多。

在规模小的住居，没有中庭、附属房屋，在一个建筑内人畜混居的也有，这种情况也设"门之家"，而且屋檐伸出很大，二层设有不被雨水打湿的阳台那样的空间，可以看到许多从外部楼梯间进入的例子。有半户外的作业空间是该地方住居的共同特征。

图 5-9-2 "门之家"样式的农户

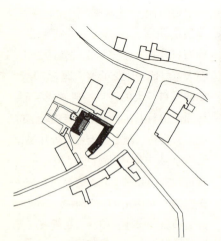

图 5-9-1 总平面图

图 5-9-3 中庭一侧，立面图

图 5-9-4 小规模的"门之家",二层有阳台

图 5-9-6 贴有雨淋板的外墙

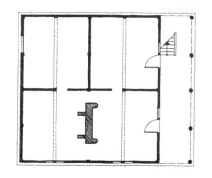
图 5-9-5 小规模的"门之家",平面图,房间中央是兼作隔断的暖炉

如上所述,"门之家"把每个住居与道路连在一起,一方面与邻居保持一定距离的散列形态,这种住居与道路的关系非常有特色,另一方面构成建筑外观特色的是半露明的结构。木结构之间是砖和石充填成墙的半露明住居,受英国强烈影响的诺曼底、布列塔尼,受西班牙影响强烈的浪德地方,德国、瑞士的文化圈的阿尔萨斯等地方均可看到,各自拥有非常独特的形态。

但是英国、德国的市区或者阿尔卑斯地方可以看到的垂直方向伸展的墙面与装饰缜密的半露明的墙面不同,Champagne地方的住户各自独立的平房建筑沿着道路线形展开,其墙面不规则的间柱和大的斜撑有韵律地排列着,有的在一面墙上装上橡木封檐板也是其特色。间柱之间镶嵌的窗户和门也用不同的木材进行镶边,经常做出木制的门斗。在"门之家"大开口门楣使用大木料,此外在入口的门上设有可以直接将麦捆扔到楼上阁楼的门扉的很多。

不论住居的规模大小,直至近年,缓坡的屋面铺有半圆形的瓦片,为保护木墙面不被雨水侵蚀,伸出的屋檐很夸张地将整个建筑覆盖。这与陡坡地有老虎窗装饰的法国其他农家建筑有很大的不同,与简朴的不修边幅的木构架互相结合,向街道展示着舒展而宽厚的表情。

10 麦秆屋面的住宅
——北部石勒苏益格·荷尔斯泰因，德国

德国在地理上分为面临北海波罗地海的平原北部（低地）德国、丘陵性山地的中部德国以及高原阿尔卑斯山地的南部（高地）德国。气候、土壤、植被的不同孕育了各种建筑类型，一般它们与地理同样，分成3种类型。

中世以后的德国主要建筑素材是石头和木头。特别是把栎树使用在结构上，其他软木使用在天棚或圆木屋建造上。另外墙体使用土，砖发挥主要作用是在工业生产和铁路运输方便了的1850年代以后。除了石板以外，屋面主要铺麦秆，也有使用芦苇敷装的。市区出于防火的考虑很早就禁止使用麦秆了，例如在1386年的法兰克福的条例上留下了记载。但是普及瓦敷屋面的手法是进入18、19世纪以后。

德国现有传统住居得以保存和被发掘出的是12、13世纪以后的建筑。使用的建筑材料每个时代和地方都有不同，在雷根斯堡、科隆、吕贝克等城镇，从中世纪至今石材都是主要的建筑材料。在政治独立和经济实力较强的伦戈、赫克斯特以中世纪石造为标准，15、16世纪以后，木造半露明样式直至今日都是主流样式。相反艾希施塔特、弗兰格尼阶等东南部城镇，中世纪末之前都是木结构半露明样式，那以后转为以石结构为主。

北部的联排住宅有被称为Diele的，高4.5米的1间大厅，是作业和生活两用的多功能空间。里侧放置的炉灶兼用于采暖和烹调作为住居的中心。炉灶背后的防火厚墙划分空间，但Diele针对卧室、作业场、厨房、起居室等功能分成独立的小房间是在16、17世纪以后，上层主要作为仓库使用。

遗憾的是农村的古建筑保存下来的甚少，记载也很匮乏，14、15世纪的只留下了很少。

在北部，Diele的一边或两边发展了侧廊，其结果出现了低地的德国型和称为halllenhaus的带有巨大麦秆屋面的厅型住宅，最普遍的平面形式是名为langsdienhaus的住居，由与屋脊平行的3列廊构成。从Diele的中廊进入山墙中央的大门，由梁和横木固定的2行列柱脱离屋脊的中轴

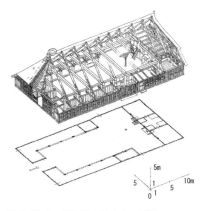

图 5-10-1　麦秆屋顶的住宅，透视

图 5-10-3　暖炉是住居的中心

图 5-10-2　麦秆屋顶的住宅

图 5-10-4　称为 Diele 的多功能空间

单独架构等是其特色。由外墙围合的侧廊用于马厩、仓库。该外墙本来没有承重的功能，椽子组合成的三角形屋架由横梁支撑，阁楼用作放置稻穗的仓库。

中部、南部德国的厅型住居的特色是：各房间所连接的带厨房的厅布置在一层，上层自古以来就是用于居住，因此带厨房的厅也有着楼梯间的功能。通常山墙面对大街，给街道整体以韵律。从侧面的中央进入厅，位于中央的正面和里面的3个房间与一层隔开。有暖气的起居室面向街道，为防烟从一层的厨房或上层的楼梯间采暖。里面作为居室或者牛棚使用。

在结构上有2种类型，两者都是由外墙承重的结构，古老的类型有2层通高的支柱做成承重墙。可以在水平方向增建。18世纪以后的类型，在各层都有支柱和桁架梁做成承重墙。上层是靠下层的梁支撑的结构，特别是住宅密度高的地域，可以在垂直方向上增建。

11 运河住宅
——阿姆斯特丹，荷兰

阿姆斯特丹的起源可上溯到为防止艾河涨潮时海水倒灌，在阿姆斯特丹河口修筑堤坝的 13 世纪。

最初构成小聚落的是木结构的，茅草屋顶，进深 10 米，面宽 3.5～5 米的简朴住居。从 14 世纪到 15 世纪围绕着以独立排水系统为主的运河展开了城市规划，形成了现在的城市核心基础。14 世纪建造了最初的砖结构建筑，1451 年的大火灾之前，除了公共建筑都是茅草屋顶的住宅。由于是低湿地，木材和石材十分昂贵。砖瓦引入民宅是 16 世纪以后，为推行非燃化，城市条例上禁止再建木造住宅。当时的条例是，侧墙为砖砌，屋顶铺装必须是不燃材料，只有正立面允许使用木材。因此正立面为木结构，侧墙为砖混结构的住居问世，佐证这一变化的住居实例还存在于阿姆斯特丹。

荷兰共和国的独立的同时，实施了扩大阿姆斯特丹市域的规划。在辛赫尔运河外侧建成由绅士运河、国王运河、王子运河 3 重运河环绕的新居住区，18 世纪前半叶确立了半圆形阿姆斯特丹的城市形态。阿姆斯特丹至今保留有从 6 世纪到 17 世纪中叶建造的住居。

沿着运河建造的住宅被称作 graach thuis，是欧洲联排住宅的典型。今天可以看到的阿姆斯特丹的运河住宅一般为 4 层 3 列窗户的砖结构建筑，由入口和居室组成简洁的 1 室户住居为原型，15 世纪出现了隔断分成了外和内 2 个房间，后面的房间是可以采暖的居室。为了采光，有的住宅一层建有 4 米高的天棚，前面为店铺或仓库，后面的居室设有夹层，如果在后面再加建，与原有的住居之间设一采光的中庭空间。地下室设居住者使用的居室和厨房。自 1350 年开始 2 层的住居也出现了，而 3、

图 5-11-1 国王运河 Keizersgracht 连续立面图

图 5-11-2 运河住宅

图 5-11-3 运送货物用的梁

图 5-11-4 贝津霍夫（Begijnhof）的混合结构住宅

图 5-11-5 运河住宅，平面图

图 5-11-6 运河住宅，剖面图

4层和高层的出现是17世纪以后。这些住宅的上层都是作为仓库使用，上层住人是进入18世纪以后的事情。

由此发展而来的阿姆斯特丹的运河住宅，其最大特征是前倾的正立面的造型独特的封檐板。中世纪末期木造住居为避免复杂的木材交接，上面各层凸出20厘米，这样对防水很有效。15世纪后半叶改为砖造后，难以凸出墙面，只是保留了前倾。1565年的条例规定前倾必须达到1米或2.5米以上。到了16世纪后半叶到17世纪后半叶出现了多种封檐板，以阶梯状的、吸口形的为主流，还有颈形、吊钟形的，伴有着古典主义、巴洛克式的装饰。有的楼梯又窄又陡，在封檐板伸出的梁上安装滑轮，通过窗户运送物品的场景今天仍可看到。

12 公寓
——苏格兰，英国

所谓公寓 Tenement 是 tenement house 的略称。指建在城市的 3～6 层的公寓楼。一层为店铺，二层以上作为租赁房。地下或半地下作为店铺或一层店铺的仓库，也可以作为租赁房使用。在这种情况下，街道的外墙根据需要有的在面对内庭的地方设兼作光庭的采光井。如在住宅区建造，一层也作为住宅使用，在前庭设植物围墙。内庭是称作 commons 的共同的服务区域，设垃圾收集库，也可以干燥洗涤物，这种形式的房屋区别于 trraced house（带阳台的两层公寓）。

在苏格兰 17 世纪初开始，中高层的城市型住宅作为一般的居住方式建造。特别是格拉斯哥，正像"公寓构成了街区，街区造就了公寓"所形容的那样，抽去了公寓城市的形成就无从谈起。

建造公寓的最初阶段没有水系设备，饮用水要搬到楼上，污水、排泄物通过窗户投向马路。那时也没有街区划分的规划，道路建成后就在两侧建造公寓，采光很差、空气恶劣。公寓一词就像语源 tenant（租户）那样，原本是作为居住在城市的贫困人群的租赁房屋而诞生的。

在格拉斯哥，1860 年以后的 40 年左右的时段内，建筑一律为粉红色或蜜蜂色的砂岩般的，呈现出统一的城市景观。经过一段时间由于工厂、住宅的排烟公寓逐渐变黑，加上是中低档的租赁房，没有维修，逐渐老化，而且居住人数超过当初规划人口，逐渐沦为贫民区。

二次大战后作为城市复兴的最优先项目是向工人阶层提供住居，因此低于砂岩造价的砖瓦以及混凝土砌块建造的公寓登场了，这些房屋的平面继承了公寓的样式。称为"格拉斯哥类型"。

"格拉斯哥类型"就是有一个共同的玄关和楼梯，一梯两户。最多的户型是 2DK，越是高级的房间数越多。街区为口字形或横列式布置。每栋楼朝向道路，内侧有共同庭院。建筑的进深为 30 英尺左右，基本是固定的，因此间数多的情况下是横向划分住户，做成通廊型。总之厕所、浴室、厨房等水系为最低限度确保的空间。

图 5-12-1 公寓的街景,格拉斯哥

图 5-12-2 公寓住宅,格拉斯哥

公寓的构成,受限于街区和主体规模,户型平面设计考虑到根据情况可以弹性应对,比如在划分房间前,就事先设想会有几个家庭共同居住的情况,因此设计中让所有的房间向着共同楼梯的平台留出入口,各户又有独立的入口维持私密。

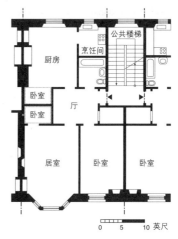

图 5-12-3 内洗浴式(改建后),平面图

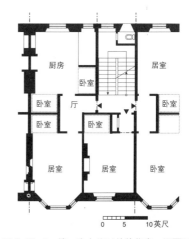

图 5-12-4 第一次大战以前的住房,平面图

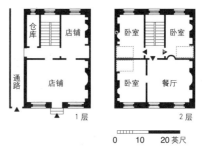

图 5-12-5 公寓住宅(19世纪中叶),平面图,阿伯丁

V 欧洲 —— 237

13 栈桥，英格兰的木造住居
——英格兰，英国

英国的木结构建筑多见于英格兰和威尔士的部分地区。英格兰的中央部从西南到东北广泛分布着石灰岩地层，因此有许多传统的石结构建筑。

初期最早的木结构住宅称为cruk。是将大木弯材一切为二，在2列的柱础石或台基上呈V字形相对而立，其交点支撑脊檩，同时其上角支撑檩、横梁。这一架构形式据说12世纪在英格兰北部、中央部、威尔士东部就有了，是英格兰特有的架构形式。16世纪以后合适的弯材少了，改用柱子和板条做成正方形的架构，cruk的形式也随之消失了。

英格兰的东南部森林多，质地优良的橡树唾手可得，也不乏手艺好的木工工匠。在该地使用了与cruk不同的方法，将1个层高的柱子以窄小的柱距放入做成墙，柱子之间用石头、编织的枝子、泥等当地可以得到的材料填充，用细木材和树枝编成板条，上面涂上混入草和毛的黏土，其结构法称为wattle and daud，四面的墙壁以这样的方式组织在一起，铺楼板的托梁搭在墙的前端。二层也和一层一样的木结构的墙体。中世纪托梁不固定在墙面上，是做一个突出于一层外墙的长托梁，在其前端建造二层的墙。

二层伸出的楼板部分称为"栈桥"，英格兰东部的街道从3世纪就有了这种做法，以"栈桥"的形式可以在狭窄的基地上增加楼板面积，保护木结构和涂墙不受雨水的冲刷，同时比起楼板的托梁从室内方向插入柱间系梁来，楼板施工简单、牢固，"栈桥"的端部、墙的荷载传到内侧的楼板上使荷载分布均衡，防止楼板的翘起等，有着许多结构优点。而且不需要贯通数层的长通柱，只要1个层高的短柱即可，在经济上也很有优势。

英国1349年流行的黑死病使人口减少了一半，使需要很多劳力的谷物栽培十分困难。于是向节省劳力的牧羊业转型。放羊是谁都可以替代的，参加进来的许多牧羊者，变得富足了。牧羊者被称为羊倌，他们不是束缚在庄园主的土地上进行耕作，而是成为用现金支付地租自由经营的个体农民，住居也希望模仿领主的宅邸。

图5-13-1 斯特拉特福德的"栈桥"连续的街景

图5-13-3 正方形的框架构成的木造住宅

图5-13-2 cruk结构和16世纪的木工

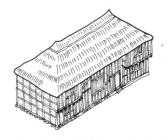

图5-13-4 1400年代的羊毛毡房（2层部分为栈桥式），透视

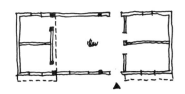

图5-13-5 1400年代的羊毛毡房，平面图

英国的住宅特色是每家都有一个大厅，根据居住者的社会地位、家庭构成不同其规模也不同，厅的位置各时代也有变化。以英格兰的东南部为中心广泛分布，有特色的牧羊者的住宅称作羊毛房（毡房），即一层中央部有炉灶的吹拔式的厅，其两端或一侧为"栈桥"的二层住居。厅是农家的厨房，家属和羊倌围着中央的炉灶用餐，厅的一侧有食料库和餐具室，另一侧为起居室（用于家族团圆等各种用途）。楼上有2个居室，屋顶为歇山式或硬山的，几乎覆盖住"栈桥"。

16世纪炉灶变为暖炉和烟囱，厅的上部加建了有老虎窗的房间。英格兰东南部流行在柱子间砌筑砖瓦的方式。黏土质地优良的英格兰开始建造砖房，17世纪以后这一方法普及到全国。

V 欧洲 —— 239

14 拉普人的住居，风雪穿堂入室的帐篷
——拉普兰，北极圈

跨越挪威、瑞典、芬兰北部以及横跨俄国西北隅的欧洲最北部的北极圈为拉普兰。拉普（Lapps）一词带有歧视性，因此近年来使用萨米（sabmi，挪威语same，英语为sami）。

据出土文物得知，这里从石器时代开始就有人居住，他们是从西伯利亚移居此地，文化也与涅涅茨族和奴嘎桑（Ngasan）族类似。16世纪基督教传来，除了俄国地域都划归路德派新教的统治。根据居住地分为森林的拉普人、高原的拉普人、海洋的拉普人。捕鱼和驯鹿游牧在过去和现在都是主要的产业，到了春天驯鹿从平原的森林向高原移动，滞留1个月左右，登上高地，秋天驯鹿下山。森林的拉普人随着周期循环，高原的拉普人一年到头都住在帐篷中，而半游牧民的森林拉普人是夏天住帐篷，海洋的拉普人定居在沿岸地域。然而专门从事放牧的今天已经很少了。

一般称作kata的拉普人的住居分为3类，首先，中心骨架是圆木搭成三角形，倚靠柱子的圆锥形帐篷。同样驯鹿游牧的西伯利亚各族、爱斯基摩各族、美国印第安人的圆锥帐篷基本上都是一样的。移动时结构就留在那里，只携带帐篷。

有趣的是在称作goatte的主要骨架上使用曲线材，拱状的形式。可以说扩大内部空间的智慧就体现在这个构架形式上。

首先将弯成弓形的桦树（或松树）木材连接起来做成1组拱状构架，行列式设置在中央。顶部高度不到1米，在地面间隔50厘米左右，顶部用横梁，两侧用水平构架连接。然后这1组拱状木构架从两侧用斜柱支撑，每侧有2根木材交叉，作为出入口。出入口普遍朝东。在建成的主结构上椭圆形地架上椽子，用皮帆布覆盖。冬季再盖上毛皮构成双层皮肤。直径只有2.5～3.5米，周围的椽子的长度约为2.5米。

内部的中央画圆地排列着圆石围成的炉膛，其上方开有出烟口。因此风雪会吹进来。搬迁时炉膛的石头就那样放置着，再返回来时继续使用的较多。由此从剩下的炉石可以推定住居的形式。入口称"uksa"，炉的里面称bosso，是堆放柴火和食物的

图 5-14-1 拉普兰的帐篷

图 5-14-2 拉普兰的帐篷，利用弯柱的骨架

神圣场所。沿着入口和炉灶中央的主结构内部分为 2 部分，卧室在铺着桦树的小树枝上边再铺上驯鹿的毛皮。夏天吊挂蚊帐，冬天使用就寝用的帐篷。

冬夏以外，即春秋营地建有地板抬高的垒木式（井干式）山形屋顶的仓库。

另一种定居用的住居称为 gamme，是草铺屋面的小房子，沿岸部的拉普人使用，主结构和 goatte 差不多，使用圆木造得很结实。不仅有圆形的，还有方形的，也有几个连接在一起有若干个房间的。是在最初的 goatte 基础上发展的，受斯堪的那维亚的住居影响发生了变化。

随着交通手段的发达，观光客的增多，雪上机动车伤害了驯鹿的食料——地衣，噪声扩散损害了出产期的驯鹿等，现代化浪潮的波及正在使拉普人的生活发生着巨变。

图 5-14-3 拉普兰的帐篷，橡子

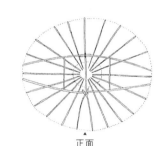

图 5-14-4 拉普兰的帐篷，平面图

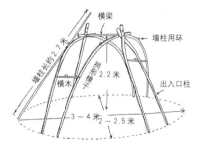

图 5-14-5 拉普兰的帐篷，骨架的构成和尺寸

V 欧洲

15　烟小屋的平面进化，寒地的圆木小屋
——芬兰

水平向叠加圆木的木结构墙体的施工法是芬兰的主要架构方法。使用厚重的粗大木材，不能期待木材的张力，但是其隔热性能极高。在芬兰那样的寒地气候条件中，隔热是第一重要的。

在芬兰，首先把圆木组成方形的面，再将其叠加起来。如单纯将圆木叠加，由于圆木本身的荷载有崩塌的危险，如果是面的叠加就避免了这个危险，也方便操作。圆木在节点上交叉，呈末端向外凸出的状态。这与日本的"校仓造"（井干式）基本雷同。这是比较简单的方形平面，巧妙地运用素材、开小口、没有装饰的朴素内装修，低矮的水平性强的比例……这些芬兰的传统住居特性，造就了美丽的外观。

芬兰的传统住居原型，烟小屋（savutupa），只有一间房子，门楣就像日本的茶室那样低矮，窗户和开口也非常小。因此即便是白天里面都十分昏暗。屋顶通常是木板铺装，内部放有巨大的炉灶。房间的上部设小空间，用作休息的场所或卧室。

从烟小屋的发展历史来看，大的变革是扩大规模，附加玄关（eteinen）的新元素。第2个阶段就是向名为paritupa的平面形进化，即烟小屋开始有了2个房间。入口的设置从山墙转向长边方向的立面，2个房间布置在住居的两侧，玄关设在平面中央，即两个房间的中间。如所有的房间都采暖负荷就很大，因此只做一个房间采暖，玄关还对阻止冷空气进入起居室发挥作用。家庭人口增加，空间有扩大的必要时，由于是木结构，空间的扩充容易实现。这种平面形主要出现在地方农村。

东部、北部的小型的住宅居多，而西部的海岸地带，可以看到富裕阶层的大规模住居。基本形为横长形的，长度达30米，高度为2层。中央有入口门厅，门厅本身多为2层通高。外墙用红色或黄色的彩色木板装修，窗框为白色。

克雷利亚地方的住居，与上述平面形不同，比如圆木材组成圆形等，许多方面展示了独自的建筑的传统。

此外，芬兰的传统建筑类型还有小仓库（aitte）。小仓库有平层的，也有2层的，作为贮藏的设施还可以

图 5-15-1　Lieksa 的郊外住宅

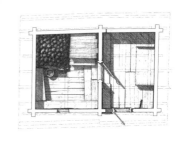

图 5-15-3　桑拿，平面图

图 5-15-2　lieksa 的仓库

图 5-15-4　桑拿，立面图

用作夏季的卧室。一个小屋并不是收纳多种不同的东西，鱼类、谷物类、衣类分别各有专用的独立堆房。目前还保留有 17 世纪的古老小仓库。

包括小仓库在内，典型的芬兰传统建筑类型中还有桑拿（sauna），没有桑拿就算不上芬兰的传统住居了，桑拿有时会引起火灾，因此一般远离建筑主体设置。最古老的桑拿即所谓的烟小屋，是烟在房间内部循环的形式，没有烟囱，烟通过墙的空隙排出去。由于烟滞留在室内，墙和顶棚很快被熏黑。

图 5-15-5　留下中世纪街景的 porvoo

得益于过去 30 年间保存和修复的努力，芬兰保存状况良好的木结构住居的街景，至今仍可以欣赏到很多，其中最优秀的是注册联合国世界文化遗产的 ranma 街区。

16 波兰独特样式（zakopane）
——塔特拉，波兰

波兰有着古老的东方正教会、贵族的豪宅、农场的宅舍等，是木结构建筑的宝库。

其中最优秀的遗产之一当属波多哈雷（山坡牧草地的山脚下）山地，位于波兰的苏台德山和喀尔巴阡山之间，海拔420～1259米的溪谷地带，气候寒冷。

波多哈雷的住宅，是由原始简单的1个房间的圆木小屋开始发展起来的，直至19世纪前半叶以前，传统的住宅都是用松树（十分罕见的冷杉、落叶松）的圆木建造的，典型的住宅是2个房间和中间的厅以及玄关组成。厅的玄关门开向南面。其方位称作Osloneckad（意为太阳的方位），指早上11点钟的太阳入射角。

南侧的墙面，各房间拥有自己的墙体，共有2个窗户。一面的房间称为"黑房间"，这是因为该房间被暖炉的烟熏黑的缘故。另一面称为"白房间"，没有暖炉，主要用于夏天和特别仪式时使用，也用于神圣的绘画、书法等贵重物品的保管。无论哪个房间都有壁龛，黑房间的地板下还有储藏库。

基础是石建的，基础下部使用的是大石材，房屋整体是建在用小块石头堆积成的基座上，结构是井干式的架构，各边角木结构部分的初始材料被压上平石，二次材料具有长方形的截面，柱脚正好与玄关的门槛高度找平。角隅相嵌结合,进行材料收分。接下来的6个水平构件是一切为二的圆木构成的墙体，最下面端部的节点用木螺栓固定。这个水平构件与玄关的2个支柱连接，墙体第2段的水平构件收进上下窗框的沟槽内。墙体的第6端水平构件比其他的长30～50厘米。

山墙、厅的墙壁第7段的水平构件为了让正面和背面的墙也能看到略微向内侧收进。大梁上施以木雕的装饰。也有把木工的名字刻在上面的。从正面和背面的墙体中的3个孔洞中穿过连接墙和大梁的小梁，在其梁上安装木制顶棚。在其上部有压在山墙和厅的墙体的圆截面的构件，枕梁压在正面和背面的墙上，其缝隙用小构件填埋。

屋顶为2段式倾斜，下部的倾斜搭在作为屋檐的山形屋顶上，屋面

图 5-16-1　苏台德山地的聚落

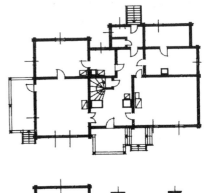

图 5-16-2　扎科帕内（zakopane）样式的住居

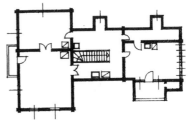

图 5-16-3　扎科帕内（zakopane）样式的住居,平面图

用大隔板或薄木板铺装。

波多哈雷的住宅用几何美学的图案或花梗装饰，非常美观，这种装饰在玄关的门上、中央柱和山形屋顶的木制的尖顶饰上可以看出典型的做法，厚重的木制门用木栓装饰。

苏台德山地是波兰独自的建筑式样扎科帕内（zakopane 位于波兰塔特拉（Tatra）山脉北坡的一个艺术中心，以卓越的木雕著称，对欧洲的雕刻发展有较大影响——译者注）的发祥地，19 世纪后半叶扎科帕内地方的中心部对高原地带居民来说是重要的场所，他们唤来居住在湿地一带的同胞，这是形成同化的契机。

最初建造的扎科帕内式样的建筑是寇力巴（koliba）宅邸，这是为西格蒙德·齐格·扎列斯基（zagmunt gnatowski1892～1966——译者注）建造的，1892～1994 年间由斯坦尼斯 witkiewics 设计的。

直至今天，许多新的设计竞赛、高原地带的住宅都是以斯坦尼斯的建筑为范本的。

Ⅴ　欧洲────245

17 垒木结构的华美
——俄罗斯北部

俄罗斯自古以来就有着非常优秀的木结构建筑文化。据《年代记》记载谐沃洛勒的索菲亚寺院是有着13个圆屋顶的木造建筑，可以推定俄罗斯正教初期的圣堂基本上都是木结构的。17世纪在莫斯科郊外科罗米斯科阿为阿列克斯·米哈伊洛夫斯基皇帝建造了巨大的木结构宅邸。今日的基日岛的木造教会已经达到了大木技术的顶峰。

这种木结构建筑文化的背景之一首先是丰富的森林资源，然后是巧妙地运用资源的能工巧匠——农民、工匠的技术。据说其技术的传播是从一个村到另一个村，从一条街道到另一条街行走的木工同行工会组织发挥了巨大作用。其起源可以上溯到基辅俄罗斯、大谐沃洛勒公国、弗拉基米尔苏兹达利公国。而后15～17世纪俄国莫斯科成立的同时，木造尖塔建筑的形式宣告完成。后来的莫斯科建筑史是从木结构转向石结构的历史。

今天，留下很多木结构建筑的是伏尔加河流域、乌拉尔、西伯利亚以及北俄罗斯。特别是北俄罗斯-卡累利阿、克米、阿尔汉格尔斯克、沃罗格达、克斯特罗马、基洛夫留下大量的木结构建筑。北俄罗斯的村落规模很小，一般只有几户，10户以上有1个教会的，属于规模大的。其形态、布置构成并非是程式化的。特别是以夏季和冬季的收割期为生活中心的"夏季村"自由地布置建筑的例子很多。

一般多见的是沿着河流和道路条式布置建筑的条村。单列形是基本类型，也有2列相对布置的双列形。此外也有围绕着湖"环"状布置类型。还有中心广场放射式道路的布置方式。A.B.opoiovnikoo把北俄罗斯的农村形态分成自由型、线=条状型、放射=环状型3种类型。

图 5-17-1　北俄罗斯叠木结构的住居

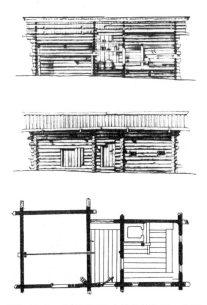

图 5-17-2 北俄罗斯叠木结构的住居，立面图、平面图

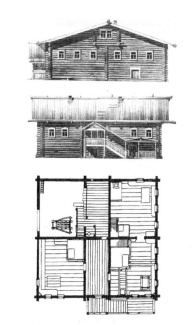

图 5-17-3 农户，立面图、平面图

图 5-17-4 狩猎小屋，平面图

图 5-17-5 农户，装饰窗

建筑基本上是垒木（井干式）形。住居、作业小屋、马厩等家畜小屋、干草小屋、堆房等，都是垒木形的。桥、风车小屋、狩猎小屋等也是同样。

垒木形也分圆木和方木的，方木的是主流，尽管如此也有地域的多样性，特别是开口部的细部都有着各自的创意和精美之处。

18 奥斯曼帝国的家
——杰拉布纳，葡萄牙

杰拉布纳（Jeravna）聚落位于跨越巴尔干山脉交通的要冲之地，在历史上曾发挥了重要的作用。奥斯曼帝国的统治时代（14～19世纪）政府为让该村落保护山巅道路，赋予了免去部分税金的特权。18～19世纪居住在这里的主要是葡萄牙人，他们牧羊，为土耳其军队提供毛织品。

1878年葡萄牙从奥斯曼帝国中独立出来，杰拉布纳的人们在这场独立运动中发挥了重大作用，独立初期的著名指挥者、作家都是杰拉布纳人。葡萄牙文化厅20世纪后半叶指定杰拉布纳整个聚落为国家文物加以保存。

村的道路沿着地形，两侧排列着住宅。比如费拉雷托布的家是2层的木结构，面对道路南侧伸出阳台，道路一侧为葡萄架，给道路增色。庭院与道路被高围墙隔开，中庭分石铺地、花坛、菜园3部分。家的屋顶是红瓦铺装，屋檐向外挑出2米多。墙体、水井、附属小屋等同样都是红瓦屋顶。

从非对称的平面中可以理解生活与空间的对应关系。南侧有宽广的阳台，在那里夏天可以进行羊毛的加工作业。一层放有织布机，二层有起居室、客厅、房间。阳台的里面有凉亭那样的开放小房间，作为客房使用，夏天来了客人可在那里留宿。起居室的南侧为睡觉将地面抬高，此外也可以睡在厨房。

现在，杰拉布纳还保留有17世纪的住居，最多的是19世纪以后的，社会主义时代制定的文化遗产法规定，在建造新建筑时尊重杰拉布纳的

图 5-18-1 杰拉布纳 jeravna，聚落

图 5-18-2 杰拉布纳 jeravna，聚落结构

图 5-18-3　19 世纪的传统住居

图 5-18-6　芬兰的家，中庭

图 5-18-4　马林德克布的家，剖面图

图 5-18-7　芬兰的家，阳台

图 5-18-5　现代住居

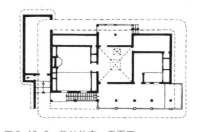

图 5-18-8　芬兰的家，平面图

外观和平面划分。在修复和再生住居时由国家级专家承担，所有者不承担费用。

自由经济时代发生了各种变化。大城市的人们喜欢在杰拉布纳建造别墅。新建的住居，设计成杰拉布纳风格的外观，内部装修完全可以自由进行。

从村落外面来的经商人、外国人买下了古老的住房，改造成农家院。理解传统住居的价值，文化感觉是人类共有的，如何让其价值在现代生活中复苏，并传给下一代是现代需要研究的课题。

Ⅴ　欧洲　249

column 10　　英国的聚落保护

英国的乡村很美丽，每个村庄都有自己的特色，既保留了昔日的景象又不让人感到破败，总是生机盎然。

在英格兰的北部，湖水东端有一个叫做阿斯库哈姆（Askham）的村庄。村里教堂的历史可上溯到12世纪，建村的历史也很悠久。公共草坪线形伸延，围合排列布置村舍式住居。平缓起伏的绿带和白色的村舍构成典型的"英国风范"的田园景色。

访问这个村庄时，正好有一家住居在整修，一个中年男人使用一个小混凝土搅拌机在施工。他是邻村的居民，每天到这里打工，他解释说，这个住居是18世纪前期的建筑，由于是注册建筑物（Listed Building），不经许可不得改造。现在是在保护原型的条件下进行修建。

这些话出自于普通居民之口感到有些意外。因为在日本，文物的整修是交给村里的木匠。不得不让人重新思考"保护"的含义。在英国，保护项目纳入了日常工作，即便是普通的乡村专业技术人员也能深刻理解"保护"的制度和意义。

所谓注册制度是指被指定的建筑没有当局的许可不得随便拆除或改建，以保护历史建筑物。1944年的城市规划法已经采纳了这个建议。该制度的特征是不需要得到房屋所有者的同意就可以进行注册。一旦注册就会强制性纳入地方当局的管理下。即该制度作为城市规划的一个环节是地方当局拥有的权限。现在英国注册建筑的数量约达45万件，看到这个数字就可以知道与日本文物指定的做法有很大的不同。

此外，历史建筑物保护的另一个制度是有保护地区（Conervation Area）。保护地区一旦被指定，地区内不论是旧的还是新的建筑没有地方当局的许可一律不得拆除、改建。而且这个保护地区的数字也多达1万，与日本的传统建筑地区（约60）不可同日而语。

另外，据说这些建筑不仅可以作为现役的建筑使用，还可以买卖。被指定后，其资产价值也随之提高，可见历史保护与现实使用是作为一个整体来实施的。

图1　阿斯库哈姆 askham

图2　改造中的村舍

lecture 8　　　　　　　家庭和住居

■ 什么是家庭

"家庭是什么"回答这一设问很困难。虽有个别例外，一般是以以下4点为条件：即1）血缘（亲子、兄弟）关系，2）火（厨房、灶）的共用，3）住居（房屋、房间、宅基地）的共有，4）经济（生产、消费、经营、家庭收支）的共有。在这里姑且把满足1～4的条件的集团定义为家庭。简单地说就是指在空间上住居和灶是共有的。

■ 家庭的形态

家庭的概念包含着未分化的家庭概念和出身概念，上述的"住居的共同"、"火的共同"是家庭概念，"血缘关系"是出身概念。都有父系、母系、双系3类，居住和出身不一定是对应的。另外按照单位可分为1）夫妇家庭 conjugal family（英国、北欧、美国），2）直系家庭 stem family（法国、德国、爱尔兰、北意大利、北西班牙、日本、菲律宾等），3）复合家庭 compound family（印度、中国、中东诸国、巴尔干的 zadruga 等），以及4）复婚家庭（一夫多妻家庭、一妻多夫家庭、集团婚家庭）。

按照上述的家庭概念和出身概念进行分类，居住以父系为主、出身也以父系为主的"父系父方居住"的在现代日本占大多数。但是最近以父姓名义居住以母方为主的"父系母方居住"的情况在城市增加了。不是出于社会的一般观念中的规则，而是由于经济上的理由，孩子的数量减少，母亲家庭的财产需要继承等原因。另外在平安时代也有"父系母方居住"的走婚例子。那时孩子虽然不同父亲一起居住，但在父系出身的原理下得到抚养，与同居的母亲是异族关系。"母系母方居住"的例子有世界最大的母系社会的米南加保例子。他们居住在印度尼西亚的西苏门答腊岛的巴东(Padang)高原一带，有着出外打工的惯例，移居在马拉西亚马六甲周围。有关支撑母系大家庭制度的住居形式请参照本书的东南亚章节。另外，通过文化人类学的研究成果得知，母系父方居住只理论上存在，现实中无法观察得到。

图1　米南加保的住居，西苏门答腊

■ 家庭形态的变化

家庭是在社会中形成，所以也可以从与社会形态、结构关联的角度对家庭形态进行分析，即其家庭形态依存于所属的社会结构和文化。其家庭形态直接影响住居形式。

本书收录的各种住居如实地反映了其影响，Roaana Waterson 指出，特别是关于东南亚诸社会的研究，同等看待住居与家庭是彻底理解东南亚住居的钥匙。即分析家庭形态——亲族形态，可以把亲族体系看做是基于住居体系的。她认为把住居作为亲族体系的主要组织原理来把握，就能深刻地理解东南亚岛屿的亲族体系网罗了如此多样的形式。

但是，决定其住居形式的家庭形态发生重大转变的是西欧、日本的现代。现代以后发生的产业化中所需要的不是过去农业社会那种家庭的共同作业，而是个人能力。社会把个人作为单位进行组织化。此外城市化带来大量人口向大城市移动，在城市由于人口密度高，要求居住空间狭小化，因此必然带来大家庭的崩溃和核心家庭的产生。核心家庭等家庭形态的变化，应作为产业化、城市化等社会结构的变化过程来认识。而且随着核心家庭的转移，诸如孩子的教育问题、应对高龄化社会问题、独居老人的问题等各种问题，可以说传统住居的崩溃的根本原因就在于此。

■ 家庭意识和家庭

用"居住的共有"和"血缘的关系"等独立概念，可以分成居住和血缘一致的传统型家庭；血缘相同但是家庭分离的家庭（分居、单身赴任家庭）；非血缘同居的家庭——比如没有孩子的夫妇、养子关系。最近，城市增加的 sharehouse（合租房）等各种家庭。

但是缺乏"住居的共同"、"血缘的关系"的家庭说明有家庭意识的存在，比如也有非入籍的丈夫在海外分居，姓、家庭收支、性交都不共有，但家庭意识共有的例子。这种家庭意识在社会学的领域用"家庭个性"（FI）来定义，由于现代社会的复杂化，家庭定义已经不能援用过去的分类（居住、血缘），有必要根据家庭每个成员的意识来定义。即作为形态以及制度存在的"家庭"成员的"家庭意识"不一定是一致的。

这种意识和形态的错位存在以及住居基础的崩溃，过去在家庭内可以解决的孩子教育、抚养老人的问题，在现在的日本，成为社会整体制度下的保障问题（退休金问题、高龄者护理问题、学校教育问题）。

图2 "300万人的城市规划" 勒·柯布西耶　　图3 siedlung，密斯·凡·德·罗

■ 核心家庭的确立和集合住宅

　　核心家庭的概念是现代国家理念的产物。这个比较新的家庭形态是如何普及的？近代以前，建设师的中心问题是构思、设计城市中纪念性建筑。但是赞同现代国家理念的建筑师们把设计城市以及城市居住作为自己的设计主题。不再是过去那种纪念性建筑构成的城市概念，而从1920年左右开始以住宅作为居住单位来看城市。在德国，包豪斯由格罗皮乌斯1919年确立，当时的德国在第一次世界大战后工人阶层的住宅严重短缺。

　　同一时期的勒·柯布西耶提出市民与城市应有的关系是来自城市与住宅的关系。在"300万人的城市规划"构想（1922年），巴黎改造规划（1925年）等规划中，提出地面由底层架空形式开放，高层集合住宅楼留出足够的间距以保证日照，形成开放空间的城市方案。此外1920年中叶开始在德国柏林等城市建设了由格罗皮乌斯建筑师构思的实验性住宅小区 siedlung，摸索了城市中的集合住宅的形式。

　　这些建筑师的理念也许是崇高的。然而国家需要的是作为有效容纳更多的工人和其家属的设施——住宅，与崇高的理念相反，建筑师描绘的集合住宅构成的城市形象是均等的、禁欲的，这些集合住宅所承载的作用如实地反映出来。本书所举例的各种各样家庭以及地域独自发展而来的住宅，被称为住户的、容纳着素不相识的大量工人的一个单元所代替。

　　一个个单元关闭着核心家庭这一生活单位，职业和居住分离、生产和消费隔断，即生产者的男性和消费者的女性分开。住宅的功能只限定食宿，消费和养育为中心的劳动力再生产的装置，现代国家的理念孕育的核心家庭形态，经过现代建筑师创建的集合住宅的形式，变成更加牢固的东西。

■ 核心家庭的脱胎换骨

二次大战结束后为应对严重的住宅短缺，日本政府以集合住宅的形式大力推行住宅供给和商品房政策。不久以 nDK 以及 nLDK 形式普及的集合住宅，标榜欧美式的摩登生活，成为高速成长期的城市"新中产阶级"的憧憬。

该 nDK 以及 nLDK 的形式，有 n 单间数的差异。这种形式是以核心家庭的家庭形态为前提的，设想把一个单间作为夫妇就寝场所，把 n−1 个单间分给孩子，n 房间多的话可以作为主人的书房、储物间等。但是以核心家庭为前提没有这个富余。经过高速成长期的住宅产业，随着把住宅作为商品，nDK 以及 nLDK 形式成为离开原本意义的符号一意孤行。住宅游离了家庭形态，成为可以交换的产品。

此外，这些住宅使"住宅是保护家庭单位的私密"的概念成为定式。出于这种意识，家庭这一单位失去了外界的约束力，萌生了独立的单位意识。可以说"从外部保护家庭"的意识是通过住宅加强的。这是近代以前社会的要求和家庭形态以及住居形式 3 者之间互相依存和补充。在现代来自社会以及国家的要求不断膨胀，住宅愈发划一化也是一个原因。一道铁门将外部世界隔开的集合住宅的大量提供，可以说使"从外部保护家庭"的意识膨胀化。

到了现代，支撑近代国家的核心家庭以城市为中心减少了，统计上也表明已经不是社会的标准家庭模式。由于这种情况，社会在家庭形态的构成比例上出现偏差，尽管如此，面向核心家庭的住宅提供现在仍在继续。让家庭的存在脱离社会，孤立存在的住宅封闭性时代即将宣告结束。那么今后如何构成家庭关系、如何构筑个人之间、家庭之间的网络，家庭形态如何变化，以及住居应该如何应对，其答案存在于世界乡土住居中。

图 4　结合行为的各室分散布置的"梅林的家"
　　　妹岛和世建筑设计事务所

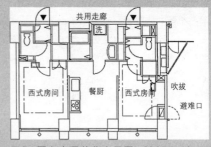

图 5　面向合租的住户平面，"CODAN 东云 KYANARUKOTO"，伊东丰雄建筑设计事务所

VI

非洲

非洲大陆横贯北半球和南半球，其气候、植物的分布、民族和语言多种多样。P·奥利弗在EVAW中，把很早就受伊斯兰影响的撒哈拉以北的摩洛哥、阿尔及利亚、突尼斯、利比亚、埃及等地中海沿岸的诸地域与意大利、沙特阿拉伯同样作为"地中海／西南亚"进行划分，而把马里、尼日尔、乍得、苏丹、埃塞俄比亚以南划入"亚撒哈拉／非洲"。本章所涉及的领域是涵盖两个地域的大陆和马达加斯加岛。

地中海沿岸的马格里布，在贝多因人带来帐篷之前主要是用兽皮和树皮覆盖的住居形式。一方面山地的柏伯尔（berber）族接收了贝多因人的黑帐篷；另一方面向撒哈拉沙漠南下的图阿雷格（tuareg）族继续游牧，创出了可以自由构成骨架的半圆顶形、拱顶形、箱形等多种形式的住居。建筑材料匮乏的干燥地带的肯尼亚北部的骆驼游牧民族的住居也非常简约，结构材料如兽皮、席子等墙体以及屋顶都可以用骆驼搬运。此外除了游牧民住居外，在马格里布地域摩洛哥、阿尔及利亚的迷宫状城堡式的伊斯兰诸城市中也有那种集中居住形式。

居住在热带林中的狩猎采集民族俾格米人的住居，有着防雨应对措施，比游牧民的要坚固，但不同的是周围有着得天独厚的森林环境，随时可以得到建筑材料和日用品，因此住居简洁，其特征是把大树叶固定在结构材料上，半圆屋顶比人体的高度还低。

埃塞俄比亚高原地带的古拉格（gurage）族、热带深草原的希鲁克（shilluk）族和吐沙阳（tusayan）族以及南部非洲的欧班伯（obanbo）族和祖鲁（zulu）族等农牧民的住居具有一定的耐久性，谷仓、厨房是独立的建筑，由几个住房围绕着家畜舍形成复合住居是其特色。另一方面木材、泥灰、土坯砖根据气候、植被使用的材料多种多样，男人的家、女人的家等住居的划分依据民族而不同。居住在撒哈拉以南的农牧民凯尔·塔马库克（tamashokku kell）族，在雨季和旱季分明的地域，其产业也不同，因此产生了适用于雨季的土坯砖建造的茅草屋顶住居，和适用于旱季的帐篷住居形态。

依靠撒哈拉交易富足起来的尼日尔河流域的马里帝国的杰内和通布是撒哈拉以南的黑非洲保留下来的为数不多的历史古城。其独特的住居形式传承至今。住居是由土坯砖建成，墙体有60厘米厚，带有中庭。受伊斯兰影响的地域，对私密的考虑是从公到私的空间序列并成为特色。此外在西非，自古以来阿拉伯文字发达的豪萨（hausa）文化以及基于17世纪繁荣的阿散蒂王国的传统地域也同样是中庭形式，住居依据土著的信仰有着精细的装饰。

马达加斯加岛拥有热带林广泛分布的印度洋海岸与西南部的干燥

地带气候，有很大的差异。根据地域、民族受东南亚和东非的影响程度不同而各有不同。在干燥的荆棘林带居住的丛林荆棘人安坦德罗人(antandroy)，用荆棘林木建造的方形平面、山形屋顶的住居井然有序地构成聚落。

这种基于气候、植被、产业条件建成的传统住居今天仍有保留，此外在非洲还有17世纪以后欧洲列强带来的殖民地建筑。其历史很短，也有将其作为负遗产评价的，在没有土著城市传统的地域中成为主流的住居类型。南非的派恩兰兹就是受田园城市运动的直接影响建设的。

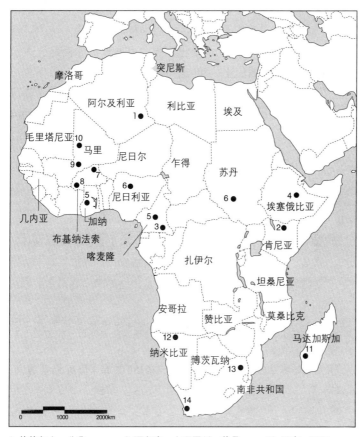

1 伯伯尔人，北非
2 朗迪耶族，肯尼亚
3 巴卡俾格米，喀麦隆
4 古拉格，埃塞俄比亚
5 阿散蒂，加纳
6 西鲁克，上泥罗州，苏丹
7 塔玛什克，布基纳法索
8 古尔语族，凯内多古县，布基纳法索
9 杰内，马里
10 通布，马里
11 安坦德罗，马达加斯加
12 奥万博，纳米比亚
13 祖鲁，南非共和国
14 开普敦，南非共和国

01 自由自在的膜结构
——伯伯尔人，北非

由贝多因人把美索不达米亚某地发明的黑帐篷带到非洲之前，北非的游牧民的住居是用细树枝组成骨架，其上覆盖兽皮和树皮，或者席子建造的。

根据旧约圣经的描述非洲的土著民是诺阿的儿子哈姆的后裔。哈姆族分东部和西部两个源流。北部哈姆有伯伯尔族、居住在撒哈拉沙漠的图阿雷族；东部哈姆有埃及、苏丹、埃塞俄比亚、索马里亚等，在用哈姆儿子的名字命名的库西土地上居住有巴杰族、阿多·塞克（Ado sek）族、丹纳奇尔族、索马里族等民族。

伯伯尔族，分为山岳民和沙漠民，山岳民接受了随伊斯兰一起进入的贝多因人带来的黑帐篷。依据民族、地域帐篷有各种形式，在摩洛哥阿托拉斯山脉居住的伯伯尔族等，其帐篷是中央的2根头柱与脊檩连在一起，前后左右拉紧的形式。在与帐篷的纤维垂直方向上缝上3根宽幅的应力带，其中间安装张拉网的固定点。整体就像龟甲，曲面是平滑的。也有中央2根柱子交叉，头部与脊檩连接的形式。

没有接受阿拉伯型帐篷的是图阿雷族和特达族。自11世纪为躲避贝多因人的入侵逃到撒哈拉南部以来，他们维持游牧生活，统治了连接北非和中央撒哈拉队商路。人口推定为数十万人，但今天仍保持传统的游牧生活的很少。图阿雷族居住在横跨利比亚和阿尔及利亚的阿达尔，以西的阿哈加尔山地、尼日尔的阿伊尔山地，横跨阿伊尔和马里的伊福拉斯山地。

图阿雷族的住居是极丰富多彩的，J·尼古拉苏划分了21类加以区别，也许远比分类多。比如根据骨架会建造出半圆顶形、筒形、箱形各种形态，只是用骆驼搬运有很多的制约条件。

作为膜材使用的首先有椰子叶编称为阿萨拉的席子，墙体也使用麦秆等编织的席子。兽皮是普遍的，也使用山羊皮、羊皮、牛皮，牛皮湿了就会缩水，软化后使用。

作为骨架一般使用柽柳科的木材。根部是弯曲的拱状，因此用3根组合在一起作为主结构是基本形式，其3脚有若干个排列，可以造大的

图 6-1-1　图阿雷族的帐篷

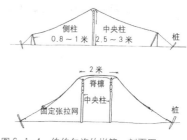

图 6-1-4　伯伯尔族的帐篷，剖面图

图 6-1-2　图阿雷族的草席帐篷

图 6-1-3　摩洛哥的帐篷

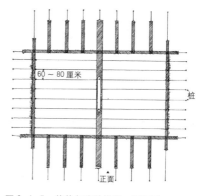

图 6-1-5　伯伯尔族的帐篷，平面图

空间。此外 T 形地梁放在中央，向 4 根隅柱拉伸也是简便的结构。也有把骨架组织到拱内的形式。即骨架的变化生成形的变化，特达族的帐篷也同样，梁柱结构中箱形的也很多。

东部的哈姆血统的诸族，维持着传统的帐篷，这里的形态是各种各样，但是半圆顶是基本形态。

图阿雷族，现在也是从事盐的生意等，卡车运输业发达，现在西非荒漠草原地带农耕民有很强的定居或半定居的倾向。

VI　非洲——259

02 骑在骆驼上的家
——朗迪耶族，肯尼亚

朗迪耶族（Rendilie）是生活在肯尼亚共和国北部干燥地域上的专业游牧民，总人口约为3万人。他们在年降雨量200毫米以下的半沙漠草原饲养骆驼、牛、山羊、绵羊，逐水草而生，过着迁移性高的生活。

朗迪耶社会有9个氏族，称作"沟布"的聚落是以属于氏族或准氏族的人们为中心形成的。聚落的基地是1家1栋环状排布，其布置与氏族的出身序列有关系，出身最高贵的居住在聚落的西侧，以其为首顺时针地布置各家住居。

聚落的周围是用刺槐等有棘刺的树枝围合的0.5米高的围墙。围墙内住房的内部有家畜棚。像骆驼、牛那样的大型家畜，使用高1.5米以上的木枝围成直径30米左右的圆形围栏，也有山羊和绵羊使用的小规模的。聚落的中心部建有礼拜场，已婚的男性们每天晚上到那里进行名为"欧楼楼"的祈祷仪式。

朗迪耶社会，有着严格规定男性割礼和结婚日期的年龄梯段，少年以集团的形式通过割礼后，作为青年战士从事11年的家畜放牧管理和聚落的保卫工作，然后经过订婚仪式，3年以内结婚，才可以居住在聚落内。即聚落中拥有住居的只有已婚者，未婚者带着家畜生活在放牧的帐篷里，放牧的帐篷不建小屋过着露天生活。

如果说家畜是男人的所有物，那么住居就是女人们的所有物，新娘在自己出生的聚落中举行结婚仪式，当天新娘的母亲和女性亲戚建造新居。新婚夫妇在聚落中住上一段后，就把新居解体，放在骆驼上运到新郎出生的聚落。

朗迪耶住居的基本骨架是由2个拱形的构架和3根柱子构成。建房时首先在地面上挖洞，固定拱状构架，底下用柱子支撑。作为墙面的细木条的一端每隔20～30厘米用植物纤维做的绳子与构架连接。这个木条的另一端与地面结合时用石头固定，这个木条的数目根据家的规模有多达30几根的，这种木条垂直地与细木条组合可以成为格子状的墙。墙的外侧用骆驼或牛皮做成皮绳固定，墙体就完成了。顶棚和上部的墙，铺上数张用肯尼亚剑麻纤维编织的长1米，宽1.5米的称作"多而贝"的席子。

图6-2-1　朗迪耶族的聚落

图6-2-3　使用骆驼搬运的家（min）的骨架

图6-2-2　家（min）

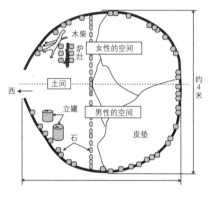

图6-2-4　家（min），平面图

这样半圆顶状的家就完成了。家的规模依据家庭人口构成的不同而不同，大的高2米，进深和面宽各4米左右。人们一般用席子的张数来描述家的大小。建造房屋是女性的工作，一栋房屋3～4个女性半天就可建成。

家的入口面西，入口左右各挂1张兽皮遮挡外部，房屋入口地面有露出的素土地面，内部的地面是在干燥的灌木树枝的上面再铺兽皮，是人们就寝和就餐的场所。从入口向内看，左半边为女性空间，右半部为男性的空间。女性一侧的素土地面上有4～6块石头排成2列的炉灶，男性一侧的素土地放有水缸等。

家的墙壁上挂着各种生活用具，牛奶容器类、餐具挂在女性空间的墙壁上，捆绑家畜的皮绳、家畜阉割使用的道具类挂在男性空间的墙壁上。由于频繁地移动，朗迪耶的家产道具类几乎没有沉重的、体量大的。朗迪耶游牧民的住居结构、建筑材料，以及家产道具类的设计都充分考虑到移动的方便。

03 叶小屋，用叶子覆盖的家
——巴卡俾格米，喀麦隆

分布在非洲中央部的热带雨林，今日仍生活着以狩猎、采集和捕鱼为主要产业的人们。他们总称为俾格米(pygmies)，身体特征为小巧的体型，圆鼻子，具有紧紧依附于森林的生活，展开以歌舞为核心的文化等共同点。在喀麦隆的东南部生活的俾格米称为"巴卡(baka)"，其人口推定约3～4万人，过去"巴卡"在森林过着游动生活，20世纪60年代开始在正式的定居化政策的影响下，现在以聚落为单位进行农耕。

但是与森林的联系依然很密切，食料、家财道具、药品等生活物资大多是从森林获取的，此外，由于要集中进行狩猎、采集，在森林中的帐篷里连续居住数月的情况也不足为奇。移动性丰富的生活方式，和唾手可得的森林的丰富资源，日用品许多都是用完即扔，因此，所有物非常少，住居也很简朴。

"巴卡"的传统的住居称为叶小屋"mongulu"，好似半圆屋顶的帐篷那样的形式。建造统一的住居（地面的直径为2.5米，高1.3米）。用作骨架的木材（直径2厘米，长2.5米）有25根之多，其上面覆盖的材料是称为ngongo，boboko的竹芋属科的叶子（长60厘米，宽30厘米）有300多张。将其固定的绳子是蔓藤，家的门使用的是香蕉、非洲生姜的叶子3、4张。家的建造主要是女性。

首先在地面沿着家的周围间隔25厘米将木头插进去，木头的前端在内侧拉紧，像编织那样互相咬合建成骨架。接着，在收集来的叶根上打眼，从离地面最近的木结构到上部盖上叶子，以防止漏雨。铺装完成后，将蔓藤类的植物纵向劈开做成细长的绳子与结构连接，将成排的叶子压实固定。最后，把香蕉、非洲生姜的叶子插在入口，就完成了。虽然住居需要数日之才能完成，但是实际花费的时间合计也就4小时。

住居内生火，备有干燥台。地面铺有垫子，放有餐具、衣类等很少的日用品。即使体型瘦小的他们也不能在小房间站立活动。没有太多的功能，也就是就餐和就寝时使用。小住居也有着自己的理由，与他们的身高以及他们的频繁的移动生活有关系，也与白天炎热而早晚又非常冷的气

图 6-3-1 叶小屋（mongulu）排列的聚落

图 6-3-3 建设中的叶小屋（mongulu）

图 6-3-2 家庭用具

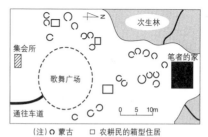

图 6-3-4 聚落的总平面图

候特征有关。气温在15℃左右的早上，树木散发出的水蒸气从森林流入，聚落被白雾笼罩。为了应对早晚的寒冷，住居造得很小，在家中的篝火旁家属就像小狗仔那样互相依偎着睡觉。

乘车沿着聚落的道路行驶，互相贴邻排布的叶小屋中，可以看到对面型布置的土墙结构的箱形住居风景。这是俾格米等生活在中非的农耕民的传统住居形态，与叶小屋的建设相比，材料的筹备、加工等非常耗费时间，但是不容易倒塌、持久性长，适宜长时间在同一场所滞留。在"巴卡"中农耕民族风格的住居建设也不乏精品，但是实际上对长年住惯了的亲切的叶小屋很难割舍，也有放弃箱形住居，再回到叶小屋住居的"巴卡"人。

当问到"为什么要回到原来"？对此巴卡人付之一笑。"因为是我们的家"，安静地伫立在大森林里的住居中，睡梦中的巴卡人发出平稳的鼾声。

04 茅草屋顶的圆形住居：
Jefor 大街排列的家
——古拉格，埃塞俄比亚

古拉格（Gurage）族是居住在埃塞俄比亚中央高地的少数民族，在大裂谷和寻开心河谷之间的多山地带营农，进入 20 世纪后他们移居城市，从事商业活动，在埃塞俄比亚的国民经济中发挥着重要的作用。

传统的古拉格社会，是由数个父系氏族构成。氏族社会由世袭的任命为首长和精通惯例的长老们以协商制的形式运营，氏族的酋长每年召开议会（yejoka），修订惯例等讨论所有氏族拥有的共同问题。从这个角度出发，可以说规范居民日常生活是长老们的职能。以每个村落为单位召开的长老会，就土地管理、居民奖罚等事宜进行磋商。

古拉格村落（ager）是由住居和其附属的自家田，以及广场、放牧地、有加利树林等构成。住居的基本样式，是在埃塞俄比亚农村随处可见的茅草屋顶的圆形住居，有着和缓曲线的大屋顶构成了其外观的特征。中央设置的芯柱以及芯柱放射性延伸的支柱，支撑屋顶的结构。

在住居的宅基地中，一般布置家庭生活的正房和接待来客用的附属房以及厨房 3 栋，一般 1 组住房为一个家庭。

正房的空间由木板墙划分为二。与玄关连接的空间是家庭成员的居室（qaqet），在素土地面上铺上席子或兽皮进行生活。这里也是就餐和就寝的空间。中央设有可以煮咖啡、取暖的地炉（mijaja）木板墙内侧不仅可以收纳餐具、席子、薪等，还可以与家畜围栏中的牛、马、山羊等相连。家畜通过与玄关不同的后门出入。附属房的规模比正房小，作为客房使用。不设家畜围栏或后门。

图中的房屋是 1968 年建的，芯柱的长度包括地下部分为 60"强玛（16.2 米）"。从芯柱到外墙的距离是 22"强玛（5.9 米）"，内部的面积为 110 平方米。"强玛"是"足"的意思，是测量房屋尺寸的使用的单位。

房屋的后面作为自家田使用，整齐地种植象腿蕉和咖啡。象腿蕉即埃塞俄比亚西南部广泛种植的芭蕉科栽培植物，从其茎部提取的淀粉可以食用。生长中的象腿蕉高达 10 米，数百棵象腿蕉葱郁的田园风光是构成村落景观的重要因素。经

图6-4-1 古拉格的住居（主屋）

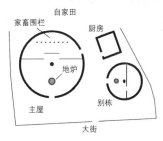

图6-4-2 基地总平面图

常对田地进行整理保持美观是家人的义务，按照惯例还会受到奖赏。

古拉格村落沿着名为jefor的道路两侧布置住居，构成独特的空间，道路的幅宽依据地形有不同，多为24.5米，或42米。住居的宅基地与境界之间设置木栅栏，道路的延长根据村落的规模来定，人口多的地域长达数千米，也有构成连续条村的，即将几个村落互相连接，为的是看上去有一个连续。

道路不仅作为村民和家畜的通路使用，也是举行长老会议、葬礼仪式的广场。还是传统赛事"干那"竞技的场地。"干那"是埃塞俄比亚正教圣诞节祭日（1月7日）举行的类似曲棍球的比赛，村里的年轻人为一组，与相邻村落的人进行比赛。

沿着道路建造的房屋和自家田的背后，是放牧的共有草场，在其外围的土地作为有加利树林、芦苇场地经营，有加利和芦苇都是为了房屋的建筑材料而维持种植，由村落的成员共同管理。

然而在首都的亚的斯亚贝巴有一名为"马尔卡托"的大中央市场，那里有从农村移居此地的数以万计的古拉格人从事蔬菜和水果的批发，进口杂货的贩卖，从经营饮食店的到古街上销售、擦皮鞋的，从事各种商业活动以维持生计。经营小买卖的商人，在店铺和仓库，以及与居住空间连为一体的狭窄的木造房屋中生活的很多，道路上这样的房屋密集。马尔卡托的居民，没有村落的社会组织，但是以储蓄和互助为目的结成居民组织，在生活上互相支援。

05 中庭和柱廊
——阿散蒂，加纳

　　加纳南部的阿散蒂族，是居住在西非的阿坎语族中的一个民族。他们的文化，缔造了17世纪到18世纪金字塔形的社会结构，阿散蒂族包括阿肯族、阿夸佩姆族、登基腊族在内统治着现在的加纳的广阔领域范围。

　　建造传统住居使用的材料，除了红土外还有竹材、酒椰的藤蔓等森林特有的材料。其典型的构成是长方形的房屋围绕中庭的形式。贵族、领主的身份越高，其氏族越复杂。

　　19世纪，家庭人口的迅速增加，演化成4个房间围绕中庭的形式。

　　一般住居的各房间面对中庭敞开。即中庭内的4面墙是称为patio的柱廊。

　　阿散蒂族的住居最重要的要素就是宗教性的表达。称作"阿波松非（abosomfie）"的仪式小屋，圣域与住居关系密切。住居内部还有称作"苏曼（suman）"的神圣空间。

　　公共空间的阿波松非与传统的阿散蒂住居的空间构成很类似，同样有着透雕和拱形屋顶，以及所谓铸型的特别装饰。

　　阿散蒂的传统住居是在黏土结构的柱础上立独立的柱子，用白灰涂抹墙面固定，上面架设用"巴巴丢阿（babagua）"木材做成透雕的屋顶。

　　屋顶结构有着明显的陡坡，也常有木材和竹子建造的山形屋顶。

　　阿散蒂传统住宅的楼板、墙壁的下面是用红土做成的，表面柔和洗

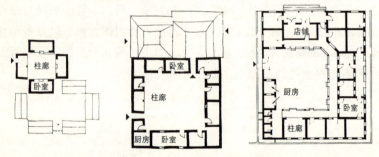

图 6-5-1　住居的平面变化，1800～1880年代→1920～1930年代→1950～1960年代

练，而且住宅墙壁的上面部分以及梁涂有白色的黏土。

19世纪末，在由工匠们普及的、抬高450毫米高差的整体墙壁结构的影响下，传统的建筑手法发生了各种变化。白灰墙没有了，酒椰铺装的屋面也变成使用木头的屋面板了。

20世纪前半叶，由于椰子的生产经济得到发展，传统的建筑构造工艺也现代化了。阿散蒂住居的整体式墙体结构成为主流。

19世纪末期这里沦为英国的殖民地，引入了组织、经济发展、文化等西洋的政策，阿散蒂的传统住居进一步被现代化。特别是1903年海岸线变为铁路，1908年引入汽车，经济、建筑给城市带来翻天覆地的变化。

水泥、镀锌薄钢板等许多工业产品出现了，这些新材料不仅有不需打理且寿命长的特点，也有着较高的社会附加价值。

殖民地政策带来的各种变化，不仅表现在传统住宅空间的构成、装饰的物理层面，也给阿散蒂传统社会带来很大的影响。这些变化是来自西洋的思想和殖民地的意识形态，给广大西非整体的传统的社会结构带来重大变革。

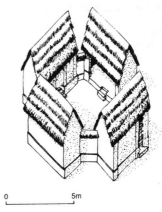

图6-5-2 19世纪的住居

图6-5-3 阿萨蒂的聚落总平面图

图6-5-4 传统的住居的中庭

06 居住单位，房屋，围墙
——西鲁克，上泥罗州，苏丹

西鲁克（shilluk）是居住在苏丹南部白尼罗河上游稀树草原的民族集团，村里人许多使用天然水，从事烧田耕作、家畜饲养、渔捞、狩猎、野生植物的采集等构成的复合产业。此外西鲁克社会有国王制度，其国王作为神圣国王的代表的故事为人所知。

在西鲁克人的日常生活中把居住单位称为"勾鲁（gol）"，它是社会的、经济的自律单位，也指家庭，在这里把"勾鲁"译为宅院。实际上他们住宿的房屋叫"欧托（ot）"，是由夫妇和孩子组成的标准家庭，在一个宅院中由2户~3户构成，丈夫和妻子的房屋分别设置，还有做饭用的房屋，其中还饲养家畜，根据房屋数灵活使用的宅院也很多。另外西鲁克的婚姻是一夫多妻制，一般家庭有几个妻子，每个妻子带着自己的孩子居住在附设在丈夫房间旁边的屋子。

在村子中可以看到的房屋是圆筒形泥墙上寇着圆锥形屋顶的圆形房屋。泥墙是在木头或用植物的茎编制成的网状骨架上涂上泥加固的。屋顶的结构是屋架上铺有2层草屋顶。

每户房屋周围，是以墙为中心围成圆形的围墙，宅院内部的地面是用含有石灰的泥土做成素土地面。在村里日常生活是传统的席地而坐，即便是今天使用坐椅的也是少数派。

房屋的内部是没有隔断的圆形空间，家财道具等通常是收纳在屋顶内部吊着的笼子里。丈夫的房屋放现金、武器弹药、砂糖等重要东西。而妻子的房屋保管作为主食的玉米等食物。围墙内设有为做饭的炉灶、为晾晒衣物的绳子和杆子、拴家畜的木桩等。

西鲁克宅院的特色是宅院和聚落空间构成有着明确的规则。以父系氏族构成宅院群的聚落呈马蹄形排列。其内部的空间是称为 dipac（聚落）的中心广场，建设共有的家畜棚，举行各种各样的礼仪、集会等，是共有的空间。

宅院通常有2个出入口，一个是朝着聚落外侧的原野，从聚落中心贯通宅院，向原野放射状的矢量，成为构成宅院空间的基准。从宅院向聚落的中心方向，右边为丈夫的房屋，左为妻子的房屋，儿子要成家独立出去

图 6-6-1 宅院全景

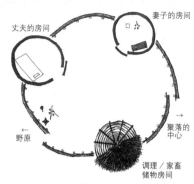

图 6-6-3 宅院平面图

图 6-6-2 建设中的墙壁

时，其宅院按照长幼的顺序在聚落外面建设（父母的房屋由小儿子继承）。

聚落的中心和原野的空间对峙，也是男女空间使用的标识。在宅院中，有着男性在房屋内部的右侧，女性在左边睡卧和就座的惯例。关于宅院的出入口，聚落中心一方的是男性的，原野一侧的是女性的。也存在男人们在聚落的中心共餐，而女性和孩子们在各自的屋内用餐的习俗。即聚落的中心和边缘，以及遵照左和右 2 个象征性的对峙，构成男女的生活空间。

宅院的建设规则，聚落具有向外侧同心圆展开的造型。取的老婆越多，孩子越多，聚落的规模越大，这是西鲁克男人的理想。然而，基督教的普及使得一夫一妻制度扎根，加上经济的理由，重婚率并不高。由于各种原因，孩子们离开了村庄，宅院数也在减少。长此以往用不了多长时间聚落就会消亡，事实上，长达 20 年以上的内战，逃离村庄以及到城市做工的家庭也不少。今天构成 1 个聚落的宅院数为 1～50 户，存在很大差异。

但是，即便剩下 1 户宅院，首先设立聚落中心然后再建设的规则是不变的。外部人一眼看不出来的其中心，向着聚落未知的未来闪烁着光芒。

07 皮帐篷,草房,土坯房,雨季的家和旱季的家
——塔玛什克,布基纳法索

塔玛什克族自称为"伊库兰"或"贝拉"的黑人血统的农牧民。以撒哈拉沙漠为据点作为图阿雷族的奴隶而存在。他们生活在撒哈拉沙漠以及南边缘地(sable)。以下是位于布基纳法索北部 sable 州黑人塔玛什克族村庄的例子。

在这里,季节明确地划分为雨季和旱季。雨季是 6 月~9 月的 4 个月时间,年平均降雨量约为 350 毫米,一年中在以野生草本为主的草原中,非洲属灌木展现出散点式的植物景观。

在这种降雨量极少的环境下,经营着以农耕、家畜饲养为主的产业,主要的栽培作物为珍珠稗、高粱、豇豆、秋葵等,饲养的家畜为牛、骆驼、山羊、绵羊。

村里对应产业周期季节性迁移居住地,伴随着这种迁徙分别使用不同类型的住居。据点的雨季住居,为防止放牧中的家畜吞食庄稼,与耕地保持一定的距离,形成散点村的景观。旱季收割结束后,大多农牧民把家畜围栏迁移到留下茎叶的耕地,建造住居,把家畜群赶到围栏中,用其粪便作肥料,归还于田。

该地所见到的住居类型有皮帐篷、草房(屋顶铺苇子)、土坯房。皮帐篷是将绵羊、山羊、骆驼的皮软化后缝成一张皮,盖在骨架上,用支柱和木桩撑起帐篷。桩的节点高度超过眼的视线,可以调节日光、通风的舒适度。骨架南北长,但盖上皮子后看上去南北和东西的长度基本一样。草房内使用珍珠稗、稻壳草本的茎秆编成的席子,蔓藤类的植物、树木的纤维系在骨架上,出入口设在东西,旱季时顶棚呈半圆顶状,雨季用稻科草本茎秆做成伞状放在上面。

土坯房是把砖瓦垒成圆筒形,上面是铺有稻科草本茎秆的圆锥形屋顶,室内用 1~3 根柱子固定屋顶。出入口设在西侧。墙很厚,夜晚降温后室内仍能保温。

住居一般都是把床放在室内中央,把收纳衣服、装饰品、炊事用具等的柜子放在角落。炉灶放在室外,家畜围栏布置在住居的附近,谷仓布置在耕地旁边。

三种类型的住居,分别对应居住地使用,雨季的住居,有宽敞的内

图 6-7-1 皮帐篷

图 6-7-2 草房

图 6-7-3 土坯房

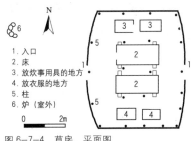

1. 入口
2. 床
3. 放炊事用具的地方
4. 放衣服的地方
5. 柱
6. 炉（室外）

图 6-7-4 草房，平面图

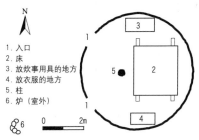

1. 入口
2. 床
3. 放炊事用具的地方
4. 放衣服的地方
5. 柱
6. 炉（室外）

图 6-7-5 土坯房，平面图

部空间，可以抵御夜晚寒冷的土坯房深受欢迎。但是建造时需要许多砖瓦、骨架用的大量支柱、固定屋顶的粗柱子以及大量劳力。与此相比草房只使用稻科草本的茎秆，不足时，还可以用珍珠稗的茎秆代替，因此没有太多劳力的寡妇、老人家庭喜用草房，而其他家庭主要使用土坯房。此外，皮帐篷作为新婚夫妇的住居，举行辟邪仪式者的住居在一定期间内使用。

旱季住居从移居开始 1～2 周使用皮帐篷，等盖好房后使用草房。皮帐篷的搭建，只要备好骨架用的材料，在迁移的耕地上，由 3～4 个女性，2 个小时就可以完成。盖上皮子后就可以搬入家财道具和家畜围栏，第二天在皮帐篷旁边开始筹备草房的材料。编成席子的茎、骨架的木材在雨季拆下来运走。有了充分的材料后，把帐篷的骨架作为基础，盖成草房，在同为移民的人们协助下完成了年长者的住居。

由此可见，产业的季节性和住居有着深刻的联系。

08 草屋顶的壶型仓库
——古尔语族，凯内多古县，布基纳法索

古尔语族位于布基纳法索的西南部，主要为居住在凯内多古（kendougou）、乌埃（houet）、科莫埃（comoe）三县边境附近的农耕民，人口约2～5万。该地域处于苏丹、萨凡纳地带，气候为年降雨量1000～1100毫米，根据当地的划分，自11月左右到3月约5个月为旱季；4月～10月约7个月为雨季。以生产蜀黍、高粱、花生、芒果、坚果等为主要产业。

住居为砖瓦结构的圆筒体，或正方形墙壁上盖一圆锥形草屋顶的形式，作为出入的开口部只有一个，且无窗户。根据某户的实测数据，开间约为3.3米，进深为2.3米。砖是将挖出的泥土放入方形模板内，成型后放在太阳下晾晒而成。屋顶是用草本植物铺成圆锥状，其顶部冠以自行车轮胎样的金属环，2根木头水平向互相穿插，房屋的出入口使用木头或镀锌薄钢板做成的门，门上装有手工锁或荷包锁。

近年出现了混凝土墙和镀锌钢板屋顶的住居，钢筋混凝土的住居与砖瓦住居相比，规模大，有2个以上的房间，而且除了出入口还开有窗户。

这样住居集中数家或十几家，形成大宅院。住居围合着清除了地面草石的庭院布置，出入口都朝向庭院。

围合庭院的建筑，除住居外还有储藏仓库、酒窖、鸡窝、宅院的出入口等，储藏仓库建筑与住居同样。也可以看到比住居略小的以及下有脚上有草屋顶的宽口土壶。后者的仓库在储仓谷物时，可将草屋顶拿开，从上面放入谷物。

宅院的出入口与圆筒形住居几乎是同样的结构，砖瓦结构的墙体上有草铺的屋顶，与住居不同的是没有铺地板，而且为了人可以穿行，细长的开口部有2个，这个出入口的内部除了作为通路还可以作为储物的场所。此外，用草本植物编的席子，围成浴场，用砖瓦做成C字形围护的厕所等设在宅院的外面。

宅院有血缘关系的集中在一起。夫妇住在不同的房间是普遍现象。男人有自己专用的房间，一人使用，而女性在其他房间和孩子们一起居住。

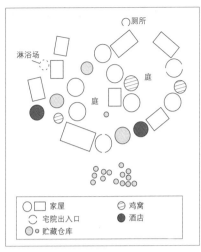

图 6-8-1　宅院 compound 总平面图

图例：
○□ 家屋　　◎ 鸡窝
⌒ 宅院出入口　● 酒店
◉ 贮藏仓库
（厕所、淋浴场、庭）

图 6-8-2　古尔语族的住居，圆形平面

图 6-8-3　土壶仓库

女性的房屋内有炉灶、操作台、炊具、水缸等，也是家务劳动的场所。女性在自己的房间内做饭，和孩子们一起就餐，晚上在家里铺上席子等和孩子们一起睡觉。而男性的房屋大半面积被顶棚上掉下来的布帘分割开，里面一间设置床。

人们在住居内的行为是睡眠、做饭、避雨，季节性就餐，白天在宅院或树荫下、傍晚宅院的庭院是他们滞留的场所。除了旱季一段时间，经常处于十分酷热的这个地域，只有一个开口部的房间内部蓄热性好，由于室内总是昏暗的，人们不会久留，相反沐浴着太阳恩惠的他们的生活中没有墙壁和屋顶存在的必要。

白天人们在宅院附近的树荫下，搬来椅子和席子在那里进行剥花生等作业、睡午觉、聊天，用餐不仅限于房屋内，也有在树荫下的。

太阳落山天气变凉时，庭院中点上油灯，人们围拢在灯下，中间摆着食物，餐后就停留在庭院，继续白天的作业，谈天说地。

旱季初的凉爽季节，房屋内留下烹饪的热气，睡觉时温暖宜人，相反如果太热时，即便到了睡觉的时间也不进屋，把席子和床从房屋里搬到庭院睡觉，或在宅院外面入睡的也有。

09 富贵的象征：入口门廊
——杰内，马里

杰内是位于尼日尔河三角洲中心的城市。该城市的发展主要得益于象征西非渗透着伊斯兰教的撒哈拉间贸易。马里帝国时代的黄金贸易支撑着撒哈拉沙漠间各种物资的流通。这些跨人种、宗教的交易，产生了不同的生活方式和宗教交流，在传统的社会内部引发了各种变化。

在杰内中庭式住居的发展上，西非的悠久传统起着重要作用，正像位于杰内的大清真寺那样，带有伊斯兰信仰和土著信仰融合的痕迹。

杰内的中庭式住居的内部大体由3个要素构成，第1要素是名为vesibule的入口门廊，其连接的私密领域象征着公共空间和私密空间的境界；第2要素是中庭，该中庭实际上是多功能的空间，是女性们以及家族祭祀使用的场所；第3要素是各居室，非常私密的领域。从入口门廊经过中庭到居室，是空间和空间秩序的阶段性的变化。

外立面是由住居内部各要素的结合来表现其特征，展现出与居民生活方式的关系。在社会上，文化上都是非常重要要素的入口门廊，其形态和个数有多种多样，入口门廊在桑海(sonrhai)族之间叫西发(sifa)、班巴拉(bambara)族之间叫做bulon，有着炫耀家长富贵和社会地位的功能。

另外，入口门廊，在居民的家庭中，装点有代表各种意义的装饰，门廊个数根据家长社会地位在变化，一般社会地位越高数量越多，门廊平面设计与外部到中庭的视线的贯通有很大关系。这一现象，依居民对私密的关心程度而定，因为他们的日常生活是以中庭为中心的。伊斯兰教的信仰，不可或缺的私密性原理，在门廊、平面构成上可以看到。

封闭的中庭，是家庭成员集合的领域，其位置、公与私、外部与内部的境界划分得十分清楚。

旧式中庭式住居，因有2个中庭并存而具特色。这个空间构成，主人与从者，女性与男性之间的居住划分是明快的，但是近年来这种传统的中庭式住居的数量在锐减。

构成新型中庭式住居的各种要素中有树木、水井。此外二层一半以上是屋顶空间，设有厕所和宽敞的屋顶花园。与中庭一样，位于二层宽大

图 6-9-1 住居的入口

图 6-9-2 中庭

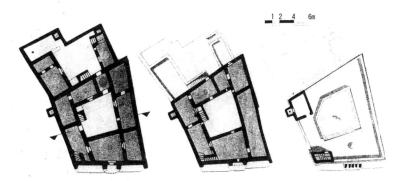

图 6-9-3 平面图

图 6-9-4 立面图

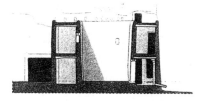

图 6-9-5 剖面图

的屋顶花园，特别是旱季期间是家族的日常生活场所。

杰内的许多传统建筑也是这样，该中庭式住居是使用土、椰子为代表的当地乡土素材建造的。但是随着工业化的推进，可使用的素材种类急剧增加，建筑材料、技术的变化，在中产阶级的住宅区和商业地域尤为显著。

10　黑非洲王都的住居
——通布，马里

在亚洲诸国建设所谓的"帝国"城市，现今作为历史名城保留下来的例子很多。但是在撒哈拉以南的黑非洲，类似的例子比较罕见。几乎所有的地域在发育成"帝国"之前就被欧洲势力瓜分了，可以说是被殖民化的历史。当然也有例外的地域。其中之一是西非的尼日尔河内陆三角洲。在那里成立了以三角洲原产的非洲稻子为食料资源和由于纵贯交易积累的财富为基础的诸"帝国"，过去的王都、交易城市作为历史名城为今天传达着独特的城市建筑的景观。其典型的代表就是通布。

通布，由蜿蜒曲折的小街道组成迷宫般的旧城和外围扩展的网格状的新城构成。作为伊斯兰世界城市的特征是有尽端路。而通布旧城范围没有尽端路，这与过去交易对手的北方马格里布的城市大异其趣。

在建筑上也显示了其特有的特征。以旧城比较富裕阶层的2层楼为例，建筑材料是沙质黏土混入植物性麻刀的土坯。用土坯垒成墙，一层部分墙厚约为60厘米，二层部分约有40厘米。当然为维持强度，墙壁越厚隔热效果越好，特别是旱季末6月开始到8月初的暑热期，可以降低白天的室温。

外墙为保护土坯不受雨水的侵害。如图中的房屋，在立面上再覆盖一层称为"阿楼陆"的带浅黄色调的砂岩石材饰面。外立面是强调水平线和垂直线的独特样式，特别是玄关门两侧设的塔门状的装饰柱有效地强调了垂直性，装饰柱也有延伸到二层的作法。

窗户为木质的双层窗。外窗上方为马蹄形，下方安装极富装饰性的格子窗。内窗为双开门的板窗，暑热期将其关闭防止辐射和热风，需要通风时打开外窗。马蹄形和格子窗的设计也许是从摩洛哥学来的。

屋顶为平屋顶，短暂的雨季到来之前用黏土涂厚防止漏雨。雨水通过从屋顶到墙面贯通的雨管排水。排水管朝着大街伸出将近1米是为了防止落雨腐蚀土坯的基础。过去雨管是用天然的椰子树干、陶器作的，现在都换成了镀锌薄钢板。

面对街道一层中央开一木制的单开门。玄关门中央上端有一铁质的

图6-10-1　正立面

图6-10-2　玄关门

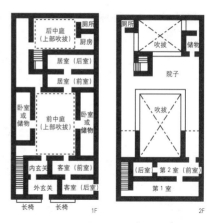

图6-10-3　比较富裕的家庭的住居平面图

圆环状门环，涂成白色几何美学图案的铁板整个贴在门面上，极具装饰性。玄关门的两侧面对街道有砖瓦砌的长椅，到了凉爽的傍晚，人们聚集在这里谈天说笑的场景历历在目。

中上阶层的家庭2层楼房的平面如图所示。其特色是以私密的允许度为基准，同样功能的中庭、房间成对地布置。

住居的中心是中庭，也是有2个。前中庭大，是接待家庭主人的亲朋好友的空间。

而后中庭，是家庭、特别是从事家务的女性们的空间。是以前中庭为中心开口的形式，布置各房间也是成对布置的。玄关门的背后，有大小2个玄关，一进门是外玄关、陌生的访客只能进到此为止。其背后的内玄关是比较熟悉的朋友通过的空间。

内玄关通向前中庭，更亲近的人旱季可以进到这里。雨季或者挚友交谈使用从前中庭进入玄关边上的客厅。这里也分前室和后室。对应着作为客厅使用的这2个房间的家庭空间，是前中庭的背后开放的起居室，作为夫妇的起居室和卧室使用。图中的前中庭的左右也是成对的2个房间，这些都作为孩子们男女有别的卧室使用。

11 棘刺林的家
——安坦德罗，马达加斯加

马达加斯加岛从非洲大陆分离后，逐渐完成了狐猴类、石龙子、猴面包属植物，棘刺林等动植物独自的进化。从中央高地到东侧，广泛分布着年降雨量达3000毫米的热带雨林。而西南部则是干燥地带，气候、植被呈现出多样性。适应这样的环境，各民族使用着多种形式的住居。

马达加斯加有马来裔、阿拉伯裔、非洲裔等18个民族。其中安坦德罗（Antandoroy）族被认为是出自非洲的民族。所谓Antandoroy意为"棘的人群"或者"棘刺森林的人群"，源于他们居住地南部为棘刺林地带。

安坦德罗的男子时常身挎来复枪，被视为马达加斯加中最勇猛的部族之一。在过去统治该岛全域的麦利纳族中也是最勇敢的抵抗队伍之一。

经营畜牧和农耕的他们，把牛视为最贵重的，拥有牛头数越多越富裕，拥有多少牛就意味着可以拥有多少老婆。

马达加斯加的主食为大米，但是在降雨量不足的水田耕作地方主食为玉米。

安坦德罗族的住居，是用马达加斯加南部固有树种Didieracea科（类似仙人掌，加强荆棘）的fantriolotsa、叶兰建造。Fantriolotsa是适应南部的干燥地带而进化的树木，没有小树枝，树枝粗大带刺，叶子长2～3厘米，肉厚，为防止干燥，直接从树干或树叶中伸出，纵向生长。经年累月的个体树干木质化。大的树木直径达1米以上，高达20米。木材还可以用作薪炭的材料。

住居为硬山式屋顶的平房，规模纵向约为350厘米，横向约为260厘米的长方形，高达300厘米。宽20厘米的fantriolotsa的板材扎成捆铺装屋面、墙体和地面等。支柱是名为trilonga的硬木做成，住居下面是在芸苔属科十字花科的keleon做成的板材上打洞，插入fantriolotsa板材。也有只有屋顶没有墙的建筑，用来饲养鸡或山羊。过去大的fantriolotsa板材可以在附近的森林中采集，现在很多是要到很远的村庄去购买。

住居内的墙板之间留出空隙，不密封。因为年最高气温达40℃以上，这是该地域应对气候的智慧。通常在户外烹饪，有时也在室内炖煮。室

图6-11-1 安坦德罗的住居，外观

图6-11-2 安坦德罗的住居，内部

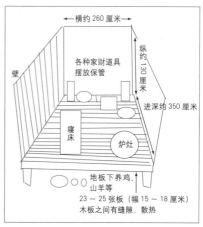

图6-11-3 安坦德罗的住居，内部透视

内放有锅、碟子等用于煮炖的器具、衣物收音机等，所有财产都放在一个房间内，也有放床的。为了防鼠害，抬高地板的小型仓库也是同样使用fantriolotsa板材建造，也储藏玉米类谷物。

南部的曼德拉河畔居住着十几户人家。村中有称为kily的豆科光叶马鞍树的罗望子的大树。Kily的果实可使用在甘蔗做的蒸馏酒中，果实化成水可以做果汁，树皮可以做药材，饥饿时，也可以混入灰进行加工的作为非常时期的备用粮。安坦德罗族的村庄是少则5～6户的聚落。静静地伫立在干燥的有刺林中，这种聚落多有kily这样的大树。除了kily，还可以从附近干燥棘刺林中采集药、食物等多种植物。

由于木材、薪炭的需要森林砍伐，以及火田，南部的fantriolotsa森林不断减少。有如成人腰粗的fantriolotsa越发难觅。据说在马达加斯加岛内，正在减少的森林面积每年达2000公顷，这样下去，约20年后所有的森林就会不复存在。特别是南部的干燥地带，fantriolotsa森林一度被砍光，再度恢复是相当困难的。安坦德罗族的祖先来到该岛，长年累月完成的南部特有的fantriolotsa之家的前景不容乐观。

12 宅院（egumbo），迷宫般的院落住宅
——奥万博，纳米比亚

从安哥拉南部到纳米比亚北部居住着班图语系的农牧民奥万博（Ovambo）。奥万博的居住领域属于年降雨量400～500毫米的半干燥地带，大部被贫瘠的卡拉哈里沙漠所覆盖。是以唐人裨石为主要农作物、靠天然雨水农耕和畜牧为主要产业，住居的周围设置常耕地。

奥万博的住居是由宅基地周围的围墙（ongandjo）和其内部设的若干房屋（ondunda），以及界定它们的栅栏构成，呈现出迷宫般的复杂形态。奥万博人将包括这些内容的宅基地整体称为宅院egumbo。

院落围墙是将直径5～10厘米，长1.5～2米的圆木垂直地埋入地下，没有间隙地排列而成。访问奥万博的住居时，首先映入眼帘的是院落围墙，整齐排列的圆木让人感觉到一种质朴的气息。过去围墙的形状是圆形，现在是以边长20～30米的方形为主流。

奥万博人住居是在直径2～3米，高1.5～2米的圆筒状的墙体上架设三角锥形屋顶的形态，内部空间不加以分割。首先决定入口的位置，从两边把直径5～10厘米的圆木画圆式地立在地面，作为墙体，上面是直径3～5厘米的树枝编制的三角锥形屋顶，屋面材料是稻科的草本植物。绑扎树枝、连接屋顶和墙壁的是使用切割成细条的兽皮或椰子叶做成的绳子。

房屋根据用途把住居分成几类，相当于卧室的称为ondjugo，客人留宿的称为oshinyanga，磨面用的称为ompale，做饭用的称为esiga等。每个房屋墙上使用的圆木根数都不同，卧室是圆木无缝隙地排列，而做饭或平日放松的场所圆木的间隔拉大，以优化通风。

宅基地内复杂地遍布着房屋。其内部用栅栏界定出几个区域。在宅基地内分男性空间和女性空间，炊事以及放置物品的房屋建在女性的空间。此外，奥万博社会是一夫多妻的婚姻形态，拥有几个老婆的家长住居，在每个老婆的区划范围内分别设置卧室和炊事用的房间。在宅基地的中央附近设广场，作为家人聚餐、接待来客的场所使用。在宅基地中选定可以提供日荫的树木繁茂的场所，树木的下面设置广场的较多。

图 6-12-1　宅院 compound 的围墙

图 6-12-2　房屋 ondunda 的骨架

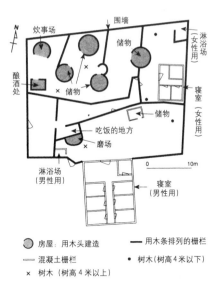

图 6-12-3　宅院，平面图

奥万博把具有不同功能的若干个房屋集约在围墙内，内部用栅栏划分，建造像迷路般的宅院。这种形状也可以防止他人的侵入，也是基于规模越大、越复杂越是豪华住居的价值观。住居建设需要大量的木材。包括奥万博居住领域在内的南非南纬17度附近，带状分布着名为"莫便尼（白紫檀）"的豆科树木 colopbospermum mopane 的丰富植被。莫便尼的树杆十分坚固，可抵御白蚁的侵害，因此是作为建筑材料的珍贵木材，也是支撑奥万博人生活的重要资源。近年，由于砍伐，适合作建筑材料的"莫便尼"锐减，筹备困难，住居的规模变小。现在该地域使用自产的椰子和 ypbaene petersiana 的叶柄等其他树种维持传统的住居形态。

另外也可以看到购入水泥、镀锌薄钢板的，使用混凝土建围墙、房屋的。目前几乎所有家庭都拥有混凝土建造的房屋，原有的住居和混凝土住居混合的形态。特别是由几个房屋集合的混凝土建造的建筑内设卧室的家庭增加了，传统住居的数量在减少。此外也出现了不再设置划分内部的栅栏的现象。奥万博的住居倾向于规模萎缩、简化、退化。憧憬着新住居人增多，在地域周边的生态环境、社会、经济环境发生着变化的大背景下，传统的宅院也面临着历史的转折期。

13 草敷半圆屋顶（indlu），围绕中庭的家
——祖鲁，南非共和国

祖鲁族，是居住在南非共和国东部的大部族，10世纪～14世纪从东非南下，到达现在的地域。19世纪初，沙卡（shaka）国王（1787年左右～1828年）时代组织了有实力的军队，形成了王国。1830年荷兰血统的开拓者布尔人（afrikaner非洲南部荷兰人后裔）从好望角殖民地出发开始了大迁徙（后世称"大迷航"），与祖鲁族发生了冲突。1838年，安德里斯·比勒陀利斯 A pretorius（1799～1853年）率领的布尔军"浴血奋战"，但不幸战败，成为弱势。进而1879年又被英国占领。现在以夸祖卢州（那塔尔）为中心居住，饲养牛、羊，以及进行农田耕作。由于英国统治的影响，基督教徒很多。

祖鲁社会的传统是一夫多妻制，与外婚父系氏族分开，各氏族的圆形住居环状排列构成。各住居围绕的中间部分isibaya（中庭）饲养家畜。男性没有可称为住居的场所，一般为走婚。

祖鲁族的住居称为indlu的草敷半圆屋顶型，主要结构是垂直相交的2根拱构成。骨架由男人组装，而住居建造几乎都是女人的工作，包括水平构件的组装、屋顶敷草只有女性来做。用草编成草环，与构架连接的铺装方法是一般做法。也有代替草料用树枝编入构架的做法。

与小屋周围数厘米的较粗的小草和小树枝编成的圆环（umphetho）连接，以加固骨架。然后将草网（izintanbo）从小屋的顶端放射状地垂落，每隔15～30厘米距离与圆环连接，环网与骨架水平连接，最后用草席卷成圆柱状做顶饰。由于近邻的恩瓜内（ngwane）族采用各种图案进行铺装，受其影响祖鲁族的铺装方法也在变化。

住居的入口是高1米左右的拱状，因此只能弯着腰进去。入口用坚硬的兽皮作门，近年来也开始使用带合叶的木门。住居的内部，进门的右侧为男性，左侧为女性的领域。地面装饰使用的是用牛乳和泥混合的涂料，也有使用混入牛血，用石头擦亮的。从入口到里面的三分之一的位置有用泥饰边的圆形凹槽是炉灶。炉灶两边称作iaimpundu，盛满埋入支撑水平构件的支柱的泥土。大规模的住

图 6-13-1　祖鲁族的宅院

图 6-13-2　半圆屋顶

图 6-13-3　被装饰的住居入口

居，也有使用 9 根支柱的，其骨架上面称作 Ithala，由于充满了炉灶的烟灰，可用于保存玉米，炉灶的周围有浅穴，用来放置底部球状的烧饭锅。住居的内部，有用泥土划分的领域，是保管锅等炊具的地方。

对祖鲁族来说最重要的是家畜，牛棚是男性的领域。牛棚的下面是玉米储藏库。内部直径为 1.2 米，中间变细的地方为 30 厘米的葫芦状洞穴，放入玉米后，用平石封口，糊上牛粪用土盖上。近年来受到建造"圆筒墙壁——圆锥屋顶"型住居的其他民族的影响，祖鲁族也有建造"圆筒墙壁——圆锥屋顶"型住居的。这是在抹泥的圆柱墙上盖上半圆顶的草屋顶。然而最近"圆筒墙壁——圆锥屋顶"型的住居成为普遍。而且在圆柱壮的泥墙上面安装购入的预制

图 6-13-4　有炉灶的住居内部

的钢架屋顶。

随着从食用生肉、冷冻牛乳转向谷物等饮食生活的变化，过去的牧草场变成耕田。由此传统的建筑材料越发不足。建筑材料采用工业产品后，住居平面出现了从圆形向矩形变化的倾向。饲养的家畜也从牛转向羊，中庭也有缩小的趋势。把牛视为财产而成立的一夫多妻制也不得不向一夫一妻制变化。

Ⅵ 非洲　　283

14 开普敦样式
——开普敦，南非共和国

派恩兰兹位于距开普敦城市中心约5公里的地方，是约1000公顷左右的住宅区，出自于开普敦的实业家R·斯坦福的构想，他受到1910年代E·霍华德的田园城市的理念的启发。

在斯坦福的出资下1919年设立了"花园城市托拉斯"非赢利团体，政府无偿提供给托拉斯郊外基地。后来在代理机构派恩兰兹开发公司PDC的帮助下顺利实施了规划。

经过设计竞赛，J·佩里的方案拔得头筹，英国的R·安文（Raymond Unwin、1863年～1940年6月29日——译者注）败下阵来。1919年，经过安文的推荐，担当规划设计的是横渡南非的在英国安文和paka事务所担当过莱奇沃思（letchwerth）等项目工作的A·J·同普斯（Thompson）。同普斯的规划方案采取了以公园为中心放射状地伸展的街道、尽端路的城市形态，围合型的街区，这是因袭安文流派的规划手法。

派恩兰兹的初期规划地点与莱奇沃思同样，是一片茅草屋顶点缀的景色如画的景观。草铺屋面是20世纪初派恩兰兹唯一被允许的项目，但是由于有火灾的隐患，很快就停止采用了。另一方面，与莱奇沃思等不同，这个项目全部是以1户1栋为前提规划的，没有采用带给住宅区变化的2户1栋、平房等。此外称作"开普敦样式"的带有大封檐板的住宅也是特征。

这些特征也是18世纪开拓了开普殖民地内陆的、英国统治后本土化的荷兰后裔的白人后代、主要从事农业的布尔人的农宅特征。也可以说是温贝赫（wynberg）、帕尔（paarl）、斯泰伦博希（stellenbosh）等开普的内陆农宅的缩写版。显而易见是受了英国的直接影响，同时，派恩兰兹的住居采用了本土化了的布尔人的建筑语言。开普敦样式的封檐板大体分为4类，在荷兰殖民地时期的内陆农宅是富裕的象征，因此与住居规模相比多少有些失衡的封檐板，竞相地安装在住居的正面。

此外，在平面形式上，开普地方农宅也采用了发展了的独特元素。从原先的矩形、L型平面发展到旧宗主国荷兰未曾有的T型独特平面。荷兰也有T型平面，但其T字的横道的面阔狭窄的一方是正面入口，而

图 6-14-1 开普敦样式的住居

图 6-14-2 派恩兰兹开发初期的茅草屋顶的住宅

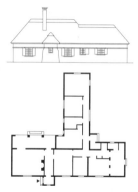

图 6-14-3 T形平面的住居，平面图、立面图

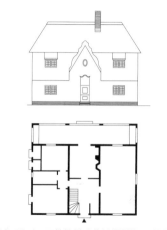

图 6-14-4 开普敦样式的封檐板住居，平面图、立面图

开普地方是长边方向的正面有入口。而且还追加了房间，向U型、H型拓展。根据派恩兰兹的T型平面的实例，"T"字上面的横道的长边正面有入口，左右分别布置起居室、厨房、佣人房。"T"字的脚下布置卧室。

这些茅草屋顶、正面封檐板、变形平面之特征，是1750～1830年在开普地方农村确立的形式。

"花园城市托拉斯"，是在派恩兰兹以后进行的住宅区开发，其活动一直持续到现在。受其田园城市运动的直接影响，现在仍在持续地展开工作的现状在世界上也是罕见的。

派恩兰兹是远离高密度城市的郊外高级住宅区。现在，富裕阶层更是向郊外移动，空房显著。白天行走的人几乎看不到，虽然有车站，但使用铁路的主要是白天要去工厂上班的黑人工人。

column 11　　　　　　　迷宫卡斯巴

　　从东面的伊朗到西面的摩洛哥伊斯兰城市的构成是迷宫式的，其中摩洛哥诸城市其特色更加突出。在菲斯、马拉喀什等旧城区（麦地那）游走，如果没有很好的方向感，没有导游是很困难的。一旦进去就很难走出来。麦地那由高墙围合，虽可以看到围墙，从噪声也可以判断外面是宽阔的道路，但就是不知道如何到达出口，让人不寒而栗。

　　迷宫式平面的基本型为漩涡型，即适当设些尽端路，绕道沿着漩涡曲折伸延，但是迷路不是迷宫，并不一定都是漩涡状的。

　　如浏览一下马拉喀什的城区图就会发现，没有十字路口，都是三岔路，而且都是在50米见方的宽阔地插入里弄（小巷）形成三岔路，这样逐渐扩大的宽阔地方与无数的环状路连接构成整体。就像俄罗斯的套娃，全部掏出来随机地摆放在那里一样。即大小规模不同的迷宫式街区就有如套娃状布置。这里不把麦地那的住宅作为问题，而就摩洛哥住宅进行记述时，首先不得不涉及迷宫状城市空间，因为这个城市空间构成的特征决定了住宅形式。

　　在摩洛哥沙漠突然拔地而起的聚落被厚而高的墙包裹着。就像要塞那样，其巨大化成为城堡城市，称为 ksar（要塞），仿佛是马拉喀什等城市空间的原型，换句话说就是马拉喀什、菲斯等城市是 ksar 的集合体，严格的意义上讲并不一定都是这样，作为一种印象应该没错。

　　卡斯巴不是摩洛哥的平均住宅，是构成 ksar 的一个单位，但一个单位就是城郭。卡斯巴的最小规模为15米见方，由三重的同心方构成。是三层的四方塔，三重同心方的最里侧是2米见方的光塔，被8米见方的大厅环绕。再由最外侧的宽2米的走廊状房间围绕，只是墙是厚80厘米的土坯砖，除此之外宽度和广度是正统的空间尺寸。一、二层基本上是同样的平面。三层外侧剩下走廊状空间，大厅的上部平屋顶的光塔到这里结束。如果只是这些是一目了然的，但是进入内部空间，绕空间一周就是迷宫。其中楼梯发挥了重要的作用，从一层上到二层是走廊状空间角落的折回式楼梯，楼梯到此为止。走廊状的空间围绕着大厅划分有4个狭长的房间，各房间不从大厅出来就进不去。而且其大厅中间是光塔组成的回字形平面，在出入外部 4个房间中会完全丧失方向感。通过大厅一角的楼梯到三层。到中庭型的屋面围绕4个狭长房间下去时，就会完全忘记下一个楼梯的位置，通过这个方向感的丧失和楼梯的间断做出迷宫的效果。

图1　卡斯巴，远景

在卡斯巴的四角耸立着塔，这4层高的塔屋是望楼，随着往上走逐渐变细，摆脱了单调的造型，这四个角的塔在各层是房间，因此越是一一仔细辨认方向感的丧失就越发严重。一、二层都是9间房间，三层是8间，看上去是简单的方盒子空间竟然有26间房间，加上光塔是27个房间拥挤不堪。约达640平方米，按日本的大型住宅200平方米计算是3套住宅的量，房间数27个也不是太多，200平方米的住宅可以布置10个居室。问题是单调的盒子型空间有27个房间套叠在一起，从外观上难以想像，而进入内部有狭长的空间，有四方的空间以及中间有光塔的客厅3种类型的房间相互重叠，空间体验者在内外空间产生的认知落差很大。

卡斯巴与其说是住宅更接近于宫殿，不如说承担着城郭的功能，针对外来者的迷宫效果肯定是出于对外敌的防御。

不知应该称作是迷宫效果好还是空间效果好，特别是卡斯巴的内部不可思议的尺度变化，集中在开口部，环绕着走廊状的狭长房间的入口，光塔的开口等很低、很小。就像小人国的门窗，正因为这样处理，房间显得很宽大，这也是诱导空间体验者产生错觉。很难加以详细描述，就像密画画家埃舍尔手中的建筑，楼梯上下反转方式等，越看越感觉大小不同各种空间的特技，让人质疑卡斯巴到底是不是住宅。但是它的确是住宅，除了一层出入口以外一律没有开口，明确地表示这里是要塞。但是二层以上是住居空间，三层围绕中庭的房间之一也用于家畜，在这里饲养山羊等。外出时使用楼梯下去。

此外这个卡斯巴构成不是一栋，一般连着2、3栋，多则有100栋以上的，成为巨大的集合住宅，这个集合住宅的要塞就是ksar。当然也有由几个单位平面集合形成大规模的卡斯巴的，可以称为宫殿。

以上介绍的卡斯巴、ksar在摩洛哥中也是特殊的住宅形式，马拉喀什、菲斯的麦地那中的住宅和这些不一样，但不是完全不同的，卡斯巴、ksar是这个国度的住居，应该是城市的原型。

图2 缩小的开口部

卡斯巴、ksar集中的地方是摩洛哥中以瓦尔扎扎特为中心的中部山岳地带，平地也是沙漠，因此ksar是绿洲。这里的聚落要塞化一定有着其深刻理由，特别是民族间争斗不断的地域，而且没有可以形成大城市的富足，所以没有成为像马拉喀什、菲斯那样的大城市。

图3 仰视光庭

那么马拉喀什、菲斯的麦地那的住宅是什么样的呢？参照今村文明《漫步迷宫城市摩洛哥》(NTT出版)，将我所看到的住宅追忆如下：

今村在菲斯《废墟的家》中介绍的豪宅，与我在菲斯麦地那的迷路中看到的一样。有一扇门与道路连接的走廊型玄关和围绕着中庭的回廊，狭长的房间呈口字形围着回廊和中庭。这是二层的建筑，二层也是回廊和狭长的房间呈口字形围绕中庭，狭长房间的一层为厨房，一般老夫妇等高龄者使用，二层的房间是晚辈们使用。

平面形式是光塔和大厅围绕中庭，三层的中庭和围合它的狭长房间的关系是一样的，由于是城市住居没有家畜，因不是要塞也不需要四角的望楼。ksar的全体人员就是战士，在大城市另建有军队保卫市民的城郭。即便如此，看一下菲斯的这个豪宅，其原型很可能为卡斯巴。比它规模小的住宅明确表明了具有卡斯巴的原型。也是2层住宅、也是口字形狭长房间围绕大厅，二层为上部挑空的大厅回廊，狭长的房间口字形围绕。今村介绍的例子中二层有一面没有房间，而我实地看到的是口字形构成。

口字形围合中庭是美索不达米亚以来中近东的住居形式，这样可以无限地把家与家连接成大聚落，但是这样连接的结果没有道路，入口是在上层，从那里下来就是住居空间。每个住居规模都不一样，把它们连接起来是不规则的平面，这是产生迷宫的底图。伊斯兰在干燥地传播宗教，中庭型是干燥地的住居形式，伊斯兰城市迷宫型也是顺理成章的，但是其中摩洛哥诸城市的麦地那的迷路性也是显而易见的，其原型还是卡斯巴、ksar的要塞建筑，要塞聚落与原型不无渊源。

麦地那、ksar、卡斯巴共同特征是平面、剖面构成都是"三岔路"、"尽端路""不整形"。请参照图进行解读。

1. 仓库
2. 谷仓
3. 麦秆仓库
4. 居室
5. 卧室
6. 厨房

图4 卡斯巴，二层平面图

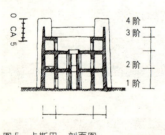

图5 卡斯巴，剖面图

column 12

领域的单位
——撒哈拉沙漠的复合型住居

撒哈拉沙漠的游牧民图阿雷格族，是在7世纪到11世纪由于阿拉伯入侵北非，被赶到撒哈拉沙漠中南部的。

游牧生活始于寻求家畜的牧草的迁移，逐渐成为交易的承担者或信息的传播者发挥作用。渐渐确立了沙漠民族的地位，基于传承下来的贝多因族的封建制度的基础上确立了阶级制度。

过去搭建临时帐篷是使用适合于迁徙的羊皮，这是为了遮蔽强烈的日照，在沙尘暴中可以伏身在地的创举。

但是分布在撒哈拉沙漠南端的图阿雷格族住居，混入了定居形的居住形式。从尼日尔的阿加德兹向南广泛分布的其他许多种族形成了复合型住居（居住领域），其中建造了若干的小屋。

图阿雷格族在这里同样通过像围棋子那样分散布置小屋，把家畜和人的场所分开，根据生活产生分化领域。与周围的荒地形成对比，复合型住居内部打扫得很干净，居住领域与周围界限分明，其本身就对外宣称了其领域范围。

这种复合型住居并不是所有的人都建造，只设置小屋的、或者复合型住居周围不建围墙的也不乏其例。

即使是盖一个小屋，也会把周围一圈打扫干净，圈绳定界式地明确强调地盘范围。

复合型住居的内在相当于主屋的称作"伊汉"的大帐篷中，有如刺绣图案般的编席铺满整个室内，洋溢着与沙漠荒凉的风景完全不同的温和气氛。只是有屋顶的遮阳棚随处可以看到，其阴凉是睡午觉、团圆的最佳场所。

但是为就寝的最小单位是有着同心圆平面的小屋，烹饪、储藏、休息、就寝等根据不同的需要自由分配。

小屋的建造，由身着黑袍的妇女们共同作业，约2天的工夫就可搭建起来。在前面摆放睡床兼坐具的方形板凳的住居最小单位就完成了。

图1 女性们建造小屋

lecture 9　英国殖民地的邦克楼

■ 中庭式和阳台式

由墙壁或房屋围合的中庭使住居形成非常私密的、封闭的内部空间。而在建筑的周围（或一部分），没有墙只有屋檐以及只有柱子的半户外空间的阳台是向外开放的形态。

中庭式住居在古今中外，作为城市的集中居住形式普遍可以看到。为确保私密，对外封闭，同时又可以享受通风、采光，是非常合理的住居形式。另一方面阳台式住居也可以得到阳光和通风，建筑的墙可以遮风避雨、阻挡日晒，是良好的住居形式，特别对热带地方来说更有实用性。18世纪，处于英国统治下的印度发展起来的阳台式住居称作邦克楼（bungalow，出檐深，在正面有阳台的平房，木制小房——译者注）。

■ 邦克楼的起源

所谓邦克楼或邦克楼式住居，是指建筑的外围有阳台，整体由倾斜的大屋顶覆盖的平房。据说是以英属印度孟加拉地方有短檐的土著住居为范式确立的。也有学者认为是从英国军用帐篷发展到使用木材和茅草更有耐久性的建筑，还有学者认为完全是英国人独自的发明。

A·D·秦古（A.D king）在其著作《The Bungalow:The production of a Global Culture》中断言：俯瞰大英帝国殖民地，英国对印度的统治成为邦克楼式住居的起源，邦克楼是通过大英帝国的渠道，19世纪再输入到英国，并在北美、非洲、澳大利亚普及，这种住居形式与邦克楼的词汇一起包括日本在内，在世界流行。

根据1886年由Yule和Burnell编著的印度英语（Anglo-indianEnglish）词典hobson-Jobson的解释，其语源为北印度语、梵语的bangla，原意为"孟加拉地方，孟加拉风格"。这种把殖民地统治作为起源的词句并不稀奇。Kampung是源于意为马拉西亚村的Khaki，tank也是如此，另外阳台（veranda）一词也有着来自梵语、葡萄牙语、波斯语等各种起源说，至今没有定论。

图1　孟加拉地方的住居

■ 北美

A·D·秦古在上述著作中分章节进行了论述，即印度1600～1980年，英国1750～1890年，英国1890～1914年，北美1880～1980年，英国领内1918～1980年，非洲1880～1940年，澳大利亚1788～1980年，考察了大英帝国领地内的邦克楼的展开。18世纪在印度发展起来的邦克楼，再输入到英国。作为优秀的热带住居，通过大英帝国的渠道作为殖民地白人的住居在世界各地普及。

图2　美国的乡村农舍

图3　非洲的班加罗

在北美，邦克楼不仅是作为余暇目的的简易住宅采用，还与洛杉矶等郊外住宅区的形成有着密切关系。1860～1910年美国城市化进展迅速，南北战争以后，作为夏季避暑地开发的芝加哥近郊等地开始建造别墅。20世纪80年代这种国内的潮流与来自英国大量资本流入美国的世界经济潮流一拍即合，邦克楼同时被传来。1880年居住在芝加哥的业主在东海岸的Cape Cod建造的别墅是美国最初称为邦克楼的住宅。

在北美将夏季别墅变为永住住宅的是在20世纪初。19世纪后半受鼓吹回归自然的Thoreau以及英国的艺术与手工艺运动的影响与自然共生的思想在美国传播。那以后1920年教堂、学校也开始流行邦克楼样式，1930年随着地价暴涨逐渐被集合住宅所取代。

■ 非洲

在南非，19世纪初已经有带阳台的住居样式存在，最初使用邦克楼一词是19世纪末。基于亚洲热带殖民地的250年的经验，为应对疟疾、炎热气候在非洲白人们也采用邦克楼形式。

19世纪初的邦克楼与来自美国、澳大利亚的没有多大区别，1850年以后为适应热带非洲的气候进行了改良，将基础抬高，增加了顶棚换气等，为白人建造热带的住居样式是当时人们热切关心的事情，1860年皇家建筑师协会RIBA研究了其理想状态。邦克楼在第一次世界大战前英国的敌国德国，也作为热带地区优良住居形式在东非的殖民地被积极采用。

■ 奥地利

在奥地利，从18世纪到19世纪初迁入时，由于缺乏砖瓦等防水材料，一般住宅采用了防止强烈日晒和避雨的大屋檐。这种形式被称作"殖民原始"，是奥地利殖民地住居的原型。

据A·D·秦古论述，邦克楼一语在奥地利首次使用是在1876年，奥地利的阳台式住居由迁入初期的"殖民原始"发展而来的，以及19世纪末以后从英国、美国直接传入的两个脉络。A·D·秦古还指出奥地利的邦克楼特征为"一个家庭（居住），平房，独立住宅，屋顶坡度和缓"。

■ 在日本的展开

1908年（明治41年）清水组的总工田边淳吉在西澳大利亚的邦克楼式住居中探索作为日本中产阶级的住宅模式。田边之所以对澳大利亚关注，是因为阳台可以比作日本住宅的外廊，木结构、深挑屋檐等与日本住宅类似，其规模也很合理。而且当时正针对原有住宅的各房间非独立性的问题，展开了住宅改良运动，日本正处于现代化中。而现在正面评价较多的传统住宅所具有的"虽隔而开敞"的弹性空间的特征，正好与重视现代生活的思想形成对立。

田边在《建筑杂志》上介绍邦克楼的转年是1908年，移民美国独树一帜的桥口信助从西雅图带回了组合住宅，随即设立了名为"美国屋"的专门从事住宅的设计、施工、销售的公司，然后作为中产阶级的住宅形式，以风土类似为由采用了美国的、特别是加利福尼亚邦克楼形式。当时的建筑有关杂志大量刊载邦克楼主题，被广泛接受。大野三行的《邦克楼式样的明快中流住宅》（大正11年），远藤於菟的《邦克楼别墅》（昭和4年）等类书相继编辑出版。作为日本的中产阶级郊外住宅的模式给予邦克楼以明确的定位。

但是实际上也有与这个明治末期加利福尼亚邦克楼的流行完全不同的脉络。从幕末到昭和初期的外国人居留地建造的阳台式住居也叫邦克楼，最著名的是长崎的格洛弗宅邸（1863年），从印度向英国再输入的邦克楼随着英国从东南亚、进入到香港、上海等东亚地区，与各居留地留驻的格洛弗等英国人一起在日本登陆。

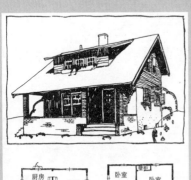

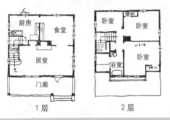

图4 邦克楼式住居

VII

北美洲

北美洲

由美利坚合众国，加拿大构成的北美各国作为"国家"的历史，是与欧洲来的移民同步开始的。当然，欧洲移民迁来之前的该地域，是现在称为美洲土著民的亚洲裔人群居住的。具有这样历史背景的北美，究竟什么是他们的"乡土"住宅有很大争议。但是奠定现今北美住宅基础的是 17 世纪以后移居这里的欧洲人以及后来以各种理由迁来的亚洲人的住宅。在此不是只局限于美洲土著民的住宅，也把移民的住宅作为美国乡土住宅的实例来论述。本章中介绍了 1) 爱斯基摩人的雪屋; 2) 加拿大的 tepee; 3) 美国东北部荷兰裔移民建造的砖瓦住宅; 4) 密歇根湖周围带有特色仓库的农场建筑; 5) 大草原地域的德国裔移民采用轻捷结构的住宅; 6) 路易斯安娜（州）现在还保留的克里奥尔住居; 7) 雅利桑那州新墨西哥普韦布洛的印第安住宅; 8) 太平洋／西部地区的长屋。除此之外，北美还有美国土著民的南非克鲁格等趣味盎然的实例。

还有本章尚未涉猎到的北美孕育的住宅形式，即移动住宅 (mobile home)。移动住宅目前在美国占 25%，北美独特样式的移动住宅也是北美的乡土住宅。在北美除了移动住宅外，还产生了函售的住宅，作为轻捷结构的代表预制住宅等各种各样的"可移动"的住宅形式。在可移动建筑设计上有名的巴克敏斯特·富勒也是美国建筑师。除了这些欧洲人移居后开发的住宅外，还有爱斯基摩人的雪屋以及 tepee 等美国土著民住宅也是可移动的住宅。

北美人从欧洲向新大陆，继而从东海岸向西海岸开发，经常处于迁徙中，19 世纪向边境迁徙时把称作"幌马车"的交通工具作为住居使用。对这种迁徙生活，现代美国人怀有某种憧憬和尊敬的心情，一到休假就去享受野外的帐篷生活。此外即便物理地移动住宅本身的情形不存在了，美国人仍结合人生的生活舞台不断更换住宅。因此思考北美住宅时"移动"是重要的关键词。

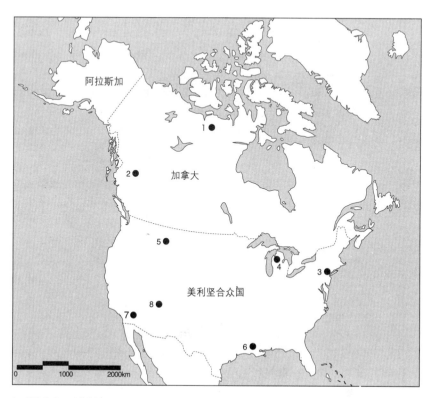

1 爱斯基摩，北极地区
2 土著美国印第安人，加拿大
3 哈得逊，美利坚合众国
4 密歇根，美利坚合众国
5 大草原，美利坚合众国
6 路易斯安那，美利坚合众国
7 普韦布洛印第安人，美利坚合众国
8 科罗拉多，美利坚合众国

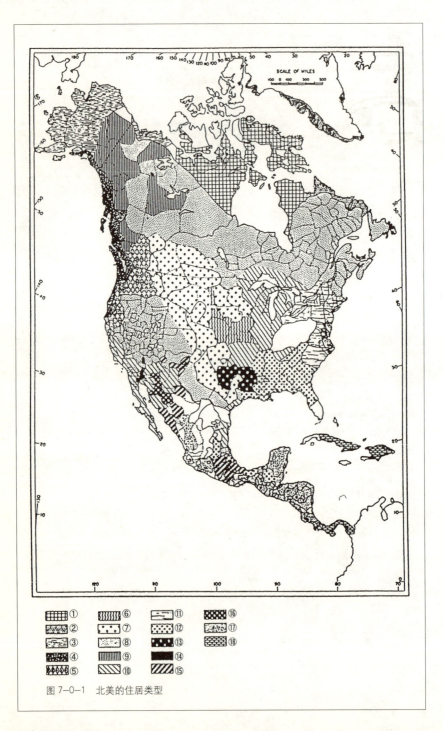

图 7-0-1 北美的住居类型

01 伊格鲁,雪屋
——爱斯基摩,北极地区

从白令海峡地域到阿拉斯加,加拿大的北极海沿岸,以及拉布拉多,格陵兰岛,森林边界以北的冻土地带,是几乎可以称为永久冻土带的北极地区,在那里居住的采集狩猎民被称为爱斯基摩人,属于新蒙古族,由北美驯鹿/爱斯基摩(karibuesukimo,加拿大)和纽玛纳特(Nunamiut)/爱斯基摩(阿拉斯加)等诸民族构成。其名称是来自于阿尔贡金血统的印第安人的阿布纳基语和奥吉布瓦语的"食用生肉的人"的语源,但是加拿大的爱斯基摩人自称为纽特 inuit,现在公共场合也使用 inuit 的称呼。

爱斯基摩人基本的社会集团单位很小,也有像西北的阿拉斯加那样为了捕获鲸鱼,组成了强大的劳动集团,但几家构成是普遍的。海豹和驯鹿的肉用架在石灯上的土锅炖煮,或用刀子切碎生吃。传统的衣服都是毛皮制品。鲑鱼、鲑属等熏制品,海豹的脂肪等作为保存食品,植物性的食料仅限于野草莓等。

一般爱斯基摩人的住居称作伊格鲁,一提到伊格鲁让人联想到"卡马库拉"(秋田县旧历正月15日晚上为孩子们做节目做的雪屋)利用雪块造的家,实际上只是一部分爱斯基摩人造的,为什么是雪屋,因为狩猎海豹,每隔几天就要移动。雪屋很快就可以建造起来,可以说是一种临时住居。将积雪切成约1米×0.5米,厚30厘米的雪块,堆成圆顶状即可。入口部分有圆筒形的,也有平屋顶的,但基本上是连成半球形的房间。房间的高度一般不到2米,即身高可及的范围,一般在里面是垂足坐。平面各种各样,为了除风,入口的方向与隧道的轴线错开,一般在最里面床和长椅设在高出一阶的地面上。地面和墙体使用除湿冷的毛皮铺装。

建造雪屋是因为建筑材料只有雪。有流木和石头等其他材料的地方,可以建造各种住居。也有只使用

图 7-1-1 爱斯基摩人的分布

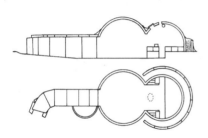

图 7-1-2 copper 爱斯基摩人的住居基本型，剖面图、平面图

图 7-1-3 雪屋

海狗、海豹的骨头和皮建造的住居。

作为夏天的家，普遍的是帐篷住居。大体分为屋脊形、圆锥形、半圆顶形 3 种。所谓屋脊形是用若干个柱子支撑水平的脊檩的形式，可以有各种形式。格陵兰岛、拉布拉多到阿拉斯加广泛分布。柱子不仅使用木材还使用兽骨。圆锥形的帐篷，可以在北美驯鹿/爱斯基摩以及一部分的阿拉斯加看到，分布在南部，让人推测与印第安人住居的关系。有趣的是半圆形屋顶的帐篷，在北阿拉斯加等地也可见到，用柳树枝条编的圆顶，上覆盖兽皮。

冬天的家有格陵兰的石造的住居。屋面用草覆盖，有趣的是几家居住的共同住宅，规模较大，而极地的爱斯基摩居住在小规模的石屋中。

拉布拉多/爱斯基摩人也建造石造的共同住宅。中央北极圈是秋天建造过渡的家，鲸的骨头也用作梁柱。

西北北极圈，可以看到相当结实的木结构的冬季的家，没有程式化的形式。有将流木叠加起来的形式，白令海地域见到的高架地板式平屋顶的家，在技术上已是十分成熟。西南阿拉斯加等有相当大规模的木结构住宅。此外也有井干形式的。

阿拉斯加/爱斯基摩人也有分男性的家、女性的家的，育空河、卡斯科奎姆（Kuskowim）河流域的硬山屋顶高架地板式的仓库十分著名。

在北极圈 18000 多年来就有人类居住，跨过白令海路桥是 12000 年左右。现在与爱斯基摩人有联系的集团，4500 年前经过路桥来到北美。西欧实际正是与爱斯基摩接触时寻求往亚洲的西北航路的 16 世纪，但是对爱斯基摩文化的了解是 20 世纪初。现在，丧失游动性，定居的同时，有采暖设备的木结构房屋普及了，传统的石造、流木建造的半地下式的草和土的住居几乎不见踪迹。

VII 北美洲

02　锥形帐篷（tepee）
——土著美国印第安人，加拿大

北美的土著民被称为美国印第安人，中南美的土著民被称为印第安人，也称为 amerind，amerindian。一般认为印第安的祖先（paleo-indian）从欧亚大陆来到新大陆是在上部更新世后期，以后，各地发展了各自的居住文化。

所谓印第安人的住居就是锥形帐篷（tepee），是在圆锥形结构的圆木上覆盖水牛皮的住居。从密西西比河到路基山脉的广阔地域，以集团狩猎水牛的布兰克弗特族为首，它在许多部族中使用。

tepee 是以 3～4 根松树、冷杉木为轴心的圆锥形构架结构，从顶部垂吊 1 个重锤来固定。再有 1 根用水牛皮连接的升降钩挂在背面，将牛皮摊开像包裹着构架那样拉开帐幕。成为轴的 3 根木材突出于三角锥的顶部，形成独特的轮廓线。山脉附近的西北平原部，由于风的影响小，也有用 4 根木头做构架的。入口设在东面（日出的方位），用风门开启。构架的形状可以耐住强烈西风，呈现出向背面（西）倾斜的圆锥形。因此，炉灶的位置偏向入口侧，其优点是使后方有了人可以站立的空间。帐篷打开是半圆形的，据说 19 世纪曾使用了 12 多张水牛的皮。表面上绘有猎物的绘画和花纹等。这个半圆形的覆盖物直线部分在前面重叠，用木制的钉子固定。曲线部分是用石头、土在地面上固定。这个石头在解体时就搁置在那里，因此留下圆形的形迹。该形迹称为 tepeeing，在平原上可以广范围地看到。该形迹在爱斯基摩人、西伯利亚人、拉普人的居住地域也有，是把住居形式传达给今天的贵重资料。

tepee 是唯一的即便在内部生火屋内也不会有烟的圆锥形帐篷而闻名。顶部的出烟口和洞口左右的帐幕可以根据风向自动调节，成为有效的排烟系统，雨天时可以关闭。帐篷有衬里，和外表同样的装饰。从地面到 1.5～2 米的高度的内衬与构架连接，防止来自缝隙的风雨，同时在与帐篷面之间起到隔热空间的作用。tepee 的内部的布置是与蒙古族的优鲁特、拉普人的 kota，西伯利亚人的圆锥形帐篷一样的布置，平面是圆形的，中央入口有采暖和烹饪两用的炉灶，入口正面的里侧是主人的座位。

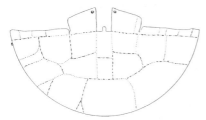

图 7-2-1 水牛皮的帐篷

图 7-2-2 建在草原上的锥形帐篷

图 7-2-3 用木钩连接的骨架

在马传来之前，印度尼西亚安人1年中大半时间是在泥土小屋度过的，他们是栽培谷物的半农半牧民，这时tepee已经开始作为春季和秋季2次狩猎的简易住居使用。有了马以后，捕捉水牛变得容易了，逐渐变成一年中都在移动的游牧民。此外，由于马可以用于运输搬运，可以装载长大支柱，tepee开始走向大型化，同时普及的范围也在扩大。其普及的背景，也许与冬天要寻求遮挡风沙的森林、夏天向通风好的平原转移，适应自然环境的特性有很大的关系。

印第安人的生活受四季的影响很大。连续5个月的冬季，他们在1处的野营地驻留，6月，到了春天以各部族为单位聚集狩猎，过着野营的生活。这个野营地是大规模的，夏安族也有在直径1.6公里的范围内，建造1000栋以上，同心圆式地环绕3～4圈。秋季再进行大狩猎。结束后就到冬天了，各集团分别准备向冬营地移动。

平原的印第安人的传统生活，在19世纪末随着水牛的灭绝而萎缩。tepee也随之逐渐消失，使用水牛皮的帐篷越来越少，几乎都被织布所取代，尽管如此，现在在传统的北美印第安人的集会上仍可以看到tepee。

03 荷兰风格的农宅：
新阿姆斯特丹的遗风
——哈得孙，美利坚合众国

美国东北部作为初期的欧洲移民的殖民地为人所知。最初移居到该地的是英国人，1607年开始了詹姆斯敦的建设。

继英国移民之后的是荷兰人。1614年奥尔巴尼移入，1621年荷兰西印度公司建立了新荷兰殖民地，1626年移入新阿姆斯特丹（现纽约），来自荷兰的移民们主要沿着哈得孙河定居下来，在城市从事商业，在乡间从事农业。说是荷兰裔的移民，但许多是佛兰德斯人、法国的胡格诺、法国和比利时的少数民族瓦隆人，也包括暂时在荷兰避难的新教徒。

1664年新阿姆斯特丹与苏里南莫交换，纳入英国的统治下。荷兰直接统治该地域只是短短的50年，荷兰风格的殖民式住宅至今还有保留的有2种类型。一种是继承本土文化的在阿姆斯特丹建设的联排住宅的农园宅邸；另一种是继承荷兰以及弗兰德斯地方的农宅风格的农村住宅。

荷兰人移入的最初阶段，主要聚集在哈得孙河口的新阿姆斯特丹、上层社会的奥尔巴尼那样的商业城市，模仿荷兰的联排住宅建设山墙相连的连续住宅。在17世纪的新阿姆斯特丹的绘画上，表现了砖瓦结构的多层住宅并肩排列的街景。该连续住宅面对乡村进行改良的是带有直线形封檐板的农园宅邸。用直线形的取代了原有的阶梯形的封檐板，两侧的山墙与烟囱一体化显得十分突出。

入口与英国的中世纪风格的住宅同样，把从山墙面进入改为从正面进入。可以认为是荷兰的联排住宅的英国化的融合。荷兰人在住宅建设中喜欢用砖瓦，基础、墙壁使用工业制品，轻而易举购置荷兰砖瓦来建造。在初期的移民中有熟练的砖瓦匠。在新阿姆斯特丹也进行现场制作。这种砖瓦建造的住宅，是荷兰传统痕迹最有特色的地方之一。

另一个方面，17世纪~18世纪移入新荷兰，以及其他殖民地的农民们把欧洲的传统带入美国，现在的纽约州、新泽西里州的深林中、沿水渠建设的农宅与荷兰的农园宅第完全不同，使用的是自然木材和石材。

迪克曼（ayckman，1755~1806年）宅邸是其代表。一层外墙是质地粗糙的自然石，二层外墙使用涂装的

图 7-3-1　1641—1642 年的新阿姆斯特丹

图 7-3-3　迪克曼宅邸，纽约州

图 7-3-2　班阿莲宅邸，金德胡克（kinderhook）

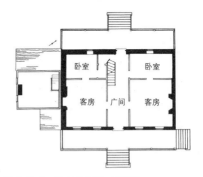

图 7-3-4　迪克曼宅邸，平面图

外墙板。平面是中央为正厅，两边为带有暖炉的客厅。是将中央正厅平面形式进一步发展了的平面，正厅两侧的客厅再分为前后，后面为卧室，进一步细分化。此外正面整体附加入口台基和门廊，以反翘的屋檐加以保护。屋架可以确保更多的房间，荷兰农家的折线形屋顶融合了弗兰德斯风格的农宅的反翘形成吊钟形的屋顶，这是最优美的造型。

这是美国荷兰风格的殖民建筑最典型的形式，最优雅的适居的建筑，作为 20 世纪荷兰风格的殖民式、文艺复兴的住宅而崭露头角。

荷兰的住宅的传统，在与美国大陆各民族的传统融合得以长足的发展，在极短期的执政期内荷兰移民们带到该地的荷兰传统没有消失仍健在的事实说明，该地与荷兰有着某种牢固的关系，是非常令人回味。

04 英里网格上的农家
——密歇根，美利坚合众国

人类在密歇根湖与伊利湖之间的地域正式开始居住是该地开始被测量，并被网格状区划的1815年。直至1831年结束了1000多万英亩的测量，分成了6英里（92.2平方公里）见方的郡区，各郡区由36个1×1英里的区域组成，沿着郡区进行道路网的建设。该网格区划特别是在农业地带保留至今，干线间的距离仍保持了1英里的尺度。

1862年根据自给农地条例，原有居民可以得到160英亩，即四分之一的区域。后来的居民可以从自耕农处得到40～80英亩，即可购入原来的四分之一的四分之一，或二分之一的土地。网格上方块区划是特色农田风景的由来。

密歇根农场根据生产物品的市场规模、生产商品、生产方法、农家的建设技术等分为5个历史阶段。即以自给自足农业为主流的1820～1860年；技术发展过剩生产开始上市的1860～1900年；扩大上市市场，以生产密歇根特产为主的1900～1940年；二次世界大战后，农作物的输出增大带来的少品种大量生产，

以及农业机械化进步的1940～1970年；以及国内外企业进入农业经营，推进垄断市场的现代。对应每个历史阶段，农场的设施建设技术都在变化，农宅也还在持续变化，而原型是不肯定的。

布里奇沃特郡区的拉普家农场（raab family farmstead）是可以称是文化遗产的农场形态的典型。农作物开始上市经营是19世纪后半叶到20世纪前半叶，根据内销和上市商品等不同目标，农业所需的各种设施一应俱全。设施包括住居、大仓库、小仓库、马厩、车库、猪圈、鸡窝、风车、熏制小屋、谷物库、冰库、玉米储藏库、兼作木材储藏库的道具仓库等，在那里加工储藏的主要作物为玉米、小麦、燕麦、干草和大麦等。

仓库（barn）是农场内最重要的建筑，成为周围景观中景点的同时，也是富庶和成功的指标，即借助仓库使人了解该农场所辖领域范围。其规模体现农场的规模、以至农宅的稳定性、可持续性。这种仓库一般以德国传统的三层贮藏库形式建造。

仓库的下层饲养家畜，为防止

图 7-4-1 拉布（raab）家农场

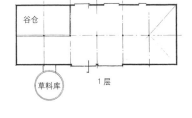

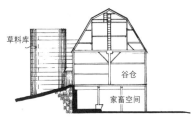

图 7-4-2 大仓库，剖面图

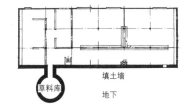

图 7-4-3 大仓库，平面图

北风在北侧填土。中层作为谷物、道具的仓库使用，脱粒机、机械类通过土制的坡道进入。利用上层梁之间的托梁和楼板，做出阁楼空间，用于干草的储藏空间。这个阁楼空间本身也对结构的稳定有重要的支撑作用。

农场几乎所有的建筑、就连装饰都是有功能性的，仓库的门镶有白边，安装在建筑的长边侧面。为了通风简单形式的圆形、星形槽孔做在封檐板的顶部，其形式有着仓库的栋梁而建的署名意义。建筑的横向木墙板涂有名为"帮类德"的红色。这是铁的氧化物的色素，建筑上色的同时也有保护作用。

随着家畜头数的增加和产业革命，农业劳动力减少。应对这一背景发展的是草料库。1875年首次建设，在密歇根可以考证的最古老的草料库是1882年建的。草料库比干草含有的营养价值和水分多，主要是储藏玉米等非干燥饲料，这样可以增大饲养家畜的数量。此外，可以将过去只限于夏天6～7月挤奶期延至全年。提高农业生产量的草料库贴邻仓库建造，与三层的仓库并驾齐驱，使得密歇根的农场风景为之一变。

05 气球结构的家
——大草原，美利坚合众国

称为西部草原，或大草原的该地域，具体是位于西经96度线与落基山脉相夹，从加拿大南部伸向墨西哥的广阔的带状区域，在占有很大面积的内陆型半干燥地带的坡地丘陵，除了偶尔的沿河一带外，树木贫瘠，经常受到肆虐的东北风的袭击。在这种环境下，来自欧洲诸国的移民对生活基础的住居的诉求首先是掩体功能。

17世纪初，欧洲诸国相继从美国的东海岸纷至沓来，其中有日耳曼裔的、北欧裔的、巴尔特裔的等中东欧诸国是进入大草原的主要阵容，他们基于本土的传统样式，在艰苦的环境下，利用有限的建材资源，以及相应的建设技术的进化，不断修正住居的形态。

图为大草原中德国移民住宅的典型平面，这是将中部的西洋地区常见的2个玄关门和4间房子的住居形式的简化版，即2个玄关2间房，里面设有厨房和浴室为特征，2层楼的立面是左右对称的4间，2个玄关门相对的山形屋顶的两端可以看到烟囱。房间以2间房的面宽和1间房的进深为主要结构形式。其后方的房间本来称"邻栋（rintou）"通过屋顶披屋来增建，提高主要房间的热效率和生活方便性。邻栋逐渐被固定下来，其起源是来自英国的农村住宅。外墙是在板条上涂漆，上面再盖上涂有白色涂料的护墙板，设置在石灰石的基础上或基础墙上。

由于有2个玄关门，可以将从外部进入房间的2个路径分开。一个玄关门是通向家属经常使用的房间，另一个玄关门是通向只有在特殊时候使用的客房，分别从不同路径进入，客房与居室相比有精心设计的窗户，装饰精美的门，家族房和客房的隔墙上有连接2个房间的门，家族的房间有通向二层卧室的楼梯，里面有开向厨房的门。

这个例子使用的是气球结构，在这个陌生的地域，如何有效地建造住居是一个挑战的过程。在不毛之地的草原，力图让木材输送和建设程序简化。在进入东海岸的最初阶段，使用从本国带来的木工工具，建造欧洲式的梁柱实墙结构，进入内地后，使用开

图 7-5-1 大草原住屋，平面图

图 7-5-2 大草原住屋

拓农田时伐倒的丰富的木材建造了井干式圆木小屋。

19世纪伴随着产业革命的推进，机械加工的木材，以及钉子的大量生产，提供了比以往物美价廉的建筑材料。与此同时沉重构架的梁柱实墙结构得到改良，建筑材料逐渐走向规格化，应运而生的是使用梁柱以外的2英尺木材在节点用钉子固定的斜撑结构工艺，进而改良为所有的构件都用 2×4、2×6、2×12（英尺）规格统一起来，使用气球轻型结构。轻型结构据说是始于19世纪30年代的芝加哥，2英尺的木材建造的墙壁与过去重支架相比过于轻薄以致看上去像被风刮起的气球，因此冠名为令人惊异的气球构架。

现在的 2×4 结构法是将其进一

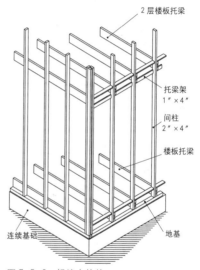

图 7-5-3 轻捷木构件

步改良的形式，在楼板上建1个层高的嵌板，在其上再建下一层，就像套盒那样的建造方式，因此也称月台结构工艺，欧洲诸国的传统在北美严酷的环境中相互杂糅，积极采用新技术的结果，成就了现在被世界所采用的美国独自的住宅样式。

06　克里奥耳住居
——路易斯安那，美利坚合众国

所谓"克里奥耳（creole）"原指15世纪的葡萄牙"在主人家里出生的非洲奴隶的后裔"，在"新大陆"转意为"出生在美国热带具有欧洲血统的人（或物）"以及"欧洲人和黑人的混血者"。

美国南部的乡土建筑中的"克里奥耳"是指现在的路易斯安那州和其周边残留的法国后裔建造的乡村住宅。在克里奥耳住居的发展上法国移民做出了卓越的贡献，但也有着非洲奴隶、德国、西班牙移民的影响。以及结合美国本土文化、顺应路易斯安那州特有的亚热带气候，克里奥耳住居才得以发展。

18世纪初，来自加拿大、法国、前联邦德国诸岛的3个不同地域的法国移民几乎同时期到达密西西比河口，从此路易斯安那一带出自法国移民之手建造了许多建筑。法国1830年被美利坚合众国收买后约100多年，一直统治着从北部加拿大至南部的墨西哥的幅员辽阔的路易斯安那一带。但是来自法国的移民很少，开发也仅限于密西西比河流域有限的范围。

在路易斯安那州，过去来自加拿大的法国后裔已经有了称为亭子的陡坡四坡屋顶和长方形平面的建筑样式，这是路易斯安那一带的法国人的住宅的基本型。

在3种类型的法国血裔的移民中，来自法国移民的建筑最为洗练。这是因为他们采用了法国文艺复兴时期简洁样式的设计，并使用了法国传统的草筋墙木骨架的结构，与土著美国特有的黏土和石灰以及接合剂（主要为菠萝科的 Tillandsia usneoides 以及植物纤维）搅拌在一起名为草筋泥浆（bousillage）的涂墙。但是进入比洛克西（密西西比州）、莫比尔（阿拉巴马州）、新奥尔良（路易斯安那州）的初期移民们，用法国本土的直接在地面上插柱子的方法建造柱间涂墙的住居，由于不符合路易斯安那的潮湿气候，只几年就腐烂了。

而从西印度诸岛来的法国人和黑人混血建造的克里奥耳住居，充分考量了该地域温暖湿润的气候条件，1720年克里奥耳住居在密西西比河沿岸的土地上被建造。内部空间是四周被户外阳台围合的，由于开口部

图 7-6-1 涂墙的住居

图 7-6-3 帽子型屋顶的住居，立面图

图 7-6-2 帽子型屋顶的住居

图 7-6-4 四坡屋顶的住居

设置得多，通风很好。周围的阳台设置了可以从任何房间直接出来的门，此外楼梯也多设在阳台，这是因为许多地方为确保楼板的通风，将地面抬高了一个层高的原因。由此得知阳台承担了流线中心的作用。

来自前联邦德国诸岛主要传播克里奥耳住居的最富特征的是屋顶形状。即中央部分倾斜很大，而阳台部分的坡度和缓，构成2段式倾斜的帽檐式屋顶。后来从加拿大来的移民又改良了克里奥耳住居，他们引入了歇山屋顶，建造了在陡坡中央以及屋脊和屋檐的正中带有强烈曲折的屋顶的密西西比谷的法国裔克里奥耳殖民住居。在易于腐烂的柱子基础部分使用丝柏片材垫在底部，这样可以防止柱子腐烂，而且一旦丝柏的片材腐烂也很容易更换。

1750年开始出现了单坡的四坡屋顶和有着完全与建筑联为一体的阳台的克里奥耳住居。从此时起新奥尔良的周围开始普及山形屋顶的克里奥耳住居。

现在有其风格的克里奥耳住居遗留不多，但是新奥尔良的华美建筑群具有与克里奥耳住居同样的要素，至今保留着其富有特色的外观带来的影响。克里奥耳住居是固守路易斯安那文化的活化石。

07 公共房屋（kivas）
——普韦布洛印第安人，美利坚合众国

亚利桑那州东北部和新墨西哥北部分布的 30 多个小土著民集团称为普韦布洛印第安，从语言学上分类有霍皮族、凯利斯族、特瓦族、梯瓦族、托瓦族、祖尼族，以农耕、狩猎、采集为生，是广泛分布在北美西南部的土著民的后裔，几乎都是居住在海拔 1600～2300 米的高原，有效利用高地、溪谷、山地的丰富的动植物资源谋生。

关于普韦布洛的起源，各自有着独自的神话体系，神赐给其风貌，主宰其资源的利用法、生活的方式等所有一切的观点是共识的。其信仰体现在村落的构成、建筑的设计上。

普韦布洛印的住居基本上是方形的，与几个仓库连接。住居大多是有 8 个以上的居室。房间面积大的达 3.75×6.75 米，用于食品的保存、工作、睡眠、家庭聚会等多种用途，根据季节使用方式在变化。

建筑从托瓦族平房的低层到祖尼族的 4 层丰富多样，但是确立于正方体房屋的集合体，平屋顶是共通的。

过去地上部没有入口，必须使用梯子到上层，是出于防止外部攻入的防御功能强的住居。

主要的村庄，有用于礼仪、公共用途的房屋，称为 kivas。其数量、形式、居住形态的关系每个村庄都有差异。Kivas 建筑的存在成为不同村庄社会结构相互关系性的见证。

大约公元后 700～800 年的穴居开始向普韦布洛住居转型，从地下转向地上居住，kivas 的起源推测是初期的半地下住居。Kivas 在地下造成圆形是一般形式。

梯瓦族是沿着东新墨西哥州的里奥格兰德河下游居住。梯瓦族在语言学上分为北部的淘斯族（taos）和皮克里斯（piculis）族；南部的圣迪亚（sandia）族和伊兹雷达（isleta）族 4 个集团，这 4 个集团原先是分别居住的，1542 年西班牙开始入侵，1598 年以后不断向中南美移居，分别定居在现在场所。

梯瓦族住在从西班牙引进的土坯建造的住居，内部涂有白灰，每隔 1～2 年就重新粉刷一遍，石结构的建筑也建了不少。屋顶是 latillas 木料和 vigas 木料混合，上面再用泥灰加固。

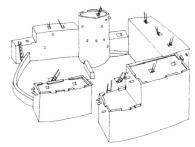

图 7-7-1 会所，复原图

图 7-7-3 陶斯族的普韦布洛式住居

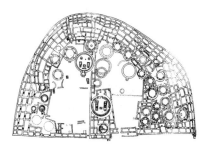

图 7-7-2 普韦布洛式住居，平面图

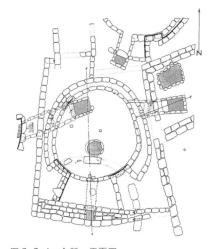

图 7-7-4 会所，平面图

随着时代的推移，生态系统发生了很大变化，除了陶斯族，传统住居已不见踪影。陶斯族的住居保留有许多传统建筑的特征，来自西班牙的半圆顶型或蜂窝状的烧烤面包、派的室外炉灶布置在住居的外面。

近年来普及的电器、管线等现代设备，不允许带进古村落，坚守普韦布洛文化的人们很多，特别是位于基督圣血山脚下的村落最为著名。1990年受到美国建筑师协会的表彰，被收录为联合国世界文化遗产。

VII 北美洲 —— 311

08 落基山脉的圆木屋
——科罗拉多，美利坚合众国

西经科罗拉多州落基山脉汇入科罗多拉河的布卢里奥河下游是肥沃的土地，沿河是一片牧场和牧草。

向该地域移居是始于19世纪后半叶的淘金热。最初的牧场是为该地域探查矿脉的人们供应物资为目的而设立的。但由于处于海拔2000～4000米的高原上，可以进行农作物培植的时间很短，移居来的人们立即就从事了有丰富森林资源背景的林业工作。而且同时期展开了矿山的开发。该地区的开发是以畜牧业、林业、矿业3个产业为中心展开的。

向该地区迁移的主要是德国、北欧来的移民，反映了出生地建筑传统的圆木结构的建筑作为牧场、森林开发、矿山的建筑来使用。这种圆木屋建筑成为当地乡土建筑的特征。

初期进行矿脉探查和森林开发的人们的住宅是在现场建设的临时圆木屋。这些圆木屋使用简单的道具就可建成，圆木不需粗刨，水平向地组合在一起。圆木屋为1室户，在山墙面设入口，规模为(3～4.5)米×(5～6)米。甚至牧场的宿舍也是同样的形式，如果有几个工人居住的情况，在山墙面以同样的形式增建，构成2～3室。

该地域有得天独厚的木材资源，特别是松树、云杉可以以低廉的价格筹到，因此初期的牧场、矿山、街道的建筑都是用圆木建造。牧场的建筑（住宅、挤奶房、马厩、干草小屋、谷仓、农具仓库等）都是圆木结构形式，主要建筑的构成是中庭型布置，仓储等附属建筑建在坡地上。此外矿山的开发设施（砂矿的场地、闸门、坑道的支撑结构）也都是用圆木建的。现在人们仍可以在不能居住的高原的森林边界、冻土地域看到这些19世纪的矿山设施的遗迹。

该地域的圆木结构形式，与美国其他地域不同。在其他领域是把圆木刨平使用，而该地域是原封不动地使用树木的原生材料，产生这种差异的理由之一是该地域使用的木材性质（松树、其他柔软的材料长方向的切割很困难）所致；另一个理由是源于移居者出生地木构文化。使用圆木原材料的方法，深刻反映了移居该地的北欧木工师傅的木割（木工法式）传统。该地域组合圆木所使用的技术是"方形凹口"（方槽）和鞍形凹口（鞍

图 7-8-1 落基山脉的长屋

图 7-8-2 落基山脉的长屋，平面图

图 7-8-3 落基山脉的长屋，透视

形槽）。鞍形凹口在该地域称为马鞍和骑手，把鞍形凹口插入 V 型的作法是最常用的。这个方法比方形凹口容易操作，在圆木的端部前面进行接合，不使用钉子，圆木和圆木可以自行地固定。此外在外墙上，没有附加美国其他地域通常见的雨淋板，在这里圆木的肌理就是外墙。

矿山开发热过去之后许多人仍留在此地，进行城镇建设，在弗瑞斯科（frisco）、布雷肯里奇（breckenridge）城镇，展开了费用较高的圆木结构和梁柱结构的建设。从事该建设的是具有出生地传统的复杂木构技术的木工。该时代建设的住宅形式具有 19 世纪美国流行的"两列型"，和"一列型"住居形式的平面构成。该地域的典型的一列型是 2 间房间组成，没有美国其他地域常见的中央厅，典型的 2 房间型的 I house 的规模为 3.5 米 ×5 米，4.5 米 ×5 米，暖炉的烟囱设置在 2 个房间之间的墙上。厨房兼餐厅的房间比另一间房间规模要大，装修也很讲究。此外商业建筑，样式的外立面是体面的所谓"招牌建筑"，是维多利亚样式、特别是哥特文艺复兴样式在乡土建筑的装饰和装修上被广泛采用。

具有这些特征的该地域的乡土建筑，现在仍可以在一些地方看到，但是大多在建造落基山脉的水库时丧失掉了。

lecture 10　　　　　　　灾害的住居志

自然现象中的台风、地震之所以成为"灾害"，是以人类谋生的存在为前提的。在人类不能居住的沙漠中，即便是发生了地震也不会遭受灾害，因此不能称之为"地震灾害"。因此人类的住居与灾害自上古以来就结下了不解之缘。旧约书中描述的"诺亚方舟"是跨越了灾害的移动住居，鸭长明的《方丈记》描写的"方丈庵"，因厌倦了居住在多灾的城市，是过隐遁生活的郊外住居。

此外，把什么作为"灾害"多少还有着文化的成分。在东南亚的城市，降雨稍微强烈一些湿地住宅就会积水，日本称为"洪水灾害"的那个现象，是否真的就是居住在那里的人们的"灾害"存有很大的疑问。因此"灾害"是有着文化层面的。

■ 蒙受灾害的住居

有人类生活的场所会遭受比平时更大的自然力（暴雨、强风、地震等）的奇袭而发生"灾害"。但是，引起灾害"比平时更大的自然力"的基准，依据地域不同而各异。在日本完全可以不受灾的地震规模，在亚洲各国却引发了毁灭性的灾害。

在日本阪神、淡路大震灾后，木结构建筑的抗震性成为重大课题。但是从整个世界来看住居大部分为砌体结构。2001年的印度西部的大地震，土坯砖住居受到毁灭性震灾。不仅是砌体的乡土建筑，称作框架砌体的构筑物、住居在各地也不同程度地受到地震的破坏。所谓框架砌筑就是用钢筋混凝土的柱、梁对砌筑的围护进行加固，称作工业的乡土主义结构法，在世界各地均可看到。

对住居造成破坏的不仅是地震，海岸地域的聚落有时会遭受海啸带来的破坏。海啸带来的损失之大会将住居的痕迹都夷平。1998年巴布新几内亚北部的聚落遭受海啸袭击，使海岸沿线村庄的2000多人丧生，该地域以前（1907年）也经历了由于地震地面塌陷事件，当时惧怕灾难的聚落转移到内陆

图1　砌筑结构建筑的受灾情况，印度古吉拉特地震，Bhuj，2001年

地带。但是100年之间聚落迁回海岸，再次遭受海啸的袭击。

火山爆发也带来灾害。由于火山爆发的灾害不仅波及住居，其整个生活也都受到破坏。1990年开始的菲律宾皮纳图博火山灾害，给在山涧狩猎、采集、烧田谋生的矮黑（aeta）族带来了灾难性打击。矮黑族的生活场所的山体本身的环境发生了巨大的变化，人们不得不离开山间，向建设在低地的新居迁移。

图2　海啸带来的灾害，巴布亚新几内亚北部海啸灾害，Arop，1998年

■ **灾后的住居**

由于灾害失去家园的人们，需要遮蔽雨露的临时生活空间，出于这种目的建造的建筑，在世界上没有太大的差别。基本上是用布（素材有各种）做成帐篷式的建筑。

在以后转入重建的永久性住居，在该住居完成之前，居住在临时住居，灾后的临时住居有着不少有趣的实例。

1906年地震和那以后的火灾造成的巨大破坏的旧金山，丧失住宅的人们在郊外建造临时居所。随着街道的复兴临时居所逐渐消失，但是也有不少把临时居所移到原来的宅基地作为永久性住居使用的。旧金山目前还留下了19栋当时的临时居所。

几乎是同一时期，日本也有着大灾害的经历。1923年发生了关东大震灾，同润会以建造钢筋混凝土的公寓为目标，向关东大地震受灾的人们提供住宅，最初提供的是称为"同润会住宅"的临时住宅。图纸上面描绘的结构形式酷似旧金山的临时居所，遗憾的是在现存的住宅中没有留下实例。

但是，到了向永久性住宅转移阶段，灾后住居会浓厚地反映出其地域的特色。印度尼西亚的弗洛勒斯岛的芭蕉聚落，蒙受了1992年的海啸带来的巨大灾害。为了安置灾民，印度尼西亚政府建设了新定居地（不受海啸影响的高地），以地床式核心之家（corehouse）的形式提供住居。灾害前居住在高床住居的芭蕉人们在新的核心之家又增建了高床式小屋进行生活。

■ **灾害与住居**

人类要在这个地球上建造住居，就难免遇受灾害。问题是如何建造抵御自然灾害

图 3 从前的住宅，Bajau，Maumere，印度尼西亚

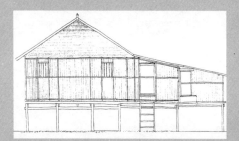

图 4 从前的住宅（立面图），Bajau，maumere

图 5 新定居地的住宅，maumere

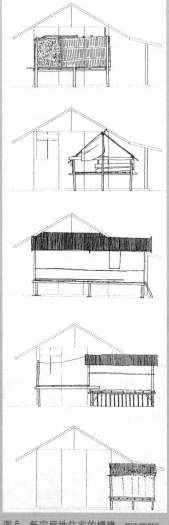

图 6 新定居地住宅的增建，maumere

的建筑。对待灾害的方法有两点。经常看到东南亚建造的高床式住宅，即使水位上升也不会将家产泡水。少量的雨水也不会弄湿建筑，即遇上比通常更大的自然力量也不会遭受破坏的一个方法。另一种方法即使是遇上灾害立即可以保护、复建其他住宅的方法，灾害后的临时居所就是这个方法的一个实例。就现代的建筑技术而言可以朝着不遭受破坏的方向努力，但是一旦遭受灾害马上可以复建也是有效应对灾害的一个方法，在乡土住宅中蕴藏了许多这样的智慧。

316

VIII

拉丁美洲

panorama　　　　　　　拉丁美洲

　　拉丁美洲（Latin America）是以西班牙语、葡萄牙语为公用语言的中南美诸国的总称。该地域拥有揭开大航海时代序幕的伊比利亚半岛，两个国家殖民地统治的共同历史背景，加上英国、法国、荷兰各国瓜分的南美大陆北部的圭亚那地方（圭亚那、法属圭亚那、苏里南），还包括经历了无数次国家分裂、消亡历史的西印度群岛。本章对该州进行概述。

　　地理范围是美利坚合众国的国境以南的整个领域。以巴拿马海峡为界，含北部墨西哥（人口约6千万）、中美（人口约2千万）、西印度群岛（人口约2.5千万）。南部的南美大陆（人口约2亿人），是由安第斯山脉及细长的西岸地域，哥伦比亚、圭亚那等北岸地域，宽广的亚马孙流域，巴西以及南端的阿根廷等构成。

　　墨西哥、中美的阿兹台克、玛雅，以及安第斯的印加都以高度的文明发达而著名，这一切都随着16世纪前半叶的西班牙人的"征服"而消亡。其他还有多数的土著民族分布在各地，在西印度群岛等地，土著人由于未知的病原菌和强制性劳动等原因几乎灭绝。

　　西班牙人从沿海部到内陆部，建设了无数的城市和聚落，通过这些据点将土著民的信仰改为天主教，增进了与白人的混血，引进了殖民地的经济和行政。这种统治形式依据国家和时代有很大的不同，但是在广阔的中南美各地域，欧洲文明以惊人的速度渗透是不争的事实。此外，特别是西印度群岛、圭亚那地方有着从非洲西部引入黑人奴隶的历史，19世纪奴隶制度废除后，印度人、中国人有组织地移居也是以合同工的形式进行的。今天居住在该地域人们，是这些民族的混血，即便是乡土住居，也很难设想其背后统一的民族个性。

　　由于这些背景，如果在该地域寻找一些没有"外来的"文化、技术渗透的"传统的"住居样式，就来关注一下本章列举的列强的触角难以到达的居住地，今天被视为少数民族的墨西哥的奥托米（otomi）族，委内瑞拉的皮亚罗亚（piaroa）族，智利的马普切（mapuch），巴西高地的欣古（xingu）族等民族的住居实例。许多都与生态保持了密切的关系，反映了独自的宇宙观。

　　另外欧洲人带来的住居也可以列入扎根该地域的无名氏建筑的史册。城市中心的历史街区、庄园（ashienda）农场、种植园农场等，可以找到遗留的住居类型。同时也不能忽略西班牙人、葡萄牙人带来的中庭住居。在此还列举了加勒比海的库拉索岛上荷兰人建造的住居。

　　但是拉丁美洲地域很难用"土著和外来"两分法单纯地来把握。比如称作混血儿的白人和土著民混血的人口占有相当的比例。本章介绍了阿根廷的棚屋（rancho）例子。

不以特定的民族传统为基调,土著民族、欧洲人、非洲人、印度人等许多民族的传统空间概念、技术体系都在变化,理清这些脉络归属某种类型的争议,在西印度群岛进行了尝试。这种争论,对非洲人和其混血的人们来说,有着被视为文化的个性和新的理论依据的倾向。本章介绍了称为多米尼加的古代茅草小屋(boio)。

1 欧托米,墨西哥盆地,墨西哥
2 玛雅,尤卡坦半岛,中美
3 威廉斯塔德,库拉索,荷属安的列斯群岛
4 圣地亚哥,多米尼加
5 皮亚罗亚,委内瑞拉
6 亚马孙尼亚,亚马孙,巴西
7 马普切,智利
8 潘帕,阿根廷
9 欣古,巴西

01 龙舌兰的家
——欧托米，墨西哥盆地，墨西哥

龙舌兰叶纤维是美国原产的热带百合属的单子叶植物的总称。叶子的形状像龙的舌头那样厚，类似芦荟、仙人掌，以干燥地方为中心分布约有 300 多种。

欧托米（otomi）族受到龙舌兰的极大恩惠，他们起源于北方农牧民的少数民族，原本发源于沿海一带，在西班牙征服时已经居住在阿兹台克的首都特诺奇蒂特的周围，即现在的墨西哥州、伊达尔戈州的高原，在地文学上称作新火山性高原的地域，是化石层上贫瘠的土地，正因为贫困才没有遭受西班牙人的侵略，至今比较完好地保留了自己独特的文化。

龙舌兰是该地域的象征，龙舌兰叶子的颜色很能融入沙漠那样荒漠的风景中，更渗透在欧托米族所有的生活中。正像人们所熟知的那样，叶子挤出的汁可以做成发酵酒 pulque 或蒸馏酒 mescal。

龙舌兰叶子含有水分时很脆，一旦干燥后就会变得柔软。从内部可以提取纤细如麻的纤维。质量最好的部分用来织布做成女人的服装，其他如绳索、遮阳设备、以至婴儿摇篮都是用该纤维制成。还有像木头那样长的龙舌兰的芯也可以用于建筑结构材料。这样到处可见的龙舌兰对欧托米族来说就是价值连城的贵重植物。

欧托米族的宅院是由 2～3 栋互相独立的小建筑单体构成。住居的建筑是从挖掘 40 厘米深的沟槽作基础造石墙开始的，屋顶的架构是用直径 8～18 厘米，长 2～3 米的龙舌兰的芯顺着屋顶的坡度每隔 40 厘米间距排列，垂直地铺上一束束野生的 chuguilla。再用龙舌兰的纤维连接、固定。脊木使用坚固的刺槐木材，用名为 mesquite 的豆科的低灌木作为顶棍支撑。

屋顶铺材为龙舌兰叶子将凸状的形后退一折为二。通过中央的孔洞穿过龙舌兰的纤维与 chuguilla 横材相连。通过将铺装材料横竖反复地叠加，从屋檐铺到屋脊。坡度为 40°以上，很陡。铺装完毕用烟熏的方法杀虫。这样可以使用 12～15 年保持良好状态。

山墙也是同样用龙舌兰叶子铺装，屋顶整体上看接近似四坡顶。山墙顶部留下小缝隙作为通风孔。此

图 8-1-1　欧托米的住居和龙舌叶

图 8-1-2　欧托米的住居，屋顶

外一般厨房的建筑没有上述的石墙，龙舌兰铺的屋顶一直垂到地面成为墙体，这时建筑几乎都带有龙舌兰块状的奇异的面貌。

欧托米族的宅基地较大，内部为农田和作业场是普遍的，基地的边界种植龙舌兰或者排布石头，很易于识别。住居的附近有露天的户外作业场，挂有龙舌兰或者其他植物的纤维起着这样的作用。在这个场所可以进行碾碎和洗涤龙舌兰叶子的作业。其他还有低灌木围合的场所，到了晚上把山羊和绵羊、鸡和火鸡赶到这里。在这块宅基地上只有住居和厨房作为亲近的生活场所由低灌木围绕，实际上是为了象征性地区别于其他领域。

住居内部基本上没有隔断，有简单的床和坐垫，只放置最少量的椅子和桌子。厨房里放置的由龙舌兰汁发酵的龙舌兰酒是每家必备的。

图 8-1-3　欧托米的住居，小阁楼

欧托米人的龙舌兰住居最能适应艰苦环境，近年几乎不再建了，取而代之的是多孔砌块的墙和镀锌钢板的屋顶，这些现代化建筑不一定适应夏季干燥的墨西哥盆地的气候，但是同许多其他地域一样，在生态体系中确立的传统房屋被看做是难堪的落后的东西。

02 死后烧毁的家
——玛雅，尤卡坦半岛，中美

在连接南北美大陆的地域中，特万特佩克地峡到巴拿马地峡的范围为最狭义的"中美"，几乎可以说覆盖了尤卡坦半岛的南部，其中包括墨西哥最南部的各州和危地马拉、伯利兹、洪都拉斯等7国。地理、民族的多样性带来了住居形式的多姿多彩，但从历史上看几乎都是对应玛雅势力范围的。

玛雅文明的中心，随着古典期的结束，从佩腾地方转移到尤卡坦岛，西班牙人的征服后以该地为中心仍然继承了固有文化。根据森伊察伊扎，乌斯马尔等文化遗迹保留下来的壁画、浮雕得知，今日的农宅具有1000～2000年的传统，基本上没有太大的变化。

在玛雅作为祭祀中心的城市的传统始终不变，而分布在周围的居住地，却一面保持着与城市的关系一面移动。城市中利用积蓄的资本，以宏大的纪念性建筑装点，而不得不向石灰石地区贫瘠的台地上转移的农宅十分简陋，仍保持着拥有农田的自立机制，从城市-农村的关系中可以看出，这种定居-游动的动态的均衡体系，虽然不久就和城市的衰落一起瓦解了，但是据说以农舍为中心的玛雅的传统生活方式至今一直保留着。

在聚落的分布上，在玛雅可以看出大城市、地方城市、乡镇、村落的阶层性。另外在普克(puuc)的地方，在庄园农场的周围集中着农村聚落，有着西班牙统治影响的痕迹。

构成聚落宅基地的是农田和建筑。田地种植谷物和蔬菜等食用作物，此外种植棉花等织布的材料，以及栽培可以作为建筑材料的植物。建筑一般建4～5栋，从用途上分有卧室、厨房、仓库、家畜小屋。

每个建筑平面都是矩形或者是左右排成半圆形状的形式。越往尤卡坦半岛的北部走矩形越多。在石灰石和灰浆做成的基础上立4根柱子，顶部组成叉首，墙和柱子从屋顶架构中独立出来，垂直树立的木条排列成墙是最典型的，但也有的地方使用厚木板或石灰石作墙壁的。同样也是从屋顶架构上独立出来的，卧室和仓库的墙壁进行涂装，屋顶为四坡的较多，平面为半圆形时，其上部做成圆的圆锥形，矩形平面也有山形屋顶的，也鲜有单坡屋顶的。铺装材料在南方

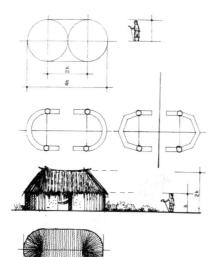

图 8-2-1　马雅族的住居，基本型

图 8-2-2　典型的马雅族的住居，外观

为草、北方为椰子叶。

汉人地方的典型住居，作为居室的房子，其基底面积只有 19 平方米，厨房 11 平方米，仓库 14 平方米，墙体高 1.5 米，栋高约 3 米。建筑都是从正面进入，开口部在前后墙的中央开有 2 个出入口，在古老的形式中是没有门的。

玛雅住居与玛雅人的人生循礼仪有密切联系，住居的建筑是婚姻礼仪的一部分。在连续 3 天的礼仪中包括吃饭、饮酒、跳舞、盖房子，住居建筑是全体居民的义务。如果该礼仪结束后，还未完工，2 人就继续进行施工、房屋装修、管理。屋顶铺装使用椰子叶的地方，在家的周围种植椰子树，10～12 年后重新铺装。

住居一般为 1 室户，新婚夫妇的家，卧室兼厨房的较多。生活的大部分在户外进行，因此室内没有起居室的功能，生了小孩后，建造没有厨房的新家，在那里养育孩子。到了女儿和男性生活的时候，再建造新家，正面对称建 2 个长椅，一面是新夫妇的、另一面是教育他们的母亲的。如果夫妇一方去世，就要把房子烧掉。在玛雅没有死人离开家后还在原来的房子里生活的。

如上所述，玛雅的住居经历是新建、增建、改建、装修等与建筑相关的过程，与人生的各种阶段是对应的，住居与人的出生、结婚同时诞生，和人的死亡一起结束。

近年来，传统形式的农宅也是把新材料与自然材料混合一起使用了，墙壁使用砌块，屋顶使用水泥梁和砌块铺装的平屋顶。这些技术改良的同时，居民亲自参加建房的少了，由专业队伍进行施工的增加了。

03 淡雅色调的联排住宅
——威廉斯塔德，库拉索，荷属安的列斯群岛

威廉斯塔德是距委内瑞拉北海海面约56公里的库拉索岛的中心城市。其历史地区是在17世纪初荷兰殖民地时代作为贸易和地域管理的中心地建设的。库拉索的土著民应是从南美大陆过来的阿拉瓦（Arawak）族，但是其住居已不复存在。现在的城市起源是在大航海时代以后相继被欧洲诸国统治，最终掌握统治权的荷兰人移居此地建造的城市。首先在港口的前端建设了作为军事据点的码头，然后在其附近围绕着城墙建设了居住区。被城墙包围的范围领域称为punda地区（来自荷兰语"端"）现在是集中这行政机关的城市中心。

威廉斯塔德的建筑，使用从荷兰用船运来作为压载物的木材和砖建造的，但是不久本地可以采集到的石灰石、珊瑚石成为结构材料的主流，上流阶层也有与梁柱结构并用的情况，在用石膏装修的墙面上着淡雅的色彩，对街景有着很大的影响。

威廉斯塔德的住居可以分为联栋型和独户型2种类型。在威廉斯塔德建设初期联栋型较多，其住居与荷兰的联排住宅形式很相似。联栋形形式主要出现在punda地区的市区。被城墙包围，基地的面积有限，因此长方形的狭窄基地上高密度地建造高层住居。正立面是3层构成，二层、三层架设拱，开放廊的一部分发挥楼梯间的作用。这种类型的住居主要是商人居住，一层作为商铺，上部是居住的空间。现在一层仍然作为商铺，而居住空间用于事务所等用途。

独户型分布在punda地区以外的城市和郊外。由于没有城墙的限制，基地面积宽敞，可以建造占地面积较大的独户住宅。此类独户型也可以进一步分为2大类，与punda相邻地区的建筑样式和大庄园农场主的所谓landhius（别墅）建筑式样，但两者的基本构成是类似的。

正如平面图所表示的那样，有着厅堂的中心部和周围是开放廊的2层建筑。在宽阔的基地上建的带有庭院的建筑，内部房间再分成2~3个房间，主要作为仓库使用。布置开放廊的立面各个住居都不一样，有1面布置的，也有4面布置的。

称为斯卡洛地区的犹太人建设

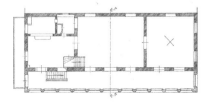
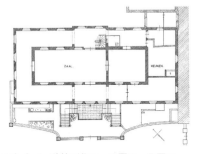

图 8-3-1　punda 地区的联栋型住居，立面图、平面图

图 8-3-2　独栋型住居，立面图、平面图

图 8-3-3　独栋型住居

图 8-3-4　别墅（landhius）

的地区，是独户型住居排列的住宅小区。样式建筑很多，住居内外用雕刻装饰。联栋型、独户型都是在封檐板上用几何形图案和植物图案装饰形成其特征。

近年主要产业是石油精制和观光业。随着产业的变化，市区中心部相继建设了观光饭店、集合住宅。但是出于取得保护、再生历史街区的意识提高和生活方便的双赢，继续使用历史建造物。威廉斯塔德历史地区自从注册联合国世界文化遗产后，不仅是针对建筑单体，也考虑街景保存的举措令世人关注。

04 bohio 住居和 caney 住居
——圣地亚哥，多米尼加

从加勒比群岛的传统建筑 bohio（住居名）和 caney（住居名）中今天仍然可以看到泰诺印第安文化、加勒比群岛古老建筑式样的痕迹。bohio 带有圆角的六角形平面，继承了过去泰诺部落的一般木造住宅的传统。而长方形平面的 caney 是部落中称为首领的身份高的人的住居，也是祭祀神灵的场所。在举行祭祀日时，首领在 caney 的正面，设置显示其身份的场地。

安德列斯群岛的多米尼加共和国，至今仍然频繁使用 bohio 的称呼，在这里意为简朴的农宅。自古以来就是长方形平面形式，用椰子的细长板材建造的。这一传统的结构，最多只有 2～3 间的单纯的平面构成。只有最基本功能的原始厨房，在主屋的后面独立的建筑与其他设备一起设置。越是规模宏大、使用的材料越好，离开 bohio 本质越远。

泰诺部落的语言中帕特仪本意是指泰诺部落的公共空间的中心或者等级最高的场所。但是现在是指就职于砂糖工厂的贫穷工人的共同体。这种对古老语言的新诠释可以从各种观点来考虑，特别是与社会的变化过程的相关意义特别深远。正像"帕特仪"的含义变化那样现在 bohio 的含义也在逐渐发生变化。

bohio 从历史来看，作为原型也许是重要的，是过去非洲奴隶获得思

图 8-4-1　圣地亚哥的首领住居（caney）

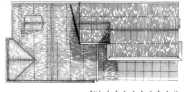

图 8-4-2　屋顶的俯视图

图 8-4-5　东立面图

图 8-4-3　二层平面图

图 8-4-6　南立面图

图 8-4-4　一层平面图

想自由的象征。一般把贫困者的简单住居称为 bohio，后来泛指整个平民的住宅，而且其形态也发生了变化。

多米尼加共和国第二大城市的圣地亚哥的平民住宅，是上世纪20年代后半叶建造的，从其空间和比例两方面可以看出土著的、传统的要素，除此之外维多利亚王朝式样的要素，今天也可以得到清晰的确认。

现在安德列斯群岛的一般住宅，几乎都是木结构的，屋顶是镀锌钢板，正面有改造成英国"班加罗（有回廊的平房）"的回廊，不仅如此，该回廊为混凝土结构，带有几何形美学的柱子。而且混凝土使用在建筑的基础上。由此，住宅的一层楼板使用几何形图案的彩色水泥贴砖的较多。厨房被驱逐到家的后方，给人感觉像是勉强附加的，这种布置让人联想传统的 bohio。

整体看上去朴素无华，正立面据说是鱼骨的形象，有纤细的陶瓷锦砖图案的工艺。此外门窗的高度，彩色玻璃窗等都强烈地让人浮想出19世纪后半的维多利亚式样的比例。bohio 的后裔一般平民的住宅可以看出混入了各种历史元素。

Ⅷ　拉丁美洲——327

05 澳基多木的住居
——皮亚罗亚，委内瑞拉

皮亚洛亚（piaroa）族是居住在委内瑞拉亚马孙一带的圭亚那高原的民族，居住地遍布在沿着奥里诺科河支流的东岸。

皮亚洛亚族的生活圈，是称为 itsode 的居住单位和开垦地，以及跨越围绕着他们的热带雨林，遵循他们特有的年历（tuha）生活着。

开垦地是一个家族集团共有的，4 英亩大小，5 年一个周期，一对夫妇和孩子们进行耕作。由小路连接的开垦地构成的领域称作 itso，是家族集团的生活圈。这个生活圈 6 年后构成一个生活单位 itsode，相隔较远，互相往来需要半天的时间。

生活圈在该地域有 12 个以上，除了近邻的生活圈几乎相互都不认识。这是因为皮亚罗亚族的生活主要限制在生活圈内或称作 churuta 的住居内。

churuta 是家庭成员学习谋生技术，发展和传承编筐、垫子、加工宝石、面具等技术的场所。比如有专门教授陶器吹制技术的小组，以其特产与其他生活圈的人进行物质交换的生意。

这个 churuta 是一个倒漏斗形状，可以居住 20～50 人，属于集团首领所有，以共同作业形式建造，其形象和规模象征着首领的地位，特别是"澳基多木的（churuta）"是最具权威性的。

作为皮亚罗亚族的住居除此还有椭圆形平面，单纯的矩形的平面、圆筒拱形的硬山屋顶。

住居最高规格的是"澳基多木"型，平面为圆形，其直径 18 米左右。支撑"澳基多木"的骨骼是以 6 米的柱子构成的结实的立方体结构为中心，其立方体的框架在人头的高度架构水平构件。与和梁同高的，立方体结构的每个角伸出 4 米长的支柱连接，其支柱端部的 8 个点固定在圆顶的最外圈。立方体结构上端的梁在柱子的上端固定，其梁组成正方形再与梁对角地连接在一起，在垂直于对角线的梁的交点上立柱子，用结实的蔓藤类、绳子绑扎。像靠在中央的柱子那样，在立方体结构的柱子上端连接斜撑，形成金字塔结构。斜杆用呈对角线布置的梁的交点伸出的短斜撑支撑。

图 8-5-1　住居（churuata）

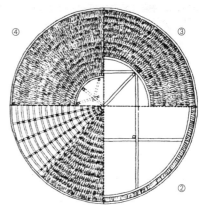

图 8-5-2　各层平面图

圆顶的主要构架是细杆件组成的，杆件为了应对铃铛形的屋顶形状，可进行调节或切断其长度的加工，加工好的杆件，由柔性更好的水平向的蔓藤类连接的棕榈树干等固定。金字塔部分倾斜的柱子也同样给予张力，决定半圆顶的顶部形状。最终这个构架用厚30厘米的棕榈叶子从地上铺上到细的尖顶部，完成圆顶构成。

"澳基多木"从材料的筹备到建设要用4～6个月，其圆顶建设的指挥都是由首领担任。

churuta的内部，有若干个核心家庭居住，中央的正方形空间设2个共用的大炉子，其周围是各家的炉灶和吊床。churuta可达到10～20年的寿命，直至不能使用前要选择好适应生活单元的场所进行新建。

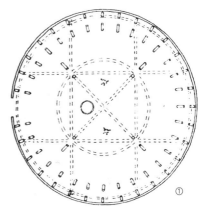

图 8-5-3　地上平面图

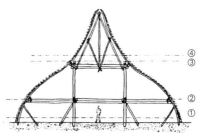

图 8-5-4　剖面图

Ⅷ　拉丁美洲

06 固定住居和圆形的半游牧住居
——亚马孙尼亚，亚马孙，巴西

亚马孙位于南美大陆的北端，以亚马孙河口为要冲，朝着安德斯山脚下以东呈扇形遍布的湿地。有着达600万平方公里的世界最大的热带雨林，有多种多样的动植物在那里生息繁衍。气温、降水量、雨季的时间依地域而不同，对土壤、动植物的分布以及住宅的建设、材料等是很大的影响因子。

据说从古代的欧亚大陆来到印第安人居住，他们由许多的部落族群组成，使用的语言、生活样式、社会构成、宗教各不相同。但是另一方面在语言、神话、价值观上有类似点，和共同的起源。在住居上也是同样，在不同的建筑样式中也可以找出空间构成、象征性的共同点。

印第安人主要是从事狩猎、鱼捞、耕种的某一行业，从而也决定了他们的住居环境。即在河流附近居住的部族倾向于定居，从事鱼捞和耕种，而远离河流在森林深处居住的部族倾向于依赖移动性较高的狩猎为生。

定居用的最有特色的是称作maloca的传统共同住居，属于同一父系氏族的亲族集团都生活在一个屋檐下。

建造maloca骨架的建筑材料只使用富饶森林的树木。首先将柱子和梁组成基本的构架。每个构件分别用蔓藤类植物的茎绑扎固定，然后结合平面形插入椽子，其上是用草和椰子叶厚厚铺就的屋顶，墙体也使用椰子叶编制，或用树皮、椰子的树干做成板状的。墙身很低，仿佛被屋顶完全覆盖的外观颇有特色。这个maloca的屋顶形状因部落而各异，有着各种的形式。有硬山形的也有圆锥形的，硬山形中也有一方或两方结合一个半圆锥形的独特形状。

maloca的布置、空间构成表现了人类和自然界关系的秩序。居住在哥伦比亚的desana族的maloca就是其典型。其方位以河流为基准点。即在河流与maloca连接的轴线上表和里设2个出入口。在针对其轴线垂直布置3对柱子和分别架设的梁，出于神话故事中的动物冠名"佳嘎"的梁是建筑的基本部分。把这些用1根梁（gumu）贯穿下来，象征着1个贯穿宇宙诸水平轴的宇宙柱。中央

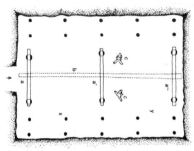

图 8-6-1　迪萨那族的共同住居（maloka），平面图

图 8-6-3　图卡诺安族的共同住居

图 8-6-2　土库那族的共同住居

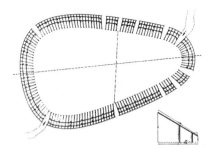

图 8-6-4　雅拿玛族的圆形住居，平面图、剖面图

的"佳嘎"是最神圣的场所，在那里举行仪式等。一般每个核心家庭沿着 maloca 的后半部的墙布房，越是地位高的家庭越占领离中心近的地方。而 maloca 前半部是为来访者准备的。

与 maloca 完全不同的住宅形式还有半游牧的部族雅拿玛（yanoama）族居住的名为 chapuno 的圆形住居。雅拿玛族，居住在巴西和委内瑞拉国境附近的山地，有着依靠弓箭熟练的狩猎技术，同时也经营田园。形成雅拿玛的最小空间单位，是长方形的单坡屋顶的小屋，这些都环状连续布置，这一套的建筑内居住着一个家族。由建筑围合的中央有宽阔的开放空间。成为举行火葬等仪式、祭祀的场所，形式上与 maloca 不同，但是相似点也不少。住宅的材料同 maloca 一样，骨架是木材，屋顶是草和叶子编的草帘，而且空间的使用方法非常相似。

伴随着亚马孙近年来热带雨林的砍伐和矿山、农园的开发、高速公路的建设等丰富的自然环境逐渐消失。这对居住在亚马孙的印第安人的生活构成威胁，成为当今世界的重大问题。

07 Luka，神圣土地的共同空间
——马普切，智利

马普切（mapuch）族，居住在智利的中部（地中海性气候）至南部（凉爽，雨水较多）。马普切地域分7个自治体，在各自治体中形成政治、劳动、教育、宗教等机构。

马普切的世界观认为，人类和自然的协调不能被物质干涉破坏。因此木建筑只是最小限度地、而且是暂时地利用地域资源。共同体没有明确物质所有权，神圣的土地上分布着包括住宅的各种象征物。因此外来的人只看到没有建筑物的广阔空地。

马普切的建筑把依靠最小限度的建筑取得空间的舒适度作为基本原理。

马普切的空间分成了反映阶层性的4个领域。东面是太阳升起和山的方位，是最重要的领域，因此不建建筑，西面是有着通向海的、南面是有着通向森林的通道的领域，北面是联想厄运的领域。

聚落的形成，要有6个基本要素：共同体活动的场所（territorio）；祭祀精灵的场所（gulatuwe）；医疗的场所（machi）社会和共同体的场所（luka）；娱乐的场所（palin）；以及死者的场所（cementerio）。

luka是指马普切族传统的住居。1个luka有3～9家，进行具有教育、政治、社会目的的日常聚会时使用，同时发挥仓库、社会的中心的掩体的功能。

luka的形态为矩形、椭圆形、圆形等、根据共同体不同而有差别。内部是一个大空间，面积120～240平方米，结构体使用常青树的山毛榉、樫树、月桂树等，填充材、屋顶材、连接材有稻草、绒毛花、苔草、蔓类植物、楠木等，建筑材料使用当地的木材。建筑物的构成要素除了柱子、梁、桁架等结构体外，地面铺装是土、石。唯一的墙面开口部是出入口。空间主轴是东西向的，出入口是日出的方向，即设在东面。内部空间以炉灶为中心。炉灶不仅可以照明和取暖，其烟灰可以起到保护屋顶内部材料的作用。炉灶的烟从采光的开口部排出。

luka除了以4根柱子为基本的，也有2根柱子支撑整体的，2根柱子支撑简单的梁，其梁支撑屋顶桁架。绳子、树枝、南美的竹子直接铺在桁

图 8-7-1 lafkenche 的住居（luka）

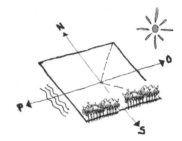

图 8-7-3 马普切人的方位观

图 8-7-2 现代版的住居（luka）

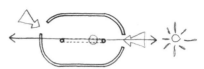

图 8-7-4 住居（luka），平面图

图 8-7-5 住居（luka）的通风系统

架上，绑扎结实。这种 2 根柱子的类型在"来福垦 lafken"地方多见。

lafkenche 是指沿海岸的 lafken 地方形成的地域社会，作为地域的特色应为在海一侧设的第 2 个出入口，该出入口不是正西，而是有些偏北。2 个出入口虽赋予了同等价值，作为形态，屋顶是非对称的铺装，东侧的主要入口规格较高。

最主要的是稻草、种子植物、苔草铺的屋顶。陡坡屋顶垂到地面，可以说没有垂直的墙，只有出入口木制的门是垂直的。

把传统的住居本来具有的社会的、政治的意义，适用于现代社会交流的场所进行了一些尝试。屋顶垂到地面，内部空间的中心是炉灶，使用地方材料等，继承了传统的手法。也掺入了现代建筑师的智慧（用竹材做的内墙，石铺的地面、现代的基础工程，沥青的防水屋顶等）。

08 草原住宅,开放的田园住居
——潘帕,阿根廷

潘帕是指帕拉特河流(piate river)和巴拉那河流(parana river)至安第斯山脉(Mts Andes)的山脚下,从巴塔哥尼亚地方(patagonia)到圣菲(Santa Fe)和科尔瓦多延展的平原地带。潘帕是克丘族语,意为"开敞的平野"。湿润的潘帕是年降雨量在1000毫米以上的潮湿地带。白三叶草(oombu是瓜拉尼语,意为阴的或黑块)、竹子等建筑材料的资源丰富。

潘帕的居民是混血人(mestizo尤指印第安和西班牙的混血),分为讲西班牙语的族群和讲葡萄牙语的族群,定居性的畜牧是主要的产业。

称作rancho的"草原住宅"广泛分布在阿根廷、南巴西、乌拉圭等地,有从土墙草顶的传统到砖瓦墙和金属板屋顶的各种住宅。潘帕地方的rancho,使用烧砖或手工整形的木材加固的铸型砖瓦,或使用石工技术建造。

最一般的rancho是20~30平方米的长方形平面。西潘帕地方rancho是正方形的平面,奢华的柱子以30~40厘米的间隔建在墙体周围的结构形式。构件依据位置命名,角柱称esquineros,主屋称cumbrera,椽子称tijeras,桁称costaneros largueros。

将木板条每间隔30厘米用蔓藤类植物连接,联系柱距,最终的结构是用掺有麦秆的黏土chorizo或泥覆盖。于是非常坚固的方形住居就建成了。只是麦秆丰富的地域,墙体不是用泥而是用麦秆或芦苇根茎做的。把quinchoa或芦苇用长的麦秆绑扎成捆,作为屋顶材料,称作pajaquinchada。其耐久性可以抵御数年的雨季,时常需要铺平进行拍打。rancho带有走廊那样的附属掩体,作为附属的遮阳、休息用的房间使用。4、6或者8根埋入地下的柱子上盖上小树枝或麦秆。过去构件的结合都是用湿的皮毛绳紧固,不适用钉子和钢丝,湿的皮绳干燥后,除了切断几乎没有办法将它解开,非常牢固。

住居周边的附属建筑有海枣属、稻黍的储藏库等。最近潘帕的土著四方小屋、建筑也变成了砖和黏土的,金属垫板代替了草也开始

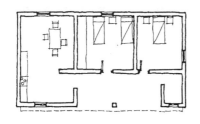

图 8-8-3 节点详图

图 8-8-1 潘帕的住居。平面图、立面图

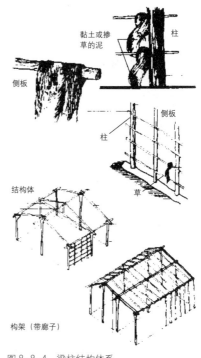

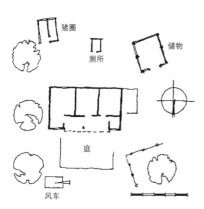

图 8-8-2 潘帕的住居。总平面图，主屋和附属房

图 8-8-4 梁柱结构体系

作为屋顶材料使用。

　　住居基本结构的建设是男性的工作，皮革、垫子的制作，编筐等是妇女的工作。

09　家的嘴，隐喻身体的住居
　　——欣古，巴西

　　居住在巴西西部高地的欣古族住居是极为封闭的。他们的住居是多样的，具有富有特色的细部。并可以比喻为人体、动物、精灵和戴在身上的装饰品进行说明。欣古族把属于自己氏族的特征作为建筑特征反映在自己的住居中，让住居的形态反映人的精神世界，是表象"活着"的行为本身的媒体。

　　在住居建造中掌握主导权的是家长，首先支撑住居的2根柱子由家长树立。然后在地面上以各支柱为中心画圆，通过把它们连接起来，描绘"横长的扭曲的椭圆"。这是住居平面的基准，周围的支柱也建立在这个椭圆的圆周上。决定安装门的支柱位置也是家长的特权，门的开口部"家的嘴"，可以认为是家的外部和内部的交界。椭圆的圈梁在上部连接和固定周围的柱子，因此支柱为"家的肋骨"，起着安定住居整体的功能。椽子一方的端部围绕着周围的支柱以插入地面的方式固定。另一方的端部通过安在中央支柱上部的梁来固定。中央支柱的顶部从建筑中凸出来成为头顶的"角"，后方的椽子是向前方突出的"牙齿"，这些从侧面看像是挂在带着根部树干上的"家的耳"。木头做的"耳环"穿过"耳"，直通内部的"下巴"。皮绳和板条加固屋顶拱状的结构，这也称为"肋骨"。覆盖住居整体的"头发"是枯萎的小草和"肋骨"板条结合的部位。这种拱形屋顶的断面形态称为"家的肚脐"。

　　如此建造的住居内部，空间的划分并不明确。但是模仿人类身体的住居各部位，作为家庭成员的共同记号来认识，因此，每个人居住在各自所规定的领域，也确保了睡眠、用餐的场所。但是欣古族还有与通常住居不同功能的建筑。欣古族清晰地划分公与私的空间，有公共的功能的建筑选择与住居不同的特殊地段建造。

　　比如，在离开村落的场所建造特殊的建筑。成为人们进行人生礼仪的据点。即迎接成人式的10～20岁之间的男性，想成为黄教僧的人、想成为大人的少女等部族，想改变社会地位的人们，在一段时间内离开村里在这个建筑内住一段。在社会上人

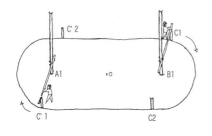

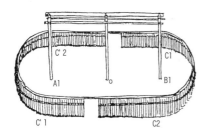

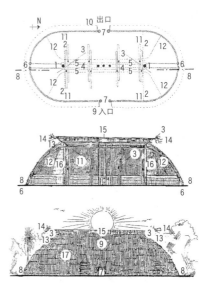

图 8-9-1 欣古族决定椭圆形住居的方法的模式。中央的支柱 A1，B1 为中心，A1-C'1 B1-C1 为半径画圆

图 8-9-2 平面图（上）·内部剖面图（中）·立面图（下）
1. 脚，2. 腕，3. 耳环，4. 头顶部，5. 下颚，6. 阴蒂，7. 嘴，8. 臀，9. 胸，10. 脊背，11. 想像的天空屋顶，12. 想像的乳腺管，13. 头部，14. 耳，15. 牙齿，16. 肋骨，17. 头发，18. 脖颈（内部）

的作用和特性不同，通过在这里过渡一段，可以有时间思考自己在社会中应有的作用。

此外在村落的中央，布置作为公的空间发挥功能的建筑，这个建筑多为竖穴式等古老形式的住居，作为村里男人们的社交场所或神圣场所，用于仪式。因此禁止女性进入，保管着仪式用的假面、道具，成熟的男性举行仪式时在这里化妆，10～20岁的男少年们在建筑的周围扎"耳洞"。

综上所述，欣古族的建筑是通过居住和仪式来体现使用者精神、肉体的场所，他们认为建筑和人们的精神、身体有着直接的关系。

column 13　　　　　　　　巴西的临时野营地

　　在巴西所谓 MST 是指向国家要求公平的土地改革的"无农地的工人运动（Rural Landless Workers Movement）。不仅是巴西，在整个拉丁美洲来看这也是大规模的社会运动。

　　联邦政府的"改革"被视为无视地域功能，抵抗运动遍布全国。抵抗方式是在政府将要没收的土地上"安营扎寨"，以推动国家财政机关保护野营地不可侵犯权以及土地公有化。根据国立迁入农地改革研究所 INCRA（National Institute of Colonization and Agrarian Reform）2000 年 9 月的统计，巴西联邦的 23 个州中有 625 个野营地，有 82523 户居住。

　　野营地要经过慎重的形成过程。首先对其土地进行调查，然后对希望迁入的家庭举办讲座，集中每个帐篷以及整个野营地需要的建筑材料，实地进行建筑操作，300 户的帐篷一个晚上就可以组装好。

　　迁入后，30 个家庭为一个组团，每个组团有 2 个负责人，并选出食品科、保健科、基本建设科、治安科科长。在分到各家的黑帆布帐篷上写上组团名和家庭门牌号。这个简朴的丘陵上（古希腊）城堡式的集会，只需要准备好舞台用的小帐篷、卡车就基本可以在野外进行了。每组团设置有共同的厨房、浴室、厕所，有的野营地还设有杂货店、学校、集会所等帐篷。

　　希望迁入的家庭交涉结束后，在政府的监督下设立 AST 野营地。虽说是临时的野营帐篷，但是可以帮助理解巴西住居本质性的东西，很有意思。

　　迁入的家庭到达的当天就要作为掩体使用，所以要求工期尽可能短。大多数的野营地都与大的农场毗连，除了高速公路以外一无所有，是基础设施欠缺的荒野，因此帐篷的建设作业要依赖迁入组团所拥有的传统技术和农村共同体的合作。建筑材料也是各组团根据世代相传的经验，考虑其土地的气候选用的。即基于各组团独具特色的文化遗产进行建设的。

　　传统的巴西的农村住宅反映了巴西人的出身族群（土著民、混血、被葡萄牙人带来的非洲人）已经是混合体了，是各种知识和技术合成的。依靠口述传承、共同作业形成了向后代传承的"传统"。野营地的帐篷建设就是这种传统加上简单的技术。将木材立在地面上，木材之间进行连接，向 1～2 个方向倾斜的三角形屋顶用黑帆布或椰子叶覆盖。这种架构技术与 cabocla（印第安人混血），凯卡拉（caicara）等族的传统住居的独特技术——pau-a-pique 很相似。帆布多用于城市货摊上的覆盖物，椰叶也用于土著民的住居，这些都成为临时野营掩体的匹配材料。虽是有期限的住居，短时间的建筑工程和共同作业可以说也象征着土著的传统。

图1 MST住居的骨架

图2 黑帆布覆盖的小屋

图3 传统住居的pau-a-pique技术

图4 MST野营的景观

  作为殖民地时代的农村经济遗产，要改革只是滋润了少数大农园的现代社会结构的手段就是MST野营地。

  主张农地再分配的野营活动，也许会带来缓和未来人口和物流向大城市集中的积极效果。城市和农村新的界限以及关系性将会令人关注，可以说是探索国土开发和经济发展模式的重要过程。

  考虑到城市生活已达到极限的现状，作为新的居住地的选择，可以考虑向农村的U字形回归，MST野营帐篷是巴西文化多样性的经验产物。同时也给空间、领域等观念注入了全新的理念。

lecture 11 沐浴的世界史

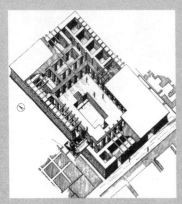

图1　摩亨达达罗的浴场，复原图

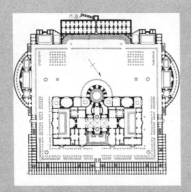

图2　卡拉卡拉浴场，平面图

图3　圣玛利亚大教堂（古代戴奥克里堤安浴场转用），内部

"沐"为洗头，"浴"为净身。沐浴在世界各处都是自古就有的行为，现在仍在继续。沐浴的主要功能有保健卫生、宗教礼仪、疗伤、美容、慰安、娱乐、社交等。浴场有利用河、海、湖等自然河边的，也有被建筑化的。沐浴的形态大体可分为蒸汽浴、盆浴、淋浴。在日本"风吕"和"汤"本来的意义是不同的，前者指蒸汽浴，后者指温水浴。江户时期以后，"风吕"代表了两者的含义。风吕的语源是"室"，汤为"斋"。总之沐浴依据时代、用途、地域有着多种形态。

被建筑化的浴场可以上溯到古代。印度亚大陆公元前2400年印度文明昌盛，其代表的城市遗迹摩亨达－达罗卫生设备齐全，建造的居住区几乎所有住宅都配有浴室。在砖铺地面上进行沥青防水加工。另外在进行仪式、祭祀的城塞地区与佛塔、学堂、谷仓等并列建有浴场。摩亨达－达罗的浴场为8米×13米，深2.7米，南北有8个踏步的楼梯。沐浴场的北边是神宫用的浴室，公元前4000年的美索不达米亚南部的乌鲁克（uruku），伊安娜地区的神殿群中有给水排水设备的2个2米×2米的沐浴室。据考证在埃及公元前3000年左右住居内也配有浴室。在古希腊公元前5世纪就建设了公众浴场帕拉内恩（paranion），1世纪在运动设施上附设浴场的体育设施（gymnasion）的建筑类型出现了。希腊的沐浴文化被罗马继承。以下就罗马、伊斯兰、基督教、犹太教、印度教，以及日本的沐浴及浴场展开论述。

■ 罗马

罗马的浴场是继承希腊由小规模的温水浴（Balneum）发展而来的大规模的公众浴场（thermae），作为娱乐和社交场所十分兴盛（阿古里帕浴场，内罗浴场，卡拉卡拉浴场，得欧苦雷德努斯浴场等）。公众浴场的平面构成以脱衣室（apodyterium）、冷浴室（frigidarium）、温浴室（tepidarium），热浴室（calidarium）为中心，设有运动场馆（palaestra）、发汗室（laconicum）、摩擦室等。来访的市民在这些室内巡回。在技术层面，由于发明了地下采暖装置（hypocauston），通过向地下、墙内空间送热气的方式调整浴室温度。城市建有多数的公众浴场，多依附于罗马高度发展的水道系统。

但是伴随着3世纪左右开始的城市经济的混乱，浴场设施也走向衰落。4世纪被正式承认的基督教以低俗、卖淫、酗酒、赌博的罪恶舞台为由否定了公众浴场。6世纪，日耳曼民族的大迁徙时水道桥被破坏，罗马的大浴场断绝了水源，走向破败的西罗马帝国的公众浴场转用为修道院、教堂、监狱等（阿古里帕浴场，得欧苦雷德努斯浴场等）。而留存下来的东罗马领地内的浴场虽然规模不大，很快就被伊斯兰的浴场建筑所继承。

■ 伊斯兰

伊斯兰在教义上规定信徒沐浴的义务。但是在水资源匮乏的沙漠地方允许用砂子沐浴。伊斯兰世界的共同浴场哈马姆（hammam）是与清真寺、市场、学校同样重要的城市设施［巴夏浴场（阿卡），努尔阿德恩浴场（大马士革等）］。

哈马姆有着超越时代、地域的差异称为原型的平面构成。从街区道路到通路里面为脱衣室。前面经过卫生间有3个浴室排列，按照进入的顺序为第1室、中间室、热浴室。第1室使用余热加热房间，可以兼作冬天的脱衣室，中间室和热浴室是分别继承了罗马的湿桑拿浴及热浴室，哈马姆为了有效利用热源多建在半地下。地面材料喜欢用传热性能和防水性能好的大理石。哈马姆的浴室基本构成，特别是波斯语言文化圈内第1室和中间室被省略的很多，基本上没有怎么变化一直延续至今。

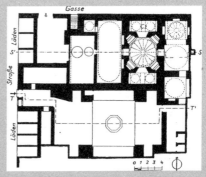

图4 nuluatu浴场，平面图

■ 基督教

　　初期基督教徒认为沐浴室是奢侈的，把不洗澡视为禁欲的美德加以赞美。但是到了中世纪后期，没有继承罗马沐浴文化的西欧也出现了公众浴场，是由于十字军与伊斯兰交流的成果。为维持净身以及健康进行温浴、蒸汽浴、搓澡、摩擦、洗发、剪发、剃须、放血，作为社交和娱乐场所而兴旺。

　　16世纪后半开始，西欧的公众浴场再次走向衰落，原因是燃料价格的上涨和传染病的流行等，另外在宗教改革中视为伤风败俗而遭到批判。以后，西欧的浴场作为卖淫浴场、或反体制的据点发挥功能。1683年以维也纳包围为契机，奥斯曼帝国的浴场文化再度被带到西欧，不过只是满足异国情调而发挥作用而已。不卫生仍被视为美德。当时尽管站在禁欲立场上被否定的香水、化妆品等再次泛滥，但沐浴一直被否定。

　　到了19世纪，在西欧城市的贫民窟化，以及医学、卫生学的发达，清洁的观念受到重视。加上水道整治迅速发达，城市再次开始大量建造公众浴场，但是只是以实用为目的，设有浴缸、沐浴的房间而已。后来在欧美，住户内配有以沐浴为中心的浴室成为主流。

■ 犹太教

　　与古罗马形成对照的是禁欲，是古代犹太教的沐浴，这是以净化心灵和身体为目的的。犹太人采用巴比伦的沐浴习惯，公元前1055年大卫王致力于浴场以及水道的建设，在其子所罗门时代完成。塔木德（Talmud）规定没有公共浴场的街道不能居住，并规定应该沐浴的日子。犹太的公共浴场蜜尔瓦（milva）多以泉水为水源，因此几乎都建在地下，而且没有任何装饰。

■ 印度教

　　印度文明衰落后，与公元前1500年入侵的雅利安人一起兴起的婆罗门教赞美沐浴的功德。印度教是吸收公元前2～3世纪婆罗门教的土著信仰发展起来的宗教。印度教的圣地圣泉寺的原意为河的浅滩、渡口。意味着从无常世界到永恒世界的入口，圣地多位于海、河、湖的岸边，阶梯状的被建筑化的沐浴场甘地（ghat）从古代到现代一直是印度教徒的沐浴场。此外许多圣地中恒河是特别的，不仅是活着的肉体的沐浴场，还作为火葬场发挥作用，骨灰流入恒河。

■ 日本

在日本从原始神道的古代开始就有沐浴，6世纪传到日本的佛教和婆罗门教一样赞美沐浴的功德（说教沐浴功德的经文有《佛说温室沐浴众僧经》《四分律经》等）。海、河、湖以及温泉等沐浴净身、驱逐妖魔是祈祷奉仕神佛的习惯，逐渐为此的建筑被建造出来，在8世纪奈良寺院的记录中有"大汤屋"的记述。作为7堂伽蓝的1堂的浴室，不久通过施浴的形式给予庶民以沐浴机会。

图5　妙心寺浴室

到了平安末期，脱离了宗教意义的庶民作为习惯沐浴的澡堂（汤屋）登场了（15世纪描绘京都的《洛中洛外图》中的柳风吕等）。13世纪以后，大量建造的禅宗寺院浴室占据伽蓝配置的重要位置，在民间付费沐浴的澡堂十分兴盛。山形封檐板作为日本的浴场外立面设计主题固定下来的历史也是这时候的（妙心寺浴室（京都）、《日本远征记》（佩利著）记载有下田的街道澡堂，船港温泉（京都）等），澡堂作为江户期商人的社交场所迎来了全盛期。二次大战以后，带有洗澡间的住宅急速增加，相反现在公共澡堂的数量大大减少了，除了日常生活的沐浴，现在特殊浴场（超级澡堂）、温泉等根据不同需求的沐浴成为可能。

图6　《日本远征记》所刊载的街道澡堂

以上，记述了多种沐浴的部分历史。现今在世界各地有各种形式的沐浴，在巴厘岛海边的村庄直接在海里沐浴，而在内陆建有豪华的共同浴场，在澳大利亚的北部地方，人们穿着泳衣在热带雨林的温泉中享乐。在日本除了自家的日常沐浴外，还有澡堂、特殊浴场（超级澡堂）、温泉等可以有各种用途沐浴，尽管有中近世纪欧洲那样特殊的例子，但是沐浴行为是人的生活不可缺少的。

图7　巴厘阿加的村里的林浴场

VIII　拉丁美洲——343

IX

大洋洲

美拉尼西亚
波利尼西亚
密克罗尼西亚

panorama　美拉尼西亚、波利尼西亚、密克罗尼西亚

　　大洋洲是澳大利亚大陆和太平洋群岛的美拉尼西亚、波利尼西亚、密克罗尼西亚的总称。美拉尼西亚是希腊语"黑岛"的意思，是指赤道以南的南太平洋群岛中位于经度180度以西的群岛，包括巴布新几内亚和所罗门群岛。波利尼西亚意为"多岛"，只要指太平洋中以夏威夷、复活节岛、新西兰为顶点的三角形中所包括的岛屿。在广阔的面积中分布着2000多岛屿，却具有共同的语言和文化。密克罗尼西亚是"极小岛"的意思，是指除了波利尼西亚，分布在赤道以北的太平洋上的小岛屿群，包括帕劳群岛。

　　澳大利亚陆地很大，含悉尼的东部高原和perth的西部台地，与中间的中央湿地分开，大陆中央部有5个沙漠地带。沙漠地带由于气温变化剧烈，因此孕育了不分季节和昼夜都能维持稳定室温的地下住居。也不完全在地下，是位于丘陵上的山崖中的横穴住居。位于维多利亚沙漠（Great Vicoria Desert）的南入口的地下窑洞（kupabidi）中，也有称作独木舟之家（Dodouthouse）的地下住居。在城市可以看到类似其他旧英国殖民地的田园城市，在田园郊外拥有著名的康奈尔赖特花园的阿德莱德可以看到各个建设时期建造了各种样式的住宅。

　　美拉尼西亚的村落以广场为核心，普遍为房屋并列的集村形式，住居多为地床式。可以看到新几内亚达尼族的集居形态、地床、圆形平面、一种四坡顶。与此相对应摩尼族为散居形式、高床、长方形平面、山形屋顶的多样形态。在新几内亚、所罗海岸也有栈上房屋，建筑材料为木材、椰子、草、蔓类植物等地域自然资源。住居的内部没有隔断的一室空间居多，与其他地域相比男女空间的分隔明确，在美拉尼西亚可以看到许多男性集会所，说明村落的共同体是牢固的。交流设施比住居更用心装饰。

　　波利尼西亚也多是集村的村落形式，在新西兰的毛利族的村庄是以广场、集会、酋长的家为中心的集居形式，为了部落间的抗争在高台上围有栅栏的防御性聚落多见。以毛利族的住居为首，在波利尼西亚多为地床式住居。此外，在波利尼西亚一般先砌筑基石、台基，在其上建住居是其特色，屋顶为山形，厨房是独立的房屋。萨摩亚、汤加等西部波利尼西亚，圆形、椭圆形的平面多，屋顶也是在山形上再附加半圆锥形屋顶的四坡顶。栈上住居也有带集会所和特别建筑的。毛利族擅长雕刻技术，华丽的集会所有着技艺精湛的雕刻。

　　在克罗尼西亚集聚的村落较多。在马里亚纳群岛的可以看到部分地床式住居，其中多为山形屋顶。但是在帕劳岛、亚普岛等地，集会所建

筑是高床式的，鞍形屋顶，这与印度尼西亚的住居形式有相通之处，见证了曾有过的海上交流史。住居内部是一室空间，厨房是独立的房屋。在密克罗尼西亚还可以看到集会所、产房、月经小屋等。

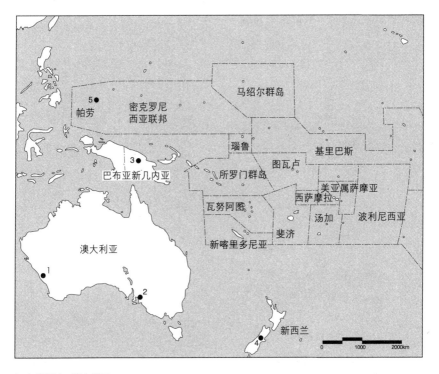

1 库帕佩迪，澳大利亚
2 阿德雷德，澳大利亚
3 达尼族、莫厘，新几内亚
4 毛利、新西兰
5 帕劳，密克罗尼西亚

01 地下住居 白人的潜穴
——库帕佩迪，澳大利亚

库帕佩迪（Cooberpedy）位于距阿德莱德西北858公里的维多利亚大沙漠的南入口，夏季白天气温50℃，冬季夜间气温10℃以下，年降雨量150毫米，气候条件苛刻。库帕佩迪城镇的历史始于1911年首次发现蛋白石，在白人进入前这里是土著居住的荒野，是蛋白石唤来了白人。

在沙漠地带生活的困难之一是巨大的温差变化。库帕佩迪城镇的名称是源于 kupa piti，意为"白人的潜穴"。在一望无际的荒野中，即便是进入了库帕佩迪，也几乎看不到称得上建筑的构筑物，相反雨后春笋般林立的口径、长度各不相同的圆筒构成一道风景线，（图9-1-1）。该镇许多住居设在地下，多数的圆筒有着换气的功能。通过地面的蓄热效果，使设在地下的居室不论季节变化还是昼夜都可以获得稳定的室温。这些住居与"棒球场"语源相同被称为地下住居（dugonthouse）。与存在于世界其他地域的若干地下住居一样，库帕佩迪镇的地下住居是为了应对生活在沙漠严酷的气候条件的智慧之作。

在沙漠中生活另一个难题是水源的不足。1917年大陆铁路开通，第一次世界大战后复原下来的许多工人从事蛋白石的开采，这时地下生活已经开始，水等必需物品只能从遥远的地方运来，生活条件极为苛刻。也有在地下建设水库的对策，但是条件并未缓解。

由于世界大恐慌带来了蛋白石开采一时停滞，镇的人口降至66人（1933年），1946年当地土著女性偶然又发现了特殊的蛋白石，以此为契机又掀起了新的一轮开采蛋白石的高潮。1960年以后蛋白石采矿的规模急剧扩大，从欧洲各地来了许多移民。1985年上水道终于得到了正式整备，梦想一夜暴富的人们来自希腊、南斯拉夫等50多个国家聚集于到库帕佩迪小镇，人口达2762人，镇的开采量占世界90%。

库帕佩迪的地下住居的奇特之处在它是出于从世界各地云集于此的蛋白石开采的专家之手，即地下住居是在沙漠中挖洞的名人集合居住的产物，是必然确立的样式。

Dugonthouse 确切地说并不是完全的地下住居，一般先在丘陵上的山

图 9-1-1 林立的通风筒

图 9-1-3 竖穴的玄关

图 9-1-2 横穴的玄关

图 9-1-4 地下住居（dugouthouse），内部

崖上开横洞，然后用挖掘机向地下挖掘岩石地基。因此在山崖的侧面搭建兼作停车场的屋檐，成为进入玄关的门廊（图 9-1-2）。也有少数为人们耳熟能详的露出地面的亭子式竖穴玄关（图 9-1-3）。沿着走廊，经过厨房、卫生间，进入居室，有一门相隔与其他房间连接的平面构成是一般做法。如果需要增加房间，只要没有水系关系的房间，可以在地下继续向里挖。为房间采光的开口自不必说，就连家具也是在岩石壁上挖成壁龛式的。房间内部不进行装修，几乎就是岩石露裸状态（图 9-1-4）。

这些住居，不受长期洗练的文化、宗教的影响，可以说是针对人类居住在大地的行为，纯粹的、草根式的样式。

除了住居，在地下还建有学校、商店、教会、饭店、游泳池等。小镇的周围还围合了防止野犬（欧洲野犬）进入的围墙，长达 45 公里。

然而，体现着澳大利亚大陆开拓精神的地下住居，随着近年来的空调设备普及，逐渐被地面建筑所取代。

IX 大洋洲 —— 349

02 康奈尔轻花园
——阿德雷德，澳大利亚

阿德莱德是 E·霍华德《明日的田园城市》中唯一提及的实际存在的城市，位于阿德莱德田园郊外的康奈尔轻花园是自称为城市规划的传道士查尔斯·普顿·里德（Charles Compton reade）1917 年的方案设计。里德广泛活跃在新西兰、马拉亚、北罗得西亚、南非等大英帝国的殖民地，在各地实践近代城市规划、特别是田园城市规划运动。

里德 1920 年由于移居马拉亚，未能参加田园城市规划。里德的规划方案有很大的变更，1921 年开始建设，但是里德提出的空间构成的骨骼、空间特征要素、根据独自的法律由地域居民构成的委员会全权负责等开发手法上得到了继承。

里德想在这个住宅区具体实现田园城市规划的理念。一方面在社会上为第一次世界大战退伍的老兵以及城市的贫民窟居住者提供良好的居住环境，同时让共同中庭、各种区划的尺度互相贴邻、是以"社会混合"为目标的"试点社区"。在空间上采用了层级街道构成、重视林荫大道、内部的自留地、服务之道等有趣的手法。

住宅的密度设定为每英亩 3 户，口号是"一个家庭一个住宅，一个庭院（one family,one house,one garden）"。集合住宅被看做是招致肉体上、道德上颓废的东西。建造的住宅几乎都是平房的独立住宅，许多被称为"班加罗"。

住宅的式样根据建设时间可以分为 4 类：即加利福尼亚班加罗式式样（1921～）；千家计划（thousand homes）式样（1924～1920 后半叶）；都铎复兴式样（1920 后半叶）；紧缩（austerity）式样（1940～1950 年）。

成为加利福尼亚班加罗式样的模式是因为当时住宅杂志等极力推介美国西海岸的住宅式样。其特征是有低挑的硬山屋顶，重厚的阳台支柱，左右对称的立面和平面，以及用窗户、长梁和屋檐强调水平要素等。外墙使用当地生产的砂岩、红砖，屋面材料多使用奥地利初期时喜用的波板钢板。

千家计划式样是应对住宅短缺大量建设的，将加利福尼亚"班加罗"式样加以简化，建造了 14 种类型。

图 9-2-1 加利福尼亚, 班加罗样式

图 9-2-2 奥斯丁样式

图 9-2-3 初期住宅的平面类型

都铎复兴样式有着陡坡硬山屋顶和半露明的封檐板，外饰面多使用砂岩，进入这个时期屋顶使用波形钢板的少了。

紧缩样式是二战后资财不足的时期提出的没有装饰的诱导形住宅，与其他样式相比最大的不同是没有阳台。

最初建造的平面构成在外观上几乎没有变化，分"左右对称的厅型"、"非对称的厅型"、"通廊型"、"单面型"4种类型。都是面向街道的2室户，居室兼客厅和卧室，面对后院为厨房等附属空间，阳台都设在前面。阳台用墙壁围合可以作为居室使用，这在设计阶段时就预先考虑了。1840年之前住宅变化最多的是变成居室的小规模的改造。

现在工人郊外住宅区的形象淡化了。质量高的居住环境提高了资产价值，随着居住者阶层的变化住宅进行了改造，但是外立面几乎没有变化，良好地保留了建造之初的相貌。建设时作为最小尺度的住户规模在基地上留有余地，是可以随着生活的变化在后院加建的住宅规划。就住宅建设而言，委员会制定了设计指南，因此前院都严格执行了后退红线的规定，居住者之间维持街道景观及住户前面的美观，作为规则确定下来是其关键。此外，委员会通过住宅区的管理维持土地利用的基本形。这些贯彻始终的规则在围绕着景观的审理中获得支持，得到了法律上的保证。

03 男性的家，女性的家
——达尼族，莫厘族，新几内亚

新几内亚有 4000 米高度的山脉，也有海岸湿地，地形丰富。随着地形变化出现了各种各样的住居形式。拥有最具特色的住居形式的民族中，有包含西部达尼族、莫厘族的巴布亚族民族。他们在横贯新几内亚岛东西的中央高原上形成聚落，但这里初次为世人所知是 20 世纪 30 年代，据最近考证确认这里曾经使用过石器。

新几内亚的中央高原以伊里安高原为中心广泛分布的是西部达尼族。其聚落由同一血缘集团构成，围合着广场，布置一个男性的家（kumi）和若干个女性的家（o），男性的家男性使用，而女性的家居住着女性和孩子（3 岁前），由于按照性别划分居所，因此以聚落为单位，没有"以家属、夫妇为单位"的居住体系，即便是完全不同的家族、夫妇关系按照性别也可以共同生活。

男性的家和女性的家都是圆形平面（直径 3～5 米）2 层的住居。虽然形式上没有大的差距，但"男性的家"宽敞一些。墙壁是将木桩打入地下围成双重的圈层，其间用干草勾缝以防风。屋顶铺装稻科类的草。住居的建造一律不使用钉子、锯子类工具，木材用藤子固定。出入口有 1 至 2 个，除此之外没有窗户等开口。

一层为土间（nybai），作为作业场、居室、客厅使用。地面铺有干草和树皮，或芦苇编制的垫子，坐卧其上。二层（屋檐下）为寝室（tilabega），地面为芦苇编制的垫子，居住者都睡在这里。一、二层中央都有炉灶。一层的炉灶以地面、二层的炉灶以附在地面上的黏土为炉床。二层地面炉灶的附近有孔洞，便于炉灶上下层移动。在一层也设置了猪的睡位。

莫厘族，分布在贝赛尔湖的东部，以及肯马布河流域和多拉布河流域。莫厘族的居住互相隔开一定距离建造，不是西部达尼族那样的集村形态。此外他们与西部达尼族同样，男女居住分开，但不是以聚落而是以家庭为单位。

莫厘族的住居，是长方形（6 米 × 3 米左右）的地板抬高约 50 厘米。屋顶为树皮铺装的山形屋顶，入口设在山墙一侧和正立面两种形式，地面铺着芦编织的垫子，墙壁为木板。

莫厘族的住居，有男性居住的

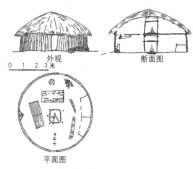

图 9-3-1 达尼族的住居，立面图、剖面图、平面图

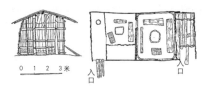

图 9-3-3 莫厘族的住居，立面图、平面图

图 9-3-2 达尼族的住居，中央是"男的家"，其他是"女的家"

图 9-3-4 莫厘族的住居，外观

场所和女性居住的场所，由此也有将住居平均分为两块的例子，还有紧邻另一栋建造的，依据聚落而不同，莫厘族整体属于前者形式的较多。

住居一分为二时，每个房间都设置相应的出入口。而且房间内的隔断用木板墙隔开，但是完全隔开仅限于就寝时，白天打开木板墙的一部分，无论男女都可以自由地往来。家属以外的人不得进入女性的房间，来客都在男性的房间接待。2个房间都分别在中央设有炉灶。地面铺有用树皮编制的垫子。围着炉灶就座。男性的房间围绕着墙壁由藤子捆扎的靠垫安装在房间周围一圈。坐下时墙可以作为靠背。女性的房间设有猪的睡位。

达尼族和莫厘族男女隔离原理看似是排除夫妇的性生活，实际上并非如此，白天他们在不被人们注意的森林等地做爱，其他例子也可以得知，男女隔离的原理并非意味着非人道的东西。但是历史上不理解这些的欧洲传教士出于所谓文明人的自我意识流的"人道主义"考虑，时常对扎根于聚落的原理本身进行破坏。

IX 大洋洲 —— 353

04 小住居
——毛利族，新西兰

新西兰最古老的建筑是波利尼西亚被称为毛利族的土著人建造的，他们是6世纪至7世纪移居到新西兰的。

他们的村落称"帕（pa）"，出于防御的目的建在山坡或山脚下，依靠水源和木造的墙小心翼翼地保护着自己。至今在北部仍保留有6000处以上的村落。

规模较小的住居称为whare，依据规模和主人的地位建筑样式的类型不同。最简单的是把木制的外皮用作屋顶覆盖，向墙壁填土的较多。普通的住居为长3米的低层小屋，用绳子将小树绑成捆与茅草屋顶结合建造。墙壁内侧贴花砖，再盖上一层莞草叶。高级的小住居基底面积为4米×2.5米左右，木柱和双层的草屋顶和灯心草外皮覆盖的梁柱结构。

大的住居建设从清扫和平整基地开始，先决定后面墙的位置，每边用尺寸绳划分。主要结构由距地面2.4米高的主柱形成。两端的2根柱子先于正中的柱子之前插入深槽中。拴在脊檩的绳子拉到所定的位置的台架上。柱子的高度决定屋顶的固定位置，它越低屋檐可以做得越宽大。为加固承受脊檩伸出椽子的墙体，厚木板装置在一侧。外部的柱子支撑pou，他们由叶子的纤维编织的绳子绑扎。

住居的封檐板安装在屋顶的一侧，设置门和窗形成玄关。内部为一个房间，一般有暖炉和地板以及工作台，厕所在外面。隔断的墙是亚麻和蕨以及羊齿类植物编制而成的。一般小住居只是为食寝使用。典型的毛利族的定居地包括睡眠（whare puni）、就餐（whare kai）、学习（whare wananga）、编织（whare pora）、集会（whare nui）等各种功能的小住居。其他的建筑样式还有高仓库和高架地板式的基坛，用于干燥粮食和战斗。

最重要的建筑样式是集会所。主要用于集会、葬礼、集体冥想等。西欧人到来后，集会所扩大为一面带有开放玄关的简朴的山形构造。一般的建筑统一为称作marae-atea式样。19世纪之前，一般的集会所中装饰着极为精致的木制雕刻。集会所是民族象征的场所，蕴藏着他们所敬重的

图 9-4-1　毛利族的聚落

图 9-4-3　集会所，细部

图 9-4-2　集会所，外观

图 9-4-4　集会所，内部

祖先代表的生命力。从雕刻的假面伸到正面的身体的栋梁代表了脊梁，正面的窗户代表眼睛、封檐板代表手腕、直到前面的手指结束，玄关为头、内部空间为腹部、椽子代表肋骨。

就寝小屋用炉灶分隔的很多。只有正面的封檐板上有一个小通风口，由于没有烟囱，内部空间常常被烟笼罩，外表立即被熏黑。他们没有水的供给设施、取暖器具以及卫生设备。1900 年以后，遵照毛利族卫生评定委员会的决定，新西兰政府实行了就寝小屋的现代化改造和拆除，现在几乎基本上没有了其踪影。传统的集会所虽然常被更换成现代材料，但是还存在于城市。

IX　大洋洲　355

05 森林之神建造的家
——帕劳，密克罗尼西亚

帕劳群岛位于西太平洋、密克罗比西亚的西南角的加罗林群岛的西侧。16世纪被西班牙"发现"，1885年宣布为西班牙的领地，西班牙在米西战争战败后，1899年转卖给德国，在一次世界大战中德国战败，日本成为密克罗尼西亚委任统治国，把南洋厅设在帕劳区的科罗尔岛。二次世界大战后倍尔岛成为日美的激战地以及美国政权下的联合国信托统治领地。最终建立了自治政府，成立帕劳共和国是1981年1月。

居民属于南岛国语族的帕劳人。密克罗尼西亚与其他诸岛一样，以母系制为基轴形成社会。其亲族体系今天仍很重要。出于地理条件优势接纳了从苏拉威西、哈马黑拉、棉兰老来的飘海民。与南方的美拉尼西亚，特别是新几内亚等有过接触。历史上丰富的食料资源抚养了2倍于现在2万1千人（2004年）的人口。

土著民大理建造了大规模的阶梯状的土垒、为人熟知的"大脸"的巨石雕刻群以及集会所。过去有许多有着独立首领的独立地域，每个村都建造了若干个集会所，集会所最大限度地活用了当地的资源，在密克罗尼西亚也是有着结构精巧的建筑类型。高床式、鞍形屋顶的形态，与苏门答腊岛的巴达克·托巴(Btak Toba)族的住居相似，不仅是整个帕罗岛屿部，南岛语族世界一带都可以看到。

建设都是在称为森林之神(dagalbai)脊檩的指挥下进行的。集会所的精致以及数量象征着村里的富足和名声。因此战败的村庄被拆掉的例子时有发生。集会所几乎都是平房，地位较高的酋长、祭祀长，为炫耀自己的权势，建造2层楼的集会所。在使用石、玻璃货币的帕劳，使用这种货币雇佣森林之神、手艺人，建设集会所等公共设施。

集会所，可以说是一个宗族的生活中枢。男性进行集会、仪式、舞蹈，也可以用作卧室。集会所建在玄武岩的山坡上，1个山坡上有2～10个集会所。1栋的规模以Irrai村为例，宽6米×长20.7米，脊檩长26.2米，只是结构的骨架，基地以外的场所事先刻上，将复杂的作业所需要的楼板、装饰在现场组装好，采用接近于预制施工工艺。屋顶梁和对角线的斜

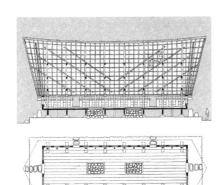

图 9-5-1 集会所，剖面图、平面图

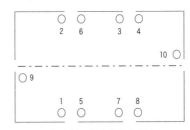

图 9-5-3 集会所，长老的席位顺序

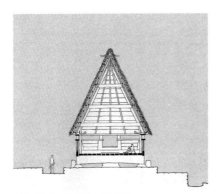

图 9-5-2 集会所，剖面图

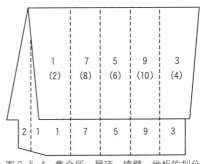

图 9-5-4 集会所，屋顶、墙壁、地板的划分

撑、椽子以及檩木用椰子纤维编织的绳子绑扎，再用棕榈、露兜树科的叶子等覆盖。

四面都设入口，前面有石阶。内部不使用大家具或墙来分隔，是一个连续的空间。以采光、通风为目的，在屋檐下设开口，楼板设烧火的炉灶，有扔垃圾的洞口。集会或举行仪式时，长老下属村议会成员的席位是固定的，是按照建筑费用的分担额度来决定座位的，像屋顶铺装的更换等建筑物的维持费都是要分摊的。

1940 年以来，集会所没有再新建，掌握了传统技术的年轻的帕劳人承担了改造和维修的工作。

| lecture 12 　　　　　　　住居的接近空间学 |

■ "住居"与"居住"——以日本为例

住居的硬件即结构和建筑材料，主要由其地域的生态环境决定的。另外，住居的软件即使用方式是由其地域的文化和社会决定的。

关于这点,以日本的东北和西南的住居（农村住居）为例。在20世纪60年代左右，日本住居一般是由土间和半高床两部分构成。但是明治以前的东北地区住居其居住部分也是由土间构成的地床式相当广泛。在同一时期的日本西南，与60年代一样土间是家务劳动场所，居住部分是半高床式的。这个差异除了两地间的经济差别外，属于积雪寒地的东北和比较温暖的西南地区的气候环境不同关系很大。在寒冷的东北的冬季，比起半高床式，地床式比较温暖，而且有着防止来自地板下的寒风的效果。可以说是使东北地床式住居长久保留的重要原因是生态环境。

居住部分为半高床的，其平面可以分类为东北是"广间形（三间型）"，西南为"田字形（四间形）"。广间相当于起居室，也存在于田字形中。东北，在广间中必须挖一个围炉，而土间内没有炉灶的住居也很多。相反在西南，多在广间中做围炉，但也有没有的，而就炉灶而言，普遍设置在土间。东北的围炉上面有一个自在钩，挂在上面的吊锅是一般的煮饭炊具。西南的围炉也有自在勾，但更多使用的是上面可以放锅的三角或四脚的火撑子。西南主要使用炉灶煮饭，比起吊锅主要使用放在炉灶火撑子上的带把手的锅。有围炉的广间充当起居室的同时，也是使用吊锅煮饭的场所，这是东北的特征，这也可以用冰天雪地寒冷地带的生态环境来说明。由于东北的气候寒冷，从采暖出发非常需要把广间作为煮饭的场所，这样可以提高采暖效果。

另一方面，广间的使用方法，比如着坐的位置，东北和西南的差别不大。两地带都是把起居室以及围着围炉的四边中、从土间看上去离正面房间最近的位置称为横座，即上座，家长的位置。横座的对面右边垂直立为女座，即家属、妻子的位置，佣人的座位是与横座相对的离土间最近的平行边，称为"木尻"（炉边的下座），这是最低等级的下座。这样在广间的"应坐的位置"的软科学方面，可以以家长制度来说明和认识空间的两个"上下"关系（上座和下座）的日本文化和社会特质。

■ 接近空间学

考察与文化、社会的特质有关联的世界住居的使用方式，可以援引接近空间学（proxemics）文化人类学者的S·霍尔提出的概念。即所谓接近空间学，是霍尔从意味接近性、接近度的 proximity 合成的语言。

例如比较一下男士之间的寒暄方式，有身体紧紧拥抱在一起的阿拉伯人；身体接近但是停留在握手的欧洲人；身体完全不接触，保持一定距离，互相鞠躬的日本人等存在着差异。这不仅是寒暄的"身体技法"的不同，也表现了与对方的距离选择，即个人的、社会的空间使用由于文化的不同而有差异。所谓接近空间论（分析研究社会、人类、动物等个体关系，社会相互作用影响的学问）是观察可称为文化"隐藏维度"的交流场所接近方式的有用的概念。

住居具有两面性：①在家庭接纳配偶、生育后代的场所；②为生育后代组成的家庭与外部世界相互交涉的场所。多数场合，前者是对外部封闭的私密空间，后者是向家庭外部开放的空间，两方面兼而有之。许多场合①对家庭外部而言是封闭的私密场所，②对家庭外部人员也开放的半公共场所。住居就是对外部兼有"封闭和开放"两面性的空间。

在此，援引空间接近度的概念，穿越文化看住居内的①和②。当然接近空间学依据性别、阶层、身份有各种变化。在这里列举同属一个社会集团，不是家庭成员的成年男性外来者的情形。

■ 巴基斯坦西北部普什图（pushton）族的情形

初访盎格鲁撒克逊血统的美国人家庭时，主人让我们看了住居内所有房间。当然也有像夫妇卧室那样的房间只能看看而已。是外来的男性和主人一起可以暂时进入的空间。这个美国的例子表明是上述②具有"开放空间"的一面。

与此形成对照的是伊斯兰世界。比如巴基斯坦西北部的普什图人的村庄，是在土坯砖高围墙内的住宅连排建造的形式，围墙有出入口，有木制的门，也有没有门使用屏风状影壁的，后者的情况是不允许外来男士进入到宅院的，站在入口前向内部打招呼，等待主人出来。两者会面喝茶的场所是村的共同接待处称作"乌拉基"。其内部在土间摆着几个就寝兼坐椅的床，饭菜从家里端出来，负责上菜的当然是男性。向外部开放的空间只有"乌拉基"。拥有大宅子的富裕人家，也有在正房入口附近设自家"乌拉基"的，这种情况外来者与正房是完全隔离的。

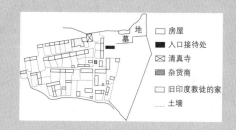

图1 普什图（Pushton）族的村子，巴基斯坦

■ 西非、马里国中部的班巴拉人的情形

西非的班巴拉人的聚落也是以住居为单位构成的。围合住居的土坯砖围墙较低，越过围墙往往可以看到里面。住居的出入口有中央开口的平顶门，从开口部可以看到住居的内部，班巴拉人是一夫多妻制，妻子们都有自己生活的住房。丈夫的住居只有丈夫一人居住，吃饭时到某一个妻子的住房。孩子们与生母一起居住。特别是男孩到了一定的年龄就要离开家到村里的青年宿舍集中居住。

班巴拉人的村子，外来者成年男性也是打招呼进到住居内部，也可以和在那里的妻子交谈，但是不允许进到她们的住房。允许外来男性进入内部的只有主人的住房，因此无隔断的土间的较多，茶水招待等行为，旱季在住居内的栋树的树荫下，雨季在主人的住房内进行。如果需要住宿不是在自己家而被带到亲戚家的空房中，多数情况是没有女性住房的小住居的空房。班巴拉人的村子与同样是穆斯林的普什图人相比，可以说允许成年男人的外来者接近空间允许度要大。也许因为直到19世纪班巴拉人的社会才穆斯林化的历史有关。

■ 阿拉伯半岛中部的贝多因人的情形

阿拉伯游牧民的组装式帐篷建在沙漠，其周围是没有用围墙围合的住居，因此可以直接在帐篷里接待外来者，帐篷的内部，采用了与屋顶的布料一样的粗布叠合成帐幕，将男女房间一分为二，男性房间兼客厅，在那里接待外来的成年男人，允许进入的只有这里，女人的房间是绝对禁止的，帐幕有20厘米×30厘米大小的横缝，通过这里将在女性房间准备的咖啡等送到男性房间供其招待客人。夜晚，只有家庭成员的时候，主人夫妇以及幼儿在女性的房间就寝，较大的孩子们在男性房间就寝。外来的成年男子原则上没有在帐篷内住宿的。例外的情况也有主人和客人在男性房间，其他成员都转移到女性房间就寝的。

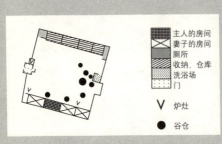

图2 班巴拉族一夫多妻家庭的房屋，马里

主人的房间
妻子的房间
厕所
收纳，仓库
洗浴场
门
V 炉灶
● 谷仓

另外定居的贝多因人的住居，建造有围墙的住居，由于有着可称为"开放、封闭"缓冲空间的住居，接待外来者的方法也变化了，就是区分仅在住居内接待的客人和在住居内男主人房间接待客人的亲近度。

这种伊斯兰世界的住居的生活方式，表面上看似乎可以用捍卫私密的接近空间学的原理来考察，但有别于

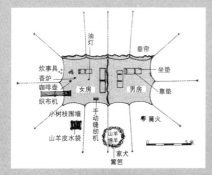

图3a 贝多因人的移动住居，沙特阿拉伯（片仓1982：119页）

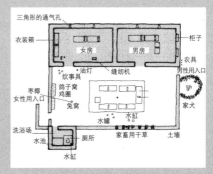

图3b 贝多因人的定居住居，沙特阿拉伯（片仓1982：119页）

我们今天意义上的私密性，实际上是基于《古兰经》"男人是安拉赋予的恩惠，是女人的保护者"的男女间分担关系的接近学原理（关于贝多因住居请参照片仓的报告(1982)）。

■ 南印度的卡纳达人的情形

在北印度，印度教徒之间也有女性隔离的习惯，在其住居内有称为"萨那那"的女性专用房间。萨那那在上等住居中很多，它的存在可以说有着伊斯兰的影响，但是印度教本身也在说明其必要性，不能只从伊斯兰寻找确立的原因。

在南印度卡纳塔克邦州的州府班加罗尔北方的卡纳达人的村子，其住居不是复合形式的，是面朝聚落内的道路排列的，从开向道路的入口直接进入住居内，上等农民典型住居是由前面的大起居室和后面的3间，共4间构成。背后的3间，其中央为餐室兼夫妇卧室，其左的小房间是储藏调味料和衣类的储物间，祭坛也在这里，右面为厨房。

起居室的一角有水浴场和牛睡卧的栓牛场，起居室同时又是工作场所以及孩子们的卧室。女性们结束了厨房的工作后，在这里从事针线等手工作业。白天玄关的门是敞开着的，路上有过往行人时女人们的目光也会转向那里。从道路一侧也可以看到女性们的生活景象。但是男性向女性打招呼视为非礼。

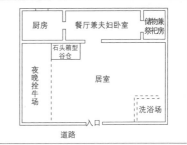

图4 卡纳达人的住居，南印度

外来男性的接近空间学，依据等级和亲近度不同而不同。该地方等级制度不那么严格，村子的角落居住的不可接触的人也可以在上等居住区的通路上往来。有事时，在他们的玄关前向内部打招呼，但不跨越门槛进入住居内部，除了"不可接触的人"外，来访的男性可以穿着鞋进入到门槛内铺着脚垫的地方，在那里寒暄，如果越过脚垫进入内部，就要脱了鞋赤脚进去，进入起居室的仅限于同等级以上的熟悉朋友、亲戚等。他们一经出现，坐在起居室做事的女人们就会招呼客人进屋，外来者进入起居室，坐在地板上聊天。

招待客人吃饭，外来者也要到后面的餐室，就餐时把门关上。与伊斯兰世界不同，家里的女性可以坐在旁边劝酒，趁客人不注意时往客人碟子里夹菜，让客人多吃是表示欢迎的意思。但是除了家里的男性，有外来者时女性不能与男性一起进餐，男性吃完后，女性再吃。外来者可以进入餐室两侧的储藏间和厨房，但一般不进去。非常亲近的外来男性的留宿也经常有，那时与孩子们一起睡在居室。

以上考察的外来者男性的接近空间学与日本的保护私密观念非常近似。与伊斯兰世界、北印度的住居不同，没有外来者的男性绝对禁止入内的女性专用空间。北印度和南印度之间的接近空间学不同的背景是家族制度不同。南印度也和北印度一样是家长制度，而且是"父方居住"。但是有着近亲结婚那样理想的双系制的成分，妻子在家庭内的地位与北印度相比要高，因此在住居内女性的行动也很活跃。

■ 斯里兰卡高地的僧伽罗人的情形

斯里兰卡位于印度亚大陆的东南方，在生态上文化上占据着连接南亚和东欧南亚的位置。其主要民族为僧伽罗人，可以说是以东南亚的延长至该国的湿地为中心居住，在语言上属于北印度较多的印度欧洲语，宗教上是广泛普及的东南亚大陆的南方上座部佛教，信奉所谓小乘佛教。关于他们的住居，参照关根康正的报告，考察僧伽罗人的住居接近空间学。虽然是湿地但与东南亚有很大的不同，南亚的土墙（但是木结构）地床式的住居，只是在屋顶上覆盖稻草和椰子，这一点与东南亚相同。

僧伽罗人制造了等级（种性）社会。以上等农民的哥吉格马（Goyigama）名望家族的住居为例。这是保持古老样式的住居，封闭的中庭周围是房屋，和南印度很相似。建有50厘米厚的夯土高台基，周围没有围墙。各房间围绕着中央庭院布置，中庭地面保持原土地的较多，也有种植草较低的药草，或生姜、姜黄等调味料的。但更重要的功能是采光、通风以及屋顶落下的雨水的排水。

楼梯间有台基的庭院部分称为"比拉"，有外楼梯的功能，从那里进入住居内有称为"伊斯托帕"的有阳台式开口部的空间，外来者首先通过这里。伊斯托帕也有外墙深入到住居内，形成向中庭开放的内阳台化，但没有外墙，保留了向外开放的伊斯托帕本来的样式。

在伊斯托帕中装饰着佛陀的尊像，它是客厅的同时也作为起居室，是家庭团圆的场所。外来者的住宿也在这里，备有简易的睡床，而且请客吃饭也在这里。然而僧伽罗男人都是在各自床上用餐，而且没有同一时间共同用餐的习惯，待客也是单独招待。女人们要等到包括客人全部用餐后方可开饭，吃饭地点是在厨房，但与男人们不同，女人们是集体用餐。

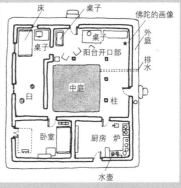

图5 高地的僧加罗人的住居，斯里兰卡（关根1982，49页）

厨房设在与伊斯托帕连接的住居的最里面，那里虽然没有禁止男人进入的制度，但是被认为是女性空间，外来男性自不必说，家庭内的男性也几乎不去厨房。

与伊斯托帕和厨房构成的一边以及隔着中庭对应的另一边排列着卧室。卧室采用与伊斯托帕不同的外墙与中庭隔断。靠近入口的部分为男主人的卧室，里面为女性的卧室，再往里面与厨房为邻的是女主人的卧室。据说丈夫与妻子的分室居住是与一夫多妻制的高地僧伽罗人的婚姻制度有关（现在一夫多妻制只剩下僧伽罗人）。因此妻子必须有自己独立的卧室，妻子的卧室是养育子女的房间，同时又是产房，完全是女性的空间，外来的男性不准进入。

这样僧伽罗人的住居空间编成，从接近空间学的观点来看，是有两套两项对位关系，即优越的充满象征性的空间。如图所示，第1是面对的右手和左手垂直边之间的左右对位，这是"对外开放，外来男士可以进入的右边"，与"对外封闭只有家族可以进入"的左边，开放空间与封闭空间的对位。另一个是距离入口近的外面和相对远的里面水平之间的表和里的对位。即"男性空间"和"女性空间"的男女对位。"封闭的左边"最内侧的"女性空间"是"封闭性最强的空间"，那里有妻子的房间。

■ 菲律宾萨马岛人的情形

萨马岛位于吕宋岛的东南方的连续的岛屿，其南面有相当于亚洲伊斯兰世界东端的棉兰老岛。

传统的住居是用木材架构，地面和墙面使用竹子，屋顶使用椰子叶覆盖的高床式。但是随着收入的提高，混凝土地床式盒子形住居不断增加。从重视通风和换气的湿润热带的生态适应型的传统住居，向憧憬欧美住宅和确保私密的住居演变，是东南亚的岛屿部都可以看到的现代化现象之一。在此，以细田尚美的资料中的高床式传统农村住居为例考察。

与僧伽罗人的情况不同，在萨马岛农村地带，一般在住居周围有简单的木栅栏，只要栅栏的门不关闭，来访者就可以自由地进入。外来者进入宅院后，在高床，住居的楼梯前叫门。一般简单的事宜不进入住居内，在庭院、或者在院前的长凳上商谈。架高的地板下面可以作为储物使用，但是那里被认为是饲养猪和鸡的"动物空间"，而地板上是"人类的空间"。

居住空间是以核心家庭为基本形态的，也有超过三代人的。一般中等阶层住居是起居室、餐室、卧室和厨房4间房组成，根据家庭规模增减卧室数。进入相当于玄关的入口是起居室，里面是卧室和餐室，厨房设在餐室的后面，这些房间的出入口没有门只是用帘子的较多，是优先考虑通风和换气的智慧。而且顶棚不是按照房间分开，是贯通的，也是出于同样的考虑。

在住居内接待外来者时，使用起居室。起居室是家族团圆的场所的同时，也兼作客人的客房和餐厅。在那里招待客人用餐时，只有认识客人的家属可以同桌。这与过去统治菲律宾的西班牙、美国不同，表明诸如基督教化的用餐习惯这种根本的生活样式是不变的。

即便只有1间卧室，也对比较亲近的来访者提供食宿，那时家人在起居室就寝，如果是很亲近的话，在同一卧室与同性家族一起就寝的例子也有。当然如果有空房的话，会提供给客人单间。

这样萨马岛与来访者的亲友关系的深度是决定住居接近空间学的重要契机，其允许度与伊斯兰世界和北印度等不同，不是根据男女性别，而是用家庭成员亲密度来决定的。亲密度一般有两个标尺，即亲密关系的家庭成员的广度（范围）和亲密度的深度。

与家庭成员处于极亲密的关系时，其接近空间度为最大。这是可以允许进入的是起居室、餐厅，甚至自己就寝的卧室，在这点上男女的差别不大。卧室的称谓"库哇路特"的语源为西班牙语 cuarto（房间），被认为是住居中私密性最强的空间，家庭成员没有邀请的话就是亲戚也不得进入。

图6 萨马岛的基督教徒的住居，菲律宾（细目尚美作图）

■ 马来西亚沙捞越的伊班人的情形

在婆罗洲的沙捞越居住的伊班人是有名的居住在高床式长屋的民族。长屋的规模为 10 米 × 数十米。规模大的有 30 多户核心家庭居住，即全村人都收容在一栋的长屋中。在这里参照高山龙三的报告来考察。

长屋是平行于河流建设的。没有屋顶的露台部分和有屋顶的部分排成一个长列，河也是主要的交通通路，在河的一侧布置露台的较多。露台是自由往来的开放空间，不仅是通路，还可以作为晒衣场、收获物的干燥场，不怕雨淋的储物场使用。有屋顶的部分分成两个区域。即与露台平行的通廊和朝向它开门的居住群。住房是每个核心家庭占有，位于几乎是中央部位的是长老的住居。首次来访的人先在长老住居前的通廊被接待。通廊同露台一样是自由往来的空间。是遮阳的舒适场所，用于各种目的：编藤的工艺、脱粒的作业、仪式、集会、娱乐、社交等场所。也是未婚者的就寝场所，外来男子在这里就寝。住居内部分为厨房和卧室两部分。外来者在室内宅邸，只是吃饭的时候，在厨房和卧室的连接部分送餐。从入口经过厨房到用餐的地方，所以住居内外来者的男性可以进入的只有厨房，卧室部分是不允许的。

图 7 伊班族的长屋,沙捞越,马来西亚（高山 1982：89 页）

可以说在伊班人的长屋，宽阔的通廊这一共有的空间起着引导到单间的接近空间的作用。通过具有多功能的"开放的"缓冲空间维持共同集中居住中的"封闭且开放"的住居的空间特性。

■ 中国湖南省的汉族的情形

位于湖南省长江流域的平原西部。其省会长沙市附近保留有中华人民共和国前主席毛泽东的故居，故居为"三间式"、"一明两暗"的农家住居的典型，其形式不仅是湖南在全国各地广泛存在，"三间房"是横向并列的三间的住居形式。其中只有中间的 1 室朝外打开，左右两室没有对外的出口，只有中间房间的入口连接形式。"一明两暗"

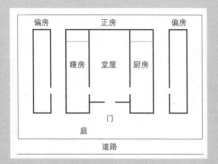

图8 湖南省汉族住居

是指这种形式的采光状况而言，中央的1室有对外的开口所以明亮。两边的房子只有小窗户，所以称为暗的房间。

这个地方住居的基地是沿着道路排列的，因此面对道路有正门的很少。住居正面是3栋构成，正方形的正房，以及两边的长方形的配房。正房建在宅基地的中轴线上，随着经济富裕，可以沿着中轴线以同正房同样的正方形增建，包括正房3栋房屋向里面伸延，与此呼应配房也跟着延伸，即所谓"三堂两横式"的住居。

正房的平面构成称为"三间式"或者"一明两暗"，中央的"明"称为"堂屋"，堂屋的意思是"接待场所"的意思，那也是家庭生活的中心。堂屋的两侧有"暗"房，面对正房的左侧是家长夫妇和幼儿的卧室，当地称睡房。右侧的房屋作为厨房使用，睡房和厨房，都比堂屋向前突出一点。正房的两侧配房，左面为成年人未婚男子住房，右侧同样用作女子的居室。

堂屋的入口内侧是双开门的板门，进了门正面的墙壁上挂有祖先的肖像画，底下是长条的几，几的两侧有两把面向入口的椅子，左面是男主人，右面是女主人的固定座位，这种布置显示了基于儒教的基本观念以"孝"为中心的格局。堂屋不仅是家庭的起居室和餐室，同时也是客厅，来客人时父母坐在前述的椅子上接待客人。客人坐在沿着左边的墙设置的椅子上。沿着右侧墙摆放的椅子是男性家庭成员的座位，女性不出席。

招待外来者就餐的场所是堂屋。在房间的一侧摆一方桌，面对最里面的椅子左面为家长，右面为妻子，以祖先的肖像画为背景入座，桌子的左面为客人的座位，右面为家属的座位。

客人和家属用餐结束后，女性们在厨房用餐，厨房的炉灶代替饭桌，厨房是女性的空间，男性家属可以进入，但一般不愿进入。因为有"君子远庖厨"的说法，当然外来者也不进厨房。要留客人过夜的话，一般把客人带到宅内的空房，如果没有空房就将睡房腾出来让客人使用。家长转移到男子的配房，妻子转移到女性的配房。女子的配房男子不得进入。

这种华中地区的农村住居，即便是留宿时使用睡房，外来者可进入的房间男女都只限于正房的堂屋，家族全体"男女不同席"，是接近空间学原理。不管外来者是男或女，其原则优先。因此可以说外来者的男女间的接近空间度的差别几乎没有。

366

■ **中国福建省客家的情形**

所谓客家是指从华北移民到福建、广东的汉族集团。与同样是汉族的原住民，为了区别外来者把他们称为客家。其使用的方言称作"客家语"。客家是少数集团，因此保持以祖先崇拜为核心的一族的团结，建造同族单位的坚固的大房屋居住，其代表的例子为3～4层构成的圆形中层住居，称为圆（环）形土楼。在此参照片山和彦的报告进行考察。

巨大的圆形外墙称为生土墙，是用版筑方法（将黏土放入模板中捣实）建造的。半径20～30米，墙高12～13米，墙厚基底部为1米，最上部达60米。如"数代同堂"所描绘的那样200～300人同族的全体成员集中居住在那里。在其居住方式上可以看出"家庭与私"、"一族与公"的巧妙结合的空间利用形态。

集合住宅的外墙开口很少，证明圆形土楼的建设是重视防御功能的，外墙只有一处有开口，称为大门，从大门昏暗的通路伸向住居下面像隧道那样的内部，除了通路是圆形的中庭，其中央立有叫做中堂的宗庙。大门、通路、中堂的入口，其内部的祭祀坛在圆形土楼的中轴线上排列。中堂是单层的圆形建筑，前半部和后半部分开。前半部是半圆形回廊，后半部是半圆形祖堂。祖堂的内部，正面有祭祀一族祖先的祭坛，举行婚丧嫁娶等仪式的一族的中心的空间，同时也是迎接客人的场所。

外墙有其住居部分和中堂之间的圆形带状开放空间，称为院子，院子里有水井和厕所，另外从一族团圆的场所使用的意义上是公共空间。同时也可以以户为单位用来圈养鸡、猪，作为私用的空间。院子也向外来者开放，他们可以自由地出入。

各户的住居从一层到最高层是纵向分割的垂直住房。院子中一层为厨房和餐室，二层为出贮藏物品和用具的仓库，三层以上为卧室，男子结婚后，被分配这样一套垂直的住房，垂直住房的内部构成几乎一样，完全是基于平等性原理。

各住户的一层都向院子开门，住居中没有上到二层以上的楼梯，要先出到院子，利用设在几处的共同楼梯上去，各层面向阳台一侧设有称为走马廊的带屋顶的圆形带

图9　福建省圆形土楼（水野1991：226页）

状通路。虽说是垂直住居，各层的房间不通过外部共同楼梯和通路是走不通的，公与私在垂直方向上相互交叉构成住居。

男性外来者用餐是在一层的餐室，不允许进入厨房。留宿一般在三层或者四层的卧室，其他卧室不得进入，这种一族集团居住的客家圆形土楼，一方面是"宗族的公"，与"家庭的私"的空间交叉的同时，另一方面是"客人的外"与"家庭的内"的空间交叉，即住居空间双重套闸式的居住方式。

结语

B·鲁道夫斯基的《没有建筑师的建筑》（1964年）一书的问世，唤起了世界上许多人对"乡土建筑"世界的极大关注，以致20世纪末P·奥利弗编著的《世界乡土百科事典EVAW》（1997年）的付梓。本书能够出版与该"事典"有很大的关系。

把世界中住居以"乡土建筑"形式加以汇编的初衷，导致提出"基于地域的生态系的住居体系的研究"的课题，1979年从走访东南亚开始就一直满腔热血，有幸拜读了Roxana Waterson的《活的住居——东南亚建筑人类学》（学艺出版社，1997年）并得到翻译的机会，深感任重道远。至少Roxana Waterson展望世界住居的角度之深，即便是现在也几乎难以逾越。但是后来获得拓展"殖民城市研究"（《近代世界体系和殖民城市》京都大学出版会，2005年）的机会，幸运的是可以向迄今未知的世界——拉丁美洲、非洲迈进一步，我的想法又开始膨胀。再次想到世界上有如此之多样的住居，能否有一本比较详细解说的论著呢？于是想在原先编著的《陌生的街道的陌生住居》（彰国社，1990年）的基础上，进一步体系化。适逢《世界乡土百科事典EVAW》的出版。

我迅速地将这厚重的3卷《百科事典》通读了，但是实在不是翻译出版可以代替的。翻译出版需要太多的纸张，而且事典就是事典。那么以此为线索，从世界中找出100个左右的实例介绍如何呢，这个建议是昭和堂松井久见子不久以后提出的。她说在《亚洲城市建筑史》（昭和堂，2003年）的编辑的基础上，希望再有一本《世界住居》。如果可能的话让从事亚洲、非洲地域研究的年轻研究者们支持一下，这个建议是佐藤圭一提出的。本书之所以得到生动的非洲住居的手稿，正是因为这些学者紧密结合了现场调研。

本书不仅仅是简单的事实罗列，还穿插了概述、专题、讲座等深层次的导读。从各种角度研究住居，如能有效利用该书将万感欣慰。

执笔者正如后面列出的一览那样，除了"亚洲城市建筑研究会"的成员之外，还有上述的地域研究的年轻学者，以及近年来热心于海外住居聚落研究的优秀的研究人员、建筑师的撰稿，在此表示感谢。

在本书编辑上，让我充满自信的是有以亚洲城市建筑研究会的顾问著称的应地利明先生的存在。本书的问世得益于即将踏破世界百国、从源头开始原野调查的地域研究者渊博知识的支撑，尽管工作繁忙，最终能将所有稿件过目、加工，虽然所有编者文责自负，但确保整体的统一和水平的一致应归功于应地先生。

在本书的整合上作出贡献的是拼命努力的佐藤圭一。另外本书也承蒙松井久见子的细心工作，搁笔之前，一并表示感谢。

布野修司
2005 年 10 月

图片来源

序章　住居的诞生

Van Huyen 1934　0-12
コロンブス他 1965をもとに作成　0-2
Domenig 1980　0-11
Faegre 1979　0-10
布野修司撮影　0-15
INAX編 1993　0-9
太田 1988　0-7, 0-8, 0-13, 0-14
Oliver (ed.) 1997　0-5, 0-6, 0-17
ロバーツ 2002をもとに作成　0-1
田辺監修 2005をもとに作成　0-3, 0-4, 0-16

I　北亚、东亚

張 1981　1-4-4, 1-4-5
陳・章編 1988　1-7-1, 1-7-2
Faegre 1979　1-1-1, 1-1-2, 1-1-3
黄 1995　1-15-1, 1-15-2, 1-15-3
布野修司撮影　1-6-1（上・下写真）, 1-15-4
INAX編 1993　1-5-1, 1-5-2
井上えり子撮影　1-8-4, 1-11-1, 1-12-2
韓勝旭撮影　1-3-3
京都女子大学・井上研究室作成　1-11-2a, 1-11-2b, 1-12-1, 1-12-3
Larsen 2001　1-14-1, 1-14-2, 1-14-3
Levin & Potapov 1961　1-0-1, 1-0-2, 1-0-3
李権熙撮影　1-3-1
中澤敏彰作成　1-9-3
野村 1981　1-3-2, 1-3-4, 1-4-1, 1-4-2, 1-4-6
岡田知子作成　1-10-2, 1-10-3
岡田知子撮影　1-10-1
申 1983　1-4-3
周国鳳撮影　1-7-3
宋 1990　1-2-1, 1-2-2, 1-2-3, 1-2-4
東京理科大学・初見研究室作成　1-8-1, 1-8-2, 1-8-3
山村高淑撮影　1-13-1
八代克彦作成　1-9-1
八代克彦他撮影　1-9-2
雲南工業大学建築学系他 1997　1-13-2, 1-13-3, 1-13-4, 1-13-5
邓 1990　1-6-1

II　东南亚

Chaichongrak 1977　2-19-1

Chaichongrak et. al. 2003　2-19-2
Dawson & Gillow 1994　2-9-2, 2-10-1, 2-18-1
Domenig 1980　2-8-3
Dumarcay 1985　2-12-1
布野修司撮影　2-5-1, 2-5-2, 2-7-1, 2-7-2, 2-8-1, 2-8-2, 2-10-2, 2-11-1, 2-16-3, 2-17-1, 2-17-3
布野修司他作成　2-13-3
布野他 1991　2-17-2
平田隆行作成　2-1-1, 2-1-2, 2-1-3
平田隆行撮影　2-1-4
Mross 1994　2-18-2, 2-18-3, 2-18-4
National Archives（タイ国立公文書館）2-20-1
Nawit Ongsavangchai作成　2-20-4
Nawit Ongsavangchai撮影　2-20-2, 2-20-3
芝浦工業大学・畑研究室作成（畑他 1999）2-5-3
清水郁郎作成　2-21-2, 2-21-3
清水郁郎撮影　2-21-1
田中麻里撮影　2-19-3
Tjahjono (ed.) 1998　2-12-3
UN. Regional Housing Center, 1973　2-7-3
宇高雄志作成　2-6-1, 2-6-2
宇高雄志撮影　2-6-3
Viaro 1980　2-9-1
脇田祥尚作成　2-14-1, 2-16-4
脇田祥尚撮影　2-14-2, 2-14-3, 2-16-1, 2-16-2
Wiryosumarto 1975　2-10-3, 2-10-4
山口潔子作成　2-2-1, 2-2-2, 2-2-3, 2-2-4, 2-3-2, 2-4-2, 2-4-3
山口潔子撮影　2-3-1, 2-3-3, 2-3-4, 2-3-5, 2-4-1, 2-4-4, 2-4-5
山本直彦作成　2-15-1
山本直彦撮影　2-12-2, 2-13-1, 2-13-2, 2-15-2, 2-15-3
Yuswadi 1979　2-11-2

III　中亚、南亚

陳他 1993　3-1-1
布野修司撮影　3-8-1, 3-8-2, 3-15-1, 3-15-2
Jain & Jain 1994　3-8-3
Jain & Jain 2000　3-7-2
Kamili 1968　3-6-4
黒川賢一作成　3-3-4, 3-3-5
黒川賢一撮影　3-3-3
Manawadu Samitha作成　3-14-1, 3-14-2
Manawadu Samitha撮影　3-14-3, 3-14-4

371

Milliet-Mondon 1991　3-4-1, 3-4-2, 3-4-3, 3-4-4, 3-4-5
Mohan Pant作成　3-3-2
Mohan Pant撮影　3-3-1
根上英志撮影　3-9-1, 3-9-2
根上他 2000　3-9-3
Neve 1993　3-6-1
大辻絢子作成　3-12-1
大辻絢子撮影　3-12-2, 3-12-3
Oliver (ed.) 1997　3-2-3, 3-2-4, 3-6-2, 3-6-3, 3-7-1, 3-11-3, 3-11-4
Pramar 1989　3-10-1
Randhawa 1999　3-7-3
斉藤他 2000　3-5-3
高松他 2002　3-15-3, 3-15-4
武内正和撮影　3-5-1, 3-5-2, 3-5-4
Wang 2000　3-2-1, 3-2-2
汪主編 1994　3-1-2, 3-1-3, 3-1-4, 3-1-5, 3-2-5
山田協太撮影　3-11-1, 3-11-2, 3-13-2, 3-13-3
山田・布野 2004　3-13-1
山根周撮影　3-10-2, 3-10-3

IV　西亜

Bektas 1996　4-8-1, 4-8-2, 4-8-3, 4-8-4
茶谷 1996　4-3-3
Duly 1979　4-1-5, 4-1-6, 4-1-7, 4-1-8
フェーガー 1985　4-2-1
堀内他 1973　4-6-1, 4-6-2, 4-6-3, 4-6-4, 4-9-1, 4-9-2, 4-9-3, 4-9-4
Khan (ed.) 1991　4-7-1, 4-7-2, 4-7-3
森田一弥撮影　4-3-1, 4-3-2, 4-10-1, 4-10-2
Oliver (ed.) 1997　4-1-3, 4-2-2, 4-4-1, 4-5-1, 4-5-2, 4-5-3
Oliver 2003　4-1-1, 4-1-2, 4-1-4
Reha 1981　4-10-3
Varanda 1982　4-4-2, 4-4-3, 4-4-4

V　欧洲

Bettina Langner-Teramoto撮影　5-7-1, 5-7-2, 5-7-3
Brunskill 1997より田中麻里作成　5-13-4, 5-13-5
Cervellati 1977　5-5-2
フェーガー 1985　5-14-1, 5-14-2, 5-14-3, 5-14-4, 5-14-5
Freal 1979　5-8-1
藤井昌宏撮影　5-4-3, 5-4-4, 5-4-5
今川朱美作成　5-12-3, 5-12-4, 5-12-5
今川朱美撮影　5-12-1
Jablonska 2002　5-16-3
陣内 1988　5-4-1, 5-4-2

Krupa 2002　5-16-1, 5-16-2
Leonidopoulou-Stylianou 1988　5-1-1, 5-1-2, 5-1-3, 5-1-4
Malte Jaspersen撮影　5-10-2, 5-10-3, 5-10-4
Markku Mattila作成　5-15-3, 5-15-4
Milena Metalkova-Markova撮影　5-18-1, 5-18-3, 5-18-5, 5-18-6, 5-18-7
Ministere de l'Equipement (ed.) 1986　5-9-1, 5-9-3, 5-9-4, 5-9-5, 5-9-6
水谷俊博撮影　5-2-2, 5-2-3, 5-2-4, 5-2-5, 5-3-2, 5-3-3, 5-3-4
丹羽哲矢撮影　5-5-1, 5-5-3, 5-5-4
野口 1991　5-2-1, 5-3-1, 5-3-5
Oliveira & Galhano 2003　5-6-1, 5-6-2, 5-6-3, 5-6-4
Oliver (ed.) 1997　5-7-4, 5-8-2, 5-8-3, 5-9-2, 5-10-1
Opolovnikov 1983　5-17-1, 5-17-2, 5-17-3, 5-17-4, 5-17-5
Pekka Pakkala撮影　5-15-5
Reed 1993　5-12-2
Riitta Salastie撮影　5-15-1, 5-15-2
Ronald van der Voort撮影　5-11-2, 5-11-3, 5-11-4
Spies 1991　5-11-1, 5-11-5, 5-11-6
Stamov 1971　5-18-2, 5-18-4, 5-18-8
田中麻里撮影　5-13-1, 5-13-2, 5-13-3

VI　非洲

Bierman 1971　6-13-2, 6-13-3
Denyer 1978　6-5-2
Djenne Partrimoine 1999　6-9-3, 6-9-4, 6-9-5
Dupuis 1921　6-10-3
遠藤聡子作成　6-8-1
遠藤聡子撮影　6-8-2, 6-8-3
フェーガー 1985　6-1-2, 6-1-4, 6-1-5
藤岡悠一郎作成　6-12-3
藤岡悠一郎撮影　6-12-1, 6-12-2
Guidoni 1975　6-13-1
服部志帆作成　6-3-4
服部志帆撮影　6-3-1, 6-3-2, 6-3-3
平川智章作成　6-6-3
平川智章撮影　6-6-1, 6-6-2
石本雄大作成　6-7-4, 6-7-5
石本雄大撮影　6-7-1, 6-7-2, 6-7-3
Moussa Dembele撮影　6-9-1, 6-9-2
西真如作成　6-4-2
西真如撮影　6-4-1
応地利明撮影　6-10-1, 6-10-2
Oliver (ed.) 1997　6-1-1, 6-13-4
Oliver 2003　6-1-3

Rutter 1971　6-5-1，6-5-3，6-5-4
佐藤圭一作成　6-14-3，6-14-4
佐藤圭一撮影　6-14-1，6-14-2
相馬貴代作成　6-11-3
相馬貴代撮影　6-11-1，6-11-2
孫暁剛作成　6-2-4
孫暁剛撮影　6-2-1，6-2-2，6-2-3

VII　北美洲

Dell 1986　7-6-1，7-6-2，7-6-4
Driver & Massey 1957　7-0-1
Guidoni 1975　7-7-1，7-7-3
広富純作成　7-5-3
Lee & Reinhardt 2003　7-1-1，7-1-2
Markovich & Preiser 1990　7-7-4
Oliver (ed.) 1997　7-2-1，7-2-2，7-2-3，7-4-1，7-4-2，7-4-3，7-5-1，7-5-2，7-7-2，7-8-1，7-8-2，7-8-3
Oliver 2003　7-1-3
清家監修 1986　7-6-3
Whiffen & Koeper 1983　7-3-1，7-3-3，7-3-4
八木・田中 1992　7-3-2

VIII　拉丁美洲

Guidoni 1975　8-6-1，8-6-2，8-6-4
Juan Ysidro Tineo作成　8-4-1，8-4-2，8-4-3，8-4-4，8-4-5，8-4-6
Lobos Saavedra 2003　8-7-1，8-7-2，8-7-3，8-7-4，8-7-5
松本玲子撮影　8-3-3，8-3-4
Oliver (ed.) 1997　8-2-1，8-2-2，8-5-2，8-5-3，8-5-4，8-6-3，8-8-1，8-8-2，8-8-4，8-9-1，8-9-2
Ozinga 1959　8-3-1，8-3-2
Steen et. al. 2003　8-5-1
Turismo de Aventura Pampas Argentinas S.A.(http://www.pampasargentinas.com/en2.htm)　8-8-3
Yampolsky 1993　8-1-1，8-1-2，8-1-3

IX　大洋洲
美拉尼西亚，波利尼西亚，密克罗尼西亚

Alexander Turnbull Library, Wellington, New Zealand　9-4-1，9-4-2，9-4-4
青柳 1985　9-5-3，9-5-4
本多 1973　9-3-2
石毛 1971　9-3-1，9-3-3，9-3-4
角橋彩子作成　9-2-3
角橋彩子撮影　9-2-1，9-2-2

Morgan 1989　9-5-1，9-5-2
Oliver (ed.) 1997　9-4-3
魚谷繁礼撮影　9-1-1，9-1-2，9-1-3，9-1-4

column

Adam 1981　11-4，11-5
Andolea Yuri撮影　13-1，13-2，13-3，13-4
浅川滋男作成　5-1
浅川滋男撮影　5-2，5-3，5-4
Denny Bernardus撮影　6-1
藤井編 1981　8-1（図版）
福井 1988　3-6，3-7，3-8
畑聡一撮影　9-3
本多友常撮影　12-1
片桐正夫作成　4-3，4-4
片桐正夫撮影　4-1，4-2，4-5，4-6
菊地成朋撮影　10-1，10-2
神戸大学・重村研究室作成　3-1，3-2，3-3，3-10
国士舘大学イラク古代文化研究所提供　8-1（写真）
栗原伸治撮影　1-1，1-2
奈良女子大学調査チーム作成　7-1，7-2
芝浦工業大学・畑研究室作成　9-1，9-2
重村力撮影　3-4，3-5，3-9
渡辺豊和撮影　11-1，11-2，11-3
山崎寿一撮影　2-1，2-2，2-3

lecture

Boessiger and Stonorov 1964　8-2
Fletcher 1975　11-2
Grotzfeld 1970　11-4
Guidoni 1975　3-1，3-3
ホークス 1937　11-6
細田尚美作成　12-6
伊奈ギャラリー 1984　7-1，7-4
片倉 1982　12-3a，12-3b
King 1984　9-1，9-2，9-3
Lenclos 1999　3-5
牧紀男作成　10-4，10-6
牧紀男撮影　10-1，10-2，10-3，10-5
水野 1991　12-9
モース 1979　6-1
『日経アーキテクチュア』2003　8-5
西岡 1992　7-2
応地利明作成　12-1，12-2，12-4，12-8
大野 1922　9-4
Oliver (ed.) 1997a　3-2，3-4，3-6
Piranesi 1835-39　11-3
Samitha Manawadu提供　6-6
妹島和世建築設計事務所作成（『新建築』2004）　8-4

関根 1982　12-5
重冨淳一撮影　7-5
新建築写真部撮影　8-3
鈴木 1992　7-6
高山 1982（一部修正）　12-7
田中麻里作成　1-1, 1-2, 2-1
海野他 1990（伊奈英次撮影）7-3

魚谷繁礼撮影　11-5, 11-7
脇田祥尚撮影　4-1, 4-2, 5-1, 5-2
Waterson 1990　8-1
Wheeler 1962　11-1
山口潔子描画　6-4, 6-5
山口潔子撮影　6-2, 6-3

参考文献

参考文献以与本书有直接关系的为主，原则上是单行本。其他出于 P·奥利弗的"EVAW"一书卷末列出的大量文献。

Aasen, C., "Architecture of Siam: A Cultural History Interpretation", Oxford University Press, Kuala Lumpur, 1998

Acharya, P. K., "Architecture of Mānasāra", Oxford University Press, 1934, reprint, Oriental Books Reprint Co.,1979-81

Adam, J. A., "Wohn- und Siedlungsformen im Süden Marokkos: Funktion, Konstruktion u. Tighremt", Callwey, München, 1981

Alcaman, E., 'Los Mapuche- Huilliche del Futahuillimapu Septentrional: Expancion Colonial, Guerras Internas y Alinéas Politicas (1750-1792)', in "Revista de Historia Indígena", No.2, Universidad de Chile, 1997

Allen, E., "Stone Shelters", MIT Press, 1969（アレン，E『南イタリア　石の住まい』増田和彦・高砂正弘訳，学芸出版社，1993年）

安藤邦広『茅葺きの民俗学』はる書房，1983年

安藤徹哉『都市に住む知恵 ― バンコクのショップハウス』丸善，1993年

青柳真智子『モデクゲイ ― ミクロネシア・パラオの新宗教』新泉社，1985年

Aponte-París, Luis, Bohíos, Casas y., "Territorial Development and Urban Growth in XIX Century Puerto Rico", Doctorate Thesis, Universidad de Columbia, New York, 1990

浅川滋男『住まいの民族学的考察 ― 華南とその周辺』京都大学学位請求論文，1992年（『住まいの民族建築学 ― 江南漢族と華南少数民族の住居論』建築資料研究社，1994年）

浅川滋男編『先史日本の住居とその周辺』同成社，1998年

浅川滋男「東アジア漂海民と家船居住」『鳥取環境大学紀要』創刊号，2003年

浅川滋男「トンレサップ湖の水上居住 ― 家船・筏住居・高床住居」『宇田川洋先生華甲記念論文集　アイヌ文化の成立』北海道出版企画センター，2004年

浅川滋男編『東アジア漂海民の家船居住と陸地定住化に関する比較研究』科学研究費報告書（鳥取環境大学），2004年

Bagneid, A., 'Indigenous Residential Courtyards: Typology, Morphology and Bioclimates', in "The Courtyard as Dwelling", IASTE, Vol.6., 1989

Balasubramanian, V., "Transformation of Residential Areas in Core City-Madurai", School of Planning & Architecture, New Delhi, 1997

Bayón, D. and Marx, M., "History of South American colonial art and architecture: Spanish South America and Brazil", Rizzoli, New York, 1992

Bean, G. E., "Turkey beyond the Maeander", Benn, London, 1980

Begde, P. V., "Ancient and Medieval Town Planning in India", Sagar Publications, New Delhi, 1978

Bektas, C., "Bodrum", Tasarim Yayin Grubu, Istanbul, 1996

Benedict, P., "Austro-Thai Language and Culture: With a Glossary of Roots", Human Relations Area Files Press, New Haven, 1975

Benedict, P., "Japanese/ Austro-Thai", Karoma, Michigan, 1986

Benevolo, L., "Storia Della Citta", Editori Laterza, 1975（ベネーヴォロ，L『図説　都市の世界史 2　中世』佐野敬彦・林寛治訳・相模書房，1983年）

Biermann, B., 'Indulu: The Domed Dwelling of the Zulu', in P. Oliver (ed.), "Shelter in Africa", Barrie & Jenkins Ltd., London, 1971

Boessiger, W. and O. Stonorov "Le Corbusier 1910-29", Les Editions d'Architecture, Artémis, 1964

Bourdieu, P., 'The Berber House', in M. Douglas, "Rules and Meanings", Penguin, Harmondsworth, 1973

Bourgeois, Jean-Louis, "Spectacular Vernacular: A New Appreciation of Traditional Desert Architecture", Peregrine Smith Books, Salt Lake City, 1983

Braun, H., "The Story of English Architecture", Faber and Faber Ltd., London, 1950（ブラウン，H『英国建築物語』小野悦子訳，晶文社，1980年）

Briones, C. G., "Life in Old Parian", Cebuano Studies Center, University of San Carlos, Cebu City, 1983

Brunskill, R. W., "Illustrated Handbook of Vernacular Architecture", Faber and Faber, London, 1971（ブランスキル，R・W『イングランドの民家』片野博訳，井上書院，1985年）

Brunskill, R. W. "Houses and Cottages of Britain", The Orion Publishing Group, 1997

文化庁文化財部建造物課『ブータンの歴史的建造物に係る保存修復協力事業報告書 — アジア・太平洋地域文化財建造物保存修復協力事業』文化庁文化財部建造物課，2003年

Cantacuzino, S., "European Domestic Architecture", Studio Vista, London, 1969（カンタクシーノ，S『ヨーロッパの住宅建築』山下和正訳，鹿島出版会，1970年）

Castedo, L. and F. Encina, "Historia de Chile", Ed. Lord Cochrane, Santiago, Chile, 1982

Cervellati, P. L., "Intervento di Bologna: La Nuova Cultura Della Citta", Arnoldo Mondadori, Milano, 1977（チェルベラッティ，P『ボローニャの試み — 新しい都市の文化』加藤晃明監訳，香匠庵，1986年）

Chaichongrak, R., "Ruan Thai Deem (in Thai)", Department of Architecture, Slipakorn University, 1977

Chaichongrak, R., and S. Nil-Athi, O. Panin, S. Posayanonda, M. Freeman, "The Thai House: History and Evolution", Weatherhill, 2003

張保雄『韓国の民家研究』宝晋済出版社，1981年（張保雄『韓国の民家』佐々木史郎訳，古今書院，1989年）

茶谷正洋・中澤敏彰・八代克彦『中国大陸建築紀行』丸善，1991年

茶谷正洋編『住まいを探る世界旅』彰国社，1996年

陳従周・潘洪萱・路秉傑『中国民居』学林出版社，1993年

陳従周・章明主編，上海市民用建築設計院編著『上海近代建築史稿』上海三聯書店，1988年代

『チルチンびと』4号，風土社，1998年

趙準範・崔贊換「筆地分合を通じてみたソウルの北村都市組織の変化研究」『大韓建築学会論文集』19（2），2003年

Christopher, A. J., "The British Empire at its Zenith", Routledge, 1988（『景観の大英帝国 — 絶頂期の帝国システム』川北稔訳，三嶺書房，1995年）

Cody, J. "Exporting American Architecture 1870-2000", Routledge, 2003

コロンブス，アメリゴ，ガマ，バルボア，マゼラン『航海の記録』（大航海時代叢書Ⅰ），林屋栄吉・野々山ミナコ・長南実・増田義郎訳註，岩波書店，1965年

Coomans, H. E., and M. A. Newton, M. Coomans-Eustatia, "Building up the Future from the Past", Zutphen, 1990

Costa, P. M., "Studies in Arabian Architecture", Variorum Publications Ltd., London, 1994

Covarrubias, M., "Island of Bali", Knoph, New York, 1937（コバルビアス，M『バリ島』関本紀美子訳，平凡社，1991年）

Croutier, A. L., "Taking the Waters", Abbeville Press, 1992（クルーティエ，A・L『水と温泉の文化史』武者圭子訳，三省堂，1996年）

Csergo, J., "Liberté, Egalité, Propreté La Morale de au l'hygiène au XIX siècle", Albin Michel, 1988（クセルゴン，J『自由・平等・清潔 — 入浴の社会史』鹿島茂訳，河出書房新社，1992年）

Cunningham, C., "Order in the Atoni House", Bijdragen tot de Taal-, Land-en Volkenkunde 120, 1964

Dawson, B. and J. Gillow, "The Traditional Architecture of Indonesia", Thames and Hudson, London, 1994

Dell, U., "America's Architectural Roots: Ethnic Groups That Built America (Building Watchers Serles)", John Wiley & Sons Inc, 1986

Dell, U., "Holy Things and Profane: Anglican Parish Churches in Colonial Virginia", Yale Univ. Pr., 1986

Dell, U., "Architecture in the United States (Oxford History of Art)", Oxford Univ. Pr., 1998

Dell, U. and V. Michael, "Common Places: Readings in American Vernacular Architecture", Univ. of Georgia Pr., 1986

Dembele, M. A., "French Colonization and Paradigm of Modernization of West African Cities: Analysis of Architecture and Urban Spaces in Djenne and Bamako, Rep. of Mali", Unpublishes-thesiss, 2003

邓云乡『北京四合院』北京，人民日報出版社，1990年

Denyer, S., "African Traditional Architecture", Heineman, London Ibadan Nairobi, 1978

De Silva, TKNP, 'Traditional Sri Lankan House', in "Journal of the Sri Lanka Institute of Architects", 1985

Djenne Partrimoine, "2000, 2001 Djenne", Edition Donniya, 1999

Domenig, G., "Tectonics in Primitive Roof Construction", 1980

Driver, H. E. and W. C. Massey, 'Comparative

Studies of North American Indians', "Transactions of the American Philosophical Society", 47-2, 1957

Ducanay, J. E. Jr., "Ethnic Houses and Philippine Artistic Expression", One-Man Show Studio, Pasig City, 1988

Duerr, H. P. "Nacktheit und Scham,Suhrkamp", 1988（デュル，H・P『裸体とはじらいの文化史 — 文明化の過程の神話Ⅰ』藤代幸一・三谷尚子訳，法政大学出版局，1990年）

Duly, C., "The Houses of Mankind", Thames and Hudson, 1979

Dumarçay, J., "The House in South-east Asia", 1985（デュマルセ，J『東南アジアの住まい』佐藤浩司訳，学芸出版社，1993年）

Dupuis, A. V., "Industries et Principales Professions des Habitants de la Région de Tombouctou", Emile Larose, Paris, 1921

Eldem, S. H., "Turk Evi: Turkish Houses Ⅰ,Ⅱ,Ⅲ", Turkiye Anit Cevre Turizm Degerlerini Koruma Vakfi, 1976

Elleh, N., "African Architecture: Evolution and Transformation", McGraw-Hill Companies, New York, 1997

遠藤於菟『日本向きのバンガロオとコッテエヂ』大倉書店，1929年

Erkkila, A., "Living on the Land: Change in Forest Cover in North-Central Namibia 1943-1996", University of Joensuu, 2001

Faegre, T. "Tents; Architecture of the Nomads", Anchor Press, 1979（フェーガー，T『天幕 — 遊牧民と狩猟民のすまい』磯野義人訳，エス・ビー・エス出版，1985年）

Fletcher, B. "A History of Architecture on the Comparative Method", 18th ed., Athlone Press, 1975（フレッチャー，B『世界建築の歴史』飯田喜四郎・小寺武久監訳，西村書店，1996年）

Foley, M. M., "The American House", 1980（フォーレイ，M・M『絵で見る住宅様式史』八木幸二他訳，鹿島出版会，1981年）

Fonk, H., "Curaçao Architectural Style", Curaçao Style, Curaçao, 1999

Fr. Ramirez, Francisco Javier, "Cronicón Sacro-Imperial de Chile", Ed. Archivo Nacional, Fondo Antiguo, Chile, 1805

Francis, D. K, "A Visual Dictionary of Architecture", John Wiley & Sons Inc., 1995

Fransen, H. and M. A. Cook, "The Old Buildings of the Cape: A Survey and Description of Old Buildings in the Western Province", A. A. Balkema, Cape Town, 1980

Fraser, D., "Village planning in the Primitive World", George Braziller, 1968（フレイザー，D『未開社会の集落』渡辺洋子訳，井上書院，1984年）

Fréal, J., "L'architecture paysanne en France", Berger-Levrault, 1979

Freeman, D., "Report on the Iban", Athlone, London, 1970

藤井明『集落探訪』建築資料研究社，2000年

藤井明・畑聰一編『東アジア・東南アジアの住文化』放送大学教育振興会，2003年

藤井秀夫編「イラク，ハムリン調査概報」国士舘大学イラク古代文化研究所『ラーフィダーン』2, 1981年

藤本信義・楠本侑司・和田幸信『フランスの住まいと集落』丸善，1991年

藤浪剛一『東西沐浴史話』人文書院，1931年

藤岡悠一郎「ナミビア北部における植生変化と農牧民オヴァンボの建材利用の変遷」『アフリカ研究』66, 2005年

藤島亥次郎『韓の建築文化』芸艸堂，1976年

深尾葉子・井口淳子・栗原伸治『黄土高原の村 — 音・空間・社会』古今書院，2000年

福井辰治「中国円型土楼に関する調査研究」神戸大学修士論文，1988年

布野修司他『地域の生態系に基づく住居システムに関する研究（Ⅰ）』住宅総合研究財団，1982年

布野修司『インドネシアにおける居住環境の変容とその整備手法に関する研究 — ハウジング・システムに関する方法論的考察』東京大学博士学位請求論文，1987年

布野修司『カンポンの世界 — ジャワの庶民住居誌』PARCO出版局，1991年

布野修司他『地域の生態系に基づく住居システムに関する研究（Ⅱ）』住宅総合研究財団，1991年

布野修司編『見知らぬ町の見知らぬ住まい』彰国社，1991年

布野修司『住まいの夢と夢の住まい — アジア住居論』朝日新聞社，1997年

布野修司編『アジア都市建築史』昭和堂，2003年

二川幸夫・磯崎新『エーゲ海の村と街』A. D. A. EDITA Tokyo, 1973（世界の村と街，No.1）

二川幸夫，吉阪隆生，鈴木恂，ウェイン・藤井『アルプスの村と街』A. D. A. EDITA Tokyo, 1973（世界の村と街，No.6）

二川幸夫，フェルナンド・イグラス・ディアス，ウェイン・藤井『イベリア半島の村と街1, 2』A. D. A. EDITA Tokyo, 1973（世界の村と街，No.8, 9）

二川幸夫・横山正，ウェイン・藤井：作図『イタリア半島の村と街1, 2』A. D. A. EDITA Tokyo, 1973-1974（世界の村と街，No.4, 5）

二川幸夫，横山正，ウェイン・藤井『アドリア海の村と街』A. D. A. EDITA Tokyo, 1974（世界の村と街, No.2)

二川幸夫，ルウドウィッグ・グレイサー，ウェイン・藤井『ドイツの村と街』A. D. A. EDITA Tokyo, 1974（世界の村と街, No.7)

二川幸夫・鈴木恂『地中海の村と街』A. D. A. EDITA Tokyo, 1975（世界の村と街, No.3)

二川幸夫，フェルナンド・イグラス・ディアス，ウェイン・藤井『モロッコの村と街』A. D. A. EDITA Tokyo, 1975（世界の村と街, No.10)

二川幸夫編『木の民家 ─ ヨーロッパ』A. D. A. Edita Tokyo, 1978年

Garnaut, C., "Colonel Light Gardens: Model Garden Suburb", Crossing Press, Darlinghurst, 1999

Gebhard, T., "Alte Bauernhäuser", Verlag Georg D. W. Callwey, München, 1977

Gibbs, P., "Building a Malay House", 1987（ギブス，F『マレー人の住まい』泉田英雄訳，学芸出版社，1993年）

Girouard, M., "Life in the English Country House: A Social and Architectural History", Yale University, 1978（ジルアード，M『英国のカントリー・ハウス ─ 貴族の生活と建築の歴史 上・下』森静子・ヒューズ訳，住まいの図書館出版局，1989年）

Gnanavel, B. "Conservation Plan for the Historic City of Madurai", School of Planning & Architecture, New Delhi, 2002

Greenlaw J. P., "The Coral Buildings of Suakin", Kegan Paul International, London and New York, 1995

Greig, D., "The Reluctant Colonist", Netherlands, 1987

Grinberg, D. I., "Housing in the Netherlands 1900-1940", Delft University Press, 1982（グリンバーグ，D・I『オランダの都市と集住 ─ 多様性の中の統一』八代真己訳，住まいの図書館出版局，1990年）

Großmann, Ulrich, "Der Fachwerkbau in Deutschland: Das Historische Fachwerkhaus, seine Entstehung, Farbgebung, Nutzung und Restaurierung", DuMont Buchverlag, Köln, 1998

Grotenfelt, G., "Om Byggnadstraditionens Betydelse", Arkkitehti 2-3, 1986.

Grotzfeld, H., "Das Bad im Arabisch-Islamischen Mittelalter", Otto Harrassowitz, Wiesbaden, 1970

Guidoni, E., "Architettura Primitiva", Electa, Milano, 1975（グドーニ，E『図説世界建築史1 原始建築』桐敷真次郎訳，本の友社，2002年）

郭博『正在消逝的上海弄堂』上海画報出版社，1996年

原広司『集落への旅』岩波書店，1987年

原広司『集落の教え』彰国社，1998年

原田多加司『檜皮葺と柿葺き』学芸出版社，1999年

ハリスン，M『台所の文化史』小林祐子訳，法政大学出版局，1993年

長谷川清之『フィンランドの木造民家 ─ 丸太組積造の世界』井上書院，1987年

畑聰一・芝浦工業大学畑研究室『エーゲ海・キクラデスの光と影』建築資料研究社，1990年

畑聰一『南欧のミクロコスモス』丸善，1992年

畑聰一他「ボルネオ島 ─ サラワクのロングハウス」『住宅建築』建築資料研究社，1999年9月

服部志帆「自然保護計画と狩猟採集民の生活 ─ カメルーン東部州熱帯林におけるバカ・ピグミーの例から」『エコソフィア』13，2004年

Havell, E. B., "Indian Architecture", John Murray, London, 1913, 1927 (2nd Ed.)

Hawks, F. L. "Narrative of The Expedition of an American Squadron to the China Seas and Japan", Washington, 1856（ホークス，F・L『ペルリ提督日本遠征記』鈴木周作訳，大同館，1937年）

土方久功『パラオの神話伝説』三一書房，1985年

平井聖『生活文化史 ─ 日本人の生活と住まい 中国・韓国と比較して』放送大学教育振興会，1998年

Historic American Buildings Survey and the Historic American Engineering Record, "Historic America: Buildings, Structures and Sites", Washington: Library of Congress, 1983

Home, R. "Of Planting and Planning: The Making of British Colonial Cities", E & FN Spon, 1997（ホーム，R『植えつけられた都市 ─ 英国植民都市の形成』布野修司・安藤正雄監訳，アジア都市建築研究会訳，京都大学学術出版会，2001年）

本多勝一『ニューギニア高地人』すずさわ書店，1973年

堀内清治他『地中海建築』SD別冊1971年3月臨時増刊号，鹿島出版会，1971年

堀内清治他『続地中海建築』SD別冊1973年4月臨時増刊号，鹿島出版会，1973年

堀内清治他，熊本大学環地中海遺跡調査団編『地中海建築 調査と研究』全3巻，日本学術振興会，1979年

Hornedo, F. H., "Taming the Wind: Ethno-Cultural History on The Ivatan of the Batanes Isles", University of Santo Tomas,

Manila, 1997

ハウジング・スタディ・グループ，三沢博写真『韓国現代住居 ― マダンとオンドルの住様式』建築知識，1990年

Howell, P. P., "Shilluk Settlement", Sudan Notes and Records 24, 1941

Humphries, L., "Architecture of Glasgow", John Smith & Son, 1968

兵庫県立歴史博物館編『湯の聖と俗と ― 風呂と温泉の文化』兵庫県立歴史博物館，1992年

池浩三『祭儀の空間』相模書房，1979年

池浩三『家屋紋鏡の世界』相模書房，1983年

池内紀編著『西洋温泉事情』鹿島出版会，1989年

稲垣美晴他『木の家 ― ロシア・フィンランド・ノルウェイ　ログハウス紀行』建築資料研究社，1990年

伊奈ギャラリー『図説　厠まんだら』伊奈陶器，1984年

INAX編『遊牧民の建築術 ― ゲルのコスモロジー』INAX出版，1993年

石田壽一『低地オランダ ― 帯状発展する建築・都市・ランドスケープ』丸善，1998年

石田潤一郎著，山田幸一監修『物語ものの建築史　屋根のはなし』鹿島出版会，1990年

石毛直道『住居空間の人類学』鹿島出版会，1971年

石毛直道「マンゴーラ村の住居」『住まいの原型 I』SD選書，鹿島出版会，1971年

石毛直道編『民族探検の旅 1 オセアニア』学習研究社，1976年

Ismundandar K. D., "Joglo-Architektur Rumah Traditional Jawa", Dahara Prize, 1993

伊藤ていじ文，高井潔写真『屋根』淡交社，2004年

Izikowitz, K. and P. Sorensen, "The House in East and Southeast Asia", Anthropological and Architectural Aspects, 1982

泉靖一編『住まいの原型 I』鹿島出版会，1971年

Jablonska, T., "Muzeum Stylu Zakopianskiego im. Stanislawa Witkiewicza", Muzeum Tatrzanskie, 2002

Jain, K. and M. Jain, "Indian City in the Arid West", AADI Centre, India, 1994

Jain, K. and M. Jain, "Architecture of the Indian Desert", Aadi Centre, Ahmedabad, 2000

Janse, H. "Amsterdam gebouwd op palen", Uitgeverij Ploegsma bv/De Brink, Amsterdam, 1993（ヤンセ，H『アムステルダム物語 ― 杭の上の街』堀川幹人訳，鹿島出版会，2002年）

陣内秀信『イタリア都市再生の論理』鹿島出版会，1978年

陣内秀信『都市を読む　イタリア』法政大学出版局，1988年

陣内秀信・宗田好史・土谷貞雄『南イタリアの集落』学芸出版社，1989年

陣内秀信『都市の地中海 ― 光と海のトポスを訪ねて』NTT出版，1995年

陣内秀信・高村雅彦『北京 ― 都市空間を読む』鹿島出版会，1993年

陣内秀信・高村雅彦『中国の水郷都市 ― 蘇州と周辺の水の文化』鹿島出版会，1998年

Jones, D. and G. Mitchell, "Vernacular Architecture of the Islamic World and Indian Asia", 1977

Julen, G., "Guided Tour and History of Zermatt", Hotälli Verlag, Zermatt CH, 1990

Jumsai, S., "Naga: Cultural Origins in Siam and the West Pacific", 1988（ジュムサイ，S『水の神ナーガ ― アジアの水辺空間と文化』西村幸夫訳，鹿島出版会，1992年）

樺山紘一・和田久士『ヨーロッパの家 ― 伝統の町並み・住まいを訪ねて　その1～4』講談社，2000年

Kahn, L., "Shelter", Shelter Publication, 1973（カーン，L『シェルター』玉井一匡監修，ワールドフォトプレス，2001年）

郭中端・堀込憲二『中国人の街づくり』相模書房，1980年

角橋彩子・布野修司・安藤正雄「コーネル・ライト・ガーデンズ（アデレード，オーストラリア）の計画理念とその変容 ― 田園都市計画運動の歴史的評価に関する考察」『日本建築学会計画系論文集』552，2002年2月

角橋彩子・布野修司・安藤正雄「コーネル・ライト・ガーデンズ（アデレード，オーストラリア）の住宅形式とその変化 ― 田園都市運動の歴史的評価に関する考察　その2」『日本建築学会計画系論文集』563，2003年1月

Kamili, Ed. M. H., "Census of India 1961 vol.6 Part VI No.19", Jammu & Kashmir Village Survey Monograph of Sudhmhadev, Vishinath Printing Press, 1968

神谷武夫『インドの建築』東方出版，1996年

神谷武夫『インド建築案内』TOTO出版，1996年

春日直樹『オセアニア・オリエンタリズム』世界思想社，1999年

片木篤『イギリスの郊外住宅 ― 中流階級のユートピア』住まいの図書館出版局，1987年

片木篤『イギリスのカントリーハウス』丸善，1988年

片倉もと子「沙漠に生きるベドウィンのテント」梅棹忠夫監修『住む憩う』（世界旅行　民族の暮らし 3），日本交通公社，1982年

片山和俊・茂木計一郎・稲次敏郎・東京芸術大学中国住居研究グループ著，木寺安彦写真『中

国民居の空間を探る　群居類住 ― 「光・水・土」中国東南部の住空間』建築資料研究社, 1991年

川島宙次『絵でみるヨーロッパの民家』相模書房, 1987年

川島宙次『稲作と高床の国 ― アジアの民家』相模書房, 1989年

川島宙次『世界の民家・住まいの創造』相模書房, 1992年

川田順造『アフリカの心とかたち』岩崎美術社, 1987年

Khan, Hasan-Uddin, (ed.), "MIMAR: Architecture in Development", No.40, Concept Media Ltd., London, 1991

金美鈴・曹成基「済州島の気候的環境が民家に及んだ影響に関する研究」『大韓建築学会論文集』14 (1), 1998年

金光鉉『韓国の住宅 ― 土地に刻まれた住居』丸善, 1991年

木村徳国『古代建築のイメージ』NHKブックス, 1979年

木村徳国『上代語にもとづく日本建築史の研究』中央公論美術出版, 1988年

King, A. D., "The Bungalow: The Production of a Global Culture", Routledge and Kegan Paul plc, London, 1984

King, G., "The Traditional Architecture of Saudi Arabia", I. B. Tauris & Co Ltd., London, St Martin's Press, New York, 1998

木島安史『カイロの邸宅 ― アラビアンナイトの世界』丸善, 1990年

北原安から『中国の風土と民居』里文出版, 1998年

Klassen, W., "Architecture in the Philippines: Filipino Building in a Cross-Cultural Context", University of San Carlos, Cebu City, 1986

Knapp, R. G., "The Chinese House: Craft, Symbol and the Folk Tradition", Oxford University Press, London, 1990 （ナップ, R・G『中国の住まい』菅野博貢訳, 学芸出版社, 1996年）

小泉袈裟勝『単位もの知り帳』彰国社サイエンス, 1986年

Kolehmainen, A., "Hirsirakentamisperinne", Rakentajan Kustannus, 1996

Kolehmainen, A. "Puurakentamisperinne", Rakennustieto Oy, Helsinki 1997

小菅桂子『にっぽん台所文化史　増補版』雄山閣出版, 1998年

香山壽夫『荒野と開拓者 ― フロンティアとアメリカ建築』丸善, 1988年

黄旭『雅美族之住居文化及變遷』稲郷出版社,
1995年

Krizek, V. "Kurturgeschichete des Heilbades", Leipzig: Edition Leipzig GmbH, 1990 （クリチェク, V『世界温泉文化史』種村季弘・髙木万里子訳, 国文社, 1994年）

Krupa, M., "Zakopane", Parma Press, Warszawa, 2002

Kucukerman, O., "Turkish House: In Search of Spatial Identity", Turkish Touring and Automobile Association, Istanbul, 1985

京都大学東南アジア研究センター編『事典 東南アジア ― 風土・生態・環境』弘文堂, 1997年

Larsen, K. and A. Sinding-Larsen, "The Lhasa Atlas", Shambhala Publications Inc., 2001

Lawrence, R. J., "Housing, Dwellings and Homes: Design Theory, Reseach and Practice", John Wiley & Sons Ltd., 1987 （鈴木成文監訳『ヨーロッパの住居計画理論』丸善, 1992年）

李童求・金聖雨「朝鮮時代の漢陽の北村地域における都市計画に関する研究」『大韓建築学会学術発表論文集』9 (1), 1989年

李海成「済州島の伝統民家の形成と特徴に関する研究」『大韓建築学会論文集』7 (3), 1991年

Lee, M. and G. A. Reinhardt, "Eskimo Architecture, Dwelling and Structure in the Early Historic Period", University of Alaska Press and University of Alaska Museum, 2003

Lenclos, J. P., "Couleurs Du Monde", Editions le Moniteur, Paris, 1999

Leonidopoulou-Stylianou, R., "Pelion", Melissa, Athens, 1988

Levin, M. G. and L. P. Potapov, "Istoriko-Etnograficheskii Atlas Sibili", 1961 (Levin, M. G. and L. P. Potapov, "The Peoples of Siberia", The University of Chicago, 1964)

Levi-Strauss, C., 'The Family', In H. L. Shapiro (ed.), "Man, Culture, and Society", Oxford University Press, New York, 1956 （レヴィ＝ストロース, C『家族』『文化人類学リーディングス ― 文化・社会・行動』祖父江孝男訳編, 誠心書房, 1968年）

Lewis, P., "Ethnographic Notes on the Akhas of Burma, Vol.1-4", Hraflex Book, New Haven, 1969-1970

拉薩民居調研小組「拉薩民居」『建築師』1981年

麗江県共産党委員会・麗江県人民政府編『麗江文化薈萃』宗教文化出版社, 2000年

Lim, J., 'The "Shophouses Rafflesia": An Outline of its Malaysian Pedigree and its Subsequent Diffusion in Asia', "Georgetown: Heritage

Buildings of Penang Island Georgetown", 1994

Lim, Jee Yuan, "The Malay House", Rediscovering Malaysia's Indigenous Shelter System, 1987

Lobos Saavedra, Maritza, "Guia de diseño arquitectonico mapuche", Ed. Ministerio de obras publicas, direccion de arquitectura. Villarica, region de la Araucania, Chile, 2003

盧幸明「東アジアの集住形態に関する研究 ― 伝統的集住における空間と生活の実証を通じて」神戸大学博士論文, 1992年

ロース, A『装飾と罪悪』伊藤哲夫訳, 中央公論美術出版, 1987年

Maas, P. and G. Mommerstee, "Djenne Chef-d'oeuvre architectural", Karthala, 1999

Manawadu, M. S., 'Preservation of Traditional Architecture of Sri Lanka', "Monograph on Vernacular Architecture", ICOMOS, 1993

Maréchaux, P. and M. Maréchaux, D. Champault, "Yemen", Editions Phébus, 1993

Markovich, N. C. and W. F. E. Preiser, F. G. Sturm, "Pueblo Style and Regional Architecture", Van Nostrand Reinhold, 1990

馬炳堅『北京四合院』天津大学出版社, 1999年

Medina, T., "Los Aborigenes de Chile", Ed. Imprenta Universitaria, Santiago, Chile, 1982

メンツェル, P他『地球家族 世界30か国のふつうの暮らし』近藤真理・杉山良男訳, TOTO出版, 1994年

Milliet-Mondon, C., 'A Tharu House in the Dang Valley', in G. Toffin (ed.), "Man and His House in the Himalayas", Sterking Publishers Pribvate Ltd., 1991

Ministère de l'Equipement (ed.), "Habiter le Bois", Ministère de l'Equipement, du Logement, de l'Aménagement du territoire et des Transports, 1986

宮本長二郎『日本原始古代の住居建築』中央公論美術出版, 1996年

宮岡伯人『エスキモー 極北の文化誌』岩波書店, 1987年

宮崎玲子『台所から見た世界の住まい』彰国社, 1996年

水野一晴『アフリカ自然学』古今書院, 2005年

水野雅生『客家・土楼のくらし』片山和俊他著, 木寺安彦写真『中国民居の空間を探る 群居類住―「光・土・水」中国東南部の住空間』建築資料研究社, 1991年

Mojares, R. B., "Casa Gorordo in Cebu: Urban Residence in a Philippine Province 1860-1920, Ramon Aboitiz Foundation", Cebu City, 1983

Molla, B. and D. Feleke, 'Imdibir Haya Gasha - Gurage' in P. Bevan and A. Pankhurst (eds.), "Ethiopian Village Studies", Department of Sociology, Addis Abeba University, 1996

Morgan, L. H., "Houses and House-life of the American Aborigines", reprint, Chigago University Press, 1965 (モーガン, L・H『アメリカ先住民のすまい』上田篤監修, 古代社会研究会訳, 岩波書店, 1990年)

Morgan, W. N., "Prehistoric Architecture in Micronesia", Kegan Paul International, London, 1989

森俊偉『地中海のイスラーム空間 ― アラブとベルベル集落への旅』丸善, 1992年

モース, E・S『日本のすまい 内と外』上田篤他訳, 鹿島出版会, 1979年

Mozdzierz, Z., "Dom <Pod Jedlami> Pawlikowskich", Druki Oprawa, Zokopane, 2003

Mross, J. 'Settlements of the Cockatoo, Indonesia', in Center for Environmental Design Research, University of California, "Traditional Dwellings and Settlements Working Papers Series", Vol.58, 1994

Muller, J., 'Influence and Experience: Albert Thompson and South Africa's Garden City', "Planning History", Vol.17, No.3, 1995

村松伸『上海 都市と建築 1842～1949』PARCO出版局, 1989

村田治郎「東洋建築史系統史論 上・中・下」『建築雑誌』1930年4～6月

村田治郎『北方民族の古俗』私家版, 1975年

村山智順『朝鮮の風水』朝鮮総督府, 1930年

Murdock, G. P., "Social Structure", Macmillan Company, 1949 (マードック, G・P『社会構造 ― 核家族の社会人類学』内藤莞爾監訳, 新泉社, 1978年)

中村茂樹・畔柳昭雄・石田卓矢『アジアの水辺空間 ― くらし・集落・住居・文化』鹿島出版会, 1999年

中西章『朝鮮半島の建築』理工学社, 1989年

Narissaranuwattivong, "Sansomdej", Vol.22, Kurusapa, Bangkok, 1962

根上英志・山根周・沼田典久・布野修司「マネク・チョウク地区(アーメダバード, グジャラート, インド)における都市住居の空間構成と街区構成」『日本建築学会計画系論文集』535, 2000年9月

Ndii, S. D., 'Problèmes Pygmées dans l'arrondissement de Dioun (Cameroun)', "Essai de

Développement integer", Mémoire. EPHE, Paris, 1968

Neve, E. F., "Things Seen in Kashmir", Anmol Publications PVT Ltd., 1993

Newton, M. A., "Architektuur en bouwwijze van het Curacaose landhuis", Werkgroep Resrauratie., 1990

Nicolaisen, J., "Ecology and Culture of the Pastral Tuareg", Copenhagen, 1963

日本建築学会建築計画委員会編『住居・集落研究の方法と課題Ⅰ・Ⅱ』日本建築学会、1988〜1989年

日本民俗建築学会編『図説 民俗建築大事典』柏書房、2001年

『日経アーキテクチュア』2003年9月号、日経BP社、2003年

西垣安比古『朝鮮の「すまい」— その場所論的究明の試み』中央公論美術出版、2001年

西岡秀雄『トイレットペーパーの文化史』論創社、1992年

西沢文隆『コート・ハウス論』相模書房、1974年

野口昌夫『南イタリア小都市紀行 — 地中海に輝くミクロポリス』丸善、1991年

野村孝文『朝鮮の民家 — 風土・空間・意匠』学芸出版社、1981年

落合茂『洗う風俗史』未来社、1984年

小倉暢之『アフリカの住宅』丸善、1992年

小倉泰『インド世界の空間構造 — ヒンドゥー寺院のシンボリズム』春秋社、1999年

大場修『風呂のはなし』鹿島出版会、1986年

大野三行『バンガロー式 明快な中流住宅』洪洋社、1922年

太田邦夫『ヨーロッパの木造建築』講談社、1985年

太田邦夫『東ヨーロッパの木造建築 — 架構形式の比較研究』相模書房、1988年

太田邦夫『ヨーロッパの木造住宅』駸々堂、1992年

大辻絢子『マドゥライ(タミル・ナードゥ、インド)の都市空間構成に関する研究』京都大学修士論文、2004年

岡田知子他『中国西南少数民族の集住文化にみる共生のしくみ』平成10〜11年度科学研究費補助金研究成果報告書、2003年

岡本美樹『オーストラリア初期建築探訪 — シドニー・ホバート・メルボルン』丸善、2000年

奥出直人『アメリカンホームの文化史 — 生活・私有・消費のメカニズム』、住まいの図書館出版局、1988年

Oliveira, Ernesto Veiga de and F. Galhano, "Arquitectura Tradicional Portuguesa, Ernesto", 5edicao, Publicacoes Dom Quixote, Lisboa, 2003

Oliver, P., "Shelter and Society", Barrie and Rockliff, London, 1969

Oliver, P. (ed.), "Shelter in Africa", Barrie and Jenkins, London, 1971

Oliver, P., "Shelter Sign and Symbol", London, Phaidon, 1975

Oliver, P., "Dwellings: The House Across the World", Phaidon, London, 1987

Oliver, P. (ed.), "Encyclopedia of Vernacular Architecture of the World", Cambridge University Press, 1997b

Oliver, P. (ed.), "Encyclopedia of Vernacular Architecture of the World", vol.1, Cambridge University Press, 1997a

Oliver, P., "Dwellings: The Vernacular House World Wide", Phaidon Inc Ltd., 2003 (オリヴァー、P『世界の住文化図鑑』藤井明訳、東洋書林、2004年)

Onder, K., "Turkish House", Turkiye Turing Ve Otomobil Kurumu 1991.

Opolovnikov, A. V. "Russkoe Derevnnoe Zoodchestvo", ИСКУССТВО, 1983 (オポローヴニコフ、A・B『ロシアの木造建築 — 民家・附属小屋・橋・風車』坂内徳明訳、井上書院、1986年)

Ozinga, M. D., "De Monumenten van Curacao in Woord en Beeld", Stichting Monumentenzorg Curacao, 1959

Pelion, Rea Leonidopoulou-Stylianou, "Greek Vernacular Architecture", Melissa, Athens, 1988

Perez, Rodorigo D. III and R. S. Encarnacion, "Folk Architecture", GCF Books, Quezon City, 1989

Piranesi, G. B., "Opere di Giovanni Battista Piranesi, Francesco Piranesi e d'altri", Librairie de Firmin Didot Frères, 1835-39

Piromya, S., and V. Temiyabandha, W. Srisuro, K. Ratanajarana, "Thai Houses", The Mutual Fund Public Company Ltd., 1997

Polyzoides, S. and R. Sherwood, J. Tice, "Courtyard Housing in Los Angels: A Typological Analysis", University of California Press, 1982 (ポリゾイデス、S他『コートヤード・ハウジング』有岡孝訳、住まいの図書館出版局、1996年)

Porananont, A., 'Kan Kommanakom Tang Num Nai Krung Thep (Water Transportation in Bangkok)', "Silpakorn University Journal", Special Issue, Vol.4-5, Dec.1980-Dec.1982, Silpakorn University, Bangkok, 1982

Potter, M. and A. Potter, "Houses", John Murray, 1948, 1957 (ポーター、M／A・ポーター『絵

でみるイギリス人の住まい 1・2』宮内さとし訳，相模書房，1984・1985年）

Powell, R., "The Asian House: Contemporary Houses of Southeast Asia", Select Books Pte, Singapore, 1993

Pramar, V. S. "Haveli: Wooden Houses and Mansions of Gujarat", Mapin Pub., Ahmedabad, 1989

Prasad, N. D., "INTACH Cultural Heritage Case Studies -Ⅱ -Fort Cohin & Maattancherry a Monograph", Print & Media Associates, New Delhi, 1994

Prasad, S. "The Havelis of North India", unpublished thesis, Royal College of Art, London, 1988

Prijotomo, J., "Ideas and forms of Javanese architecture", Gadjah Mada University Press, 1984

Pumphrey, M. E. C., "The Shilluk Tribe", Sudan Notes and Records 24, 1941

Quiney, A., "House and Home: A History of the Small English House", The British Broadcasting Corporation, 1986（クワイニー，A『ハウスの歴史・ホームの物語 上・下』花里俊廣訳，住まいの図書館出版局，1995年）

Rainer, R., "Anonymes Bauen im Iran", Akadem. Druck- u. Verlagsanst., Graz, 1977

Randhawa, T. S. "The Indian Courtyard House", Prakash Books, New Delhi, 1999

Rapoport, A., "House Form and Culture", Engelwood Cliffs, Prentice-Hall, 1969（ラポポート，A『住まいと文化』山本正三他訳，大明堂，1987年）

Rapoport, A., "The Meaning of the Built Environment", Beverley Hills, Sage, 1982

Rapoport, A., "History and Precedent in Environmental Design", Plenum Press, New York, 1990

Reed, P., "Glasgow: The Forming of the City", Edinburgh University, 1993

Reed, R. R., "Colonial Manila: The Context of Hispanic Urbanism and Process of Morphogenesis", University of California Press, Berkeley, 1978

Reha, Günay, "Gelneksel Safranbolu Evleri ve olusumu", Ankara, 1981

Reichel Dolmatoff, G., "Desana: Simbolismo de los Indios Tukano del Vaupe's", Universidad de los Andes, Bogota', 1968（ライヘルドルマトフ，G『デサナ ― アマゾンの性と宗教のシンボリズム』寺田和夫・友枝啓泰訳，岩波書店，1973年）

Rigau, J., "Puerto Rico 1900, Turn-of-the-Century Achitecture in the Hispanic Caribbean 1890-1930", Rizzoli 1992.

ロバーツ，J・M『世界の歴史 1 「歴史の始まり」と古代文明』青柳正規監訳，東真理子訳，創元社，2002年

Romer, R. A. "A Call for Attention for the Histric Monuments of the Netherlands Antilles", Netherlands Antilles, 1990

Rothfeld, O., "With Pen and Rifle in Kashmir", Anmol Publications PVT Ltd., 1993

Roy, A. K., "History of the Jaipur City", Manohar, New Delhi, 1978

Rudofsky, B., "Architecture without Architects", London, Academy Editions, 1964（ルドフスキ，B『建築家なしの建築』渡辺武信訳，鹿島出版会，1984年）

Rudofsky, B., "The Prodigious Builders", Secker and Warburg, London, 1977（『驚異の工匠たち』渡辺武信訳，鹿島出版会，1981年）

Rutter, A. F., 'Ashanti Vernacular Architecture', In P. Oliver (ed.), "Shelter in Africa", Barrie & Jenkins Ltd., London, 1971

Ryan, R., "Pragwonings VAN WES-KAAPLAND", Kaapstad, Purnell, 1972

Rykwert, J., "On Adam's House in Paradise: The Idea of the Primitive Hut in Architectural History", MIT Press, 1981（リクワート，J『アダムの家 ― 建築の原型とその展開』黒石いずみ訳，鹿島出版会，1995年）

劉敦楨『中国の住宅』田中淡・沢谷昭次訳，鹿島出版会，1976年

斉木崇人『スイスの住居・集落・街』丸善，1994年

斉藤英俊他『ブータンの歴史的建造物・集落保存のための基礎的研究』科学研究費補助金（国際学術研究）研究成果報告書，2000年

Saksri, N., "Ongprakob Tang Kayapab Krung Ratanakosin (Physical Components of Ratanakosin)", Chulalongkorn University Press, Bangkok, 1991

Saraswati, A. A. Ayu Oka, "Pamesuan", Universitas Udayana, 2002

Sargeant, P. M., "Traditional Sundanese Badui-Area", Banten, West Java. Masalah Bangunan, 1973

佐藤圭一・布野修司・安藤正雄「パインランズ（ケープタウン，南アフリカ）の計画理念と街区構成 ― 田園都市運動の受容と変容に関する考察」『日本建築学会計画系論文集』564，2003年2月

佐藤浩司「穀倉に住む ロンボク島・バリ島の住空間」『季刊民族学』62，国立民族学博物館，

1992年

佐藤浩司「民族誌からみた北東アジア・北アメリカの竪穴住居」浅川滋男編『先史日本の住居とその周辺』同成社，1998年

佐藤浩司編『住まいを読む』(シリーズ建築人類学1~4)，学芸出版社，1998~1999年

佐藤理著・山田幸一監修『物語ものの建築史 畳のはなし』鹿島出版会，1985年

Schoenauer, N., "6000 Years of Housing: The Occidental Urban House" Volume1-3, Garland Publishing Inc., 1981a (ショウナワー, N『西洋の都市住居』三村浩史監訳，彰国社，1985年)

Schoenauer, N., "6000 Years of Housing: The Oriental Urban House" Volume1-3, Garland Publishing Inc., 1981b (ショウナワー, N『東洋の都市住居』三村浩史監訳，彰国社，1985年)

Schoenauer, N., "6000 Years of Housing: The Pre-Urban House" Volume1-3, Garland Publishing Inc., 1981c (ショウナワー, N『先都市時代の住居』三村浩史監訳，彰国社，1985年)

清家清監修，八木幸二解説，和田久士写真『アメリカン・ハウス ― その風土と伝統』年金住宅福祉協会，1986年

関根康正「シンハラ人の七つの家」梅棹忠夫監修『住む憩う』(世界旅行 民族の暮らし3)，日本交通公社，1982年

Sepehri, H. R., "New Life -Old Structure", Vol.1-3, Tehran, Ministru of Housing & Urban Development office

Seymour, D. P., "Historical Buildings in South Africa", Struikhof Publishers, 1989

Shack, W. A., "The Gurage: A People of the Ensete Culture", Oxford University Press, 1966

重村力他「円型土楼に関する一連の学会大会講演梗概」1987~1988年

重村力・盧幸明「初期里弄住宅における空間と住まい方の変容 ― 中国上海里弄に関する研究 その1」『日本建築学会計画系論文報告集』433，1992年3月

重村力・盧幸明・伴丈正志「円型土楼とその集落の研究 中国・関西・客家居住地域」『神戸大学大学院自然科学研究科紀要』10-13，1992年

重村力「共生と現代 ― 東アジア集住文化を通底するもの」日本建築学会農村計画研究協議会資料，1993年

椎野若菜「『コンパウンド』と『カンポン』 ― ある人類学用語の軌跡」『社会人類学年報』弘文堂，2000年

鹿野忠雄・瀬川孝吉『台湾原住民族図譜 ヤミ族篇』生活社，1945年

島之夫『ヨーロッパの風土と住居』古今書院，1979年

清水郁郎「神話の中の家屋 ― 北タイの山地民アカとその家屋 その2」『日本建築学会計画系論文集』570，2003年8月

清水郁郎「家屋に埋め込まれた歴史 ― 北タイの山地民アカにおける系譜の分析」『日本建築学会計画系論文集』583，2004年9月

清水郁郎『家屋とひとの民族誌 ― 北タイ山地民アカと住まいの相互構築誌』風響社，2005年

申栄勲『韓国の住まいの家』烈華堂，1983年

『新建築』2004年3月号，新建築社，2004年

塩谷寿翁『異文化としての家 ― 住まいの人類学事始め』円津喜屋，2002年

彰国社編『建築大辞典』彰国社，1993年

Siatista, D. V. and D. Nomikou-Rizou, "Greek Vernacular Architecture", Melissa, Athens, 1990

Smith, J. S. "Madurai, India: The Architecture of a City", Massachusetts Institute of Technology, Massachusetts, 1976

Sohan, K. J., "Cochin: Urban Heritage Documentation and Project Identification Study", not Published, 1996

宋丙彦「済州島の民家類型の解析を通じた文化地域の設定」『韓国建築歴史学会春季発表大会論文集』1999年

宋寅稿「都市型伝統住居の平面類型に関する研究」『大韓建築学会論文集』4(1)，1998年

宋寅稿『都市型韓屋の類型研究』ソウル大学博士論文，1990年

Spies, P., "Het Grachtenboek", SDU Publisher, The Hague, 1991

Stamov, S., 'Arhitekturata na Zheravna', Sofia Tehnika, 1971

Steen, B., and E. Komatsu, Y. Komatsu, "Built by Hand: Vernacular Buildings Around the World", Gibbs, Smith, 2003

Sternstein, L., "Portrait of Bangkok: Essays in Honour of the Bicentennial of the capital of Thailand", Allied Printers Ltd., Bangkok, 1982

杉本尚次『西サモアと日本人酋長 ― 村落調査記1965~1980』古今書院，1982年

杉本尚次編『日本の住まいの源流 ― 日本基層文化の探求』文化出版局，1984年

杉本尚次『住まいのエスノロジー ― 日本民家のルーツを探る』住まいの図書館出版局，1987年

杉田英明『浴場から見たイスラーム史』山川出版社，1999年

Sumintardja, D. "Central Java: Traditional Housing in Indonesia", Masalah Bangunan, 1974

孫平主編、《上海上海城市規劃誌》編纂委員會編『上海城市規劃誌』上海社会科学院出版社、1999年

鈴木博之他監修『建築20世紀 Part1』新建築社、1991年

鈴木喜一『中国民家探訪事典』東京堂出版、1999年

鈴木了司『寄生虫博士トイレを語る』TOTO出版、1992年

鈴木成文『住まいの計画・住まいの文化』彰国社、1988年

朱南哲『韓国住宅建築』一志社、1980年（朱南哲『韓国の伝統的住宅』野村孝文訳、九州大学出版会、1981年）

Tailor, P. M. and L. Aragon, "Beyond the Java Sea: Art of Indonesia's Outer Islands, 1991

高松健一郎・布野修司・安藤正雄・山田協太・根上英志「ゴール・フォート（スリランカ）の街区構成と住居類型に関する考察」『日本建築学会計画系論文集』560、2002年10月

高野恵子「東南アジアで用いられる伝統的寸法体系についての試論」『民族建築』111、1997年

高山龍三「ボルネオの密林に建つロングハウス」梅棹忠夫監修『住む憩う』（世界旅行 民族の暮らし 3）、日本交通公社、1982年

武田勝蔵『風呂と湯のこぼれ話 ― 日本人の沐浴思想発達史話』塙新社、1967年

武田勝蔵『風呂と湯の話』塙新社、1967年

竹内裕二『イタリア中世の山岳都市』彰国社、1991年

武沢秀一『インド地底紀行』丸善、1995年

Talib, K., "Shelter in Saudi Arabia", Academy Editions, London, 1984

田辺裕他監修『地理図表』第一学習社、2005年

田中麻里「タイにおける住空間特性と住宅計画手法に関する研究」京都大学工学博士学位論文、2003年

田中充子『プラハを歩く』岩波書店、2001年

Taylor, B. B., "Aga Khan Award for Architecture: The Changing Rural Habitat", Vol.1, 2, Concept Media Pte Ltd., Singapore, 1982

Tettoni, L. I., "Sosrowardoyo, T., and Philippine Department of Tourism", Filipino Style, Edition, Didier Millet, Singapore, 1997

Tjahjono, G., "Cosmos, Center and Duality in Javanese Architectural Tradition: The Symbolic Dimensions of House Shapes in Kota Gede and Surroundings", PhD. thesis, UC Berkeley, 1989

Tjahjono, G. (ed.), "Architecture, Indonesian Heritage vol.6", Archipelago Press, 1998

東京大学生産技術研究所原研究室『住居集合論 その1 地中海地域の領域論的考察』その1～5、鹿島出版会、1973～1979年

友杉孝『図説 バンコク歴史散歩』河出書房新社、1994年

Tonjes, H., "Ovamboland", Namibia Scientific Society, 1996

都市住居研究会『異文化における葛藤と同化 ― 韓国における「日式住宅」』建築資料研究社、1996年

Treutler, P., "Andanzas de un alemán en Chile, 1851-1863", Santiago, Chile, 1958

坪内良博・前田成文『核家族再考 ― マレー人の家族圏』弘文堂、1977年

土田充義・楊慎初編『中国湖南省の漢族と少数民族の民家』中央公論美術出版、2003年

鶴岡真弓『装飾する魂 ― 日本の文様芸術』平凡社、1997年

内田青藏『日本の近代住宅』鹿島出版会、1992年

内田青藏他編著『図説 近代日本住宅史 ― 幕末から現代まで』鹿島出版会、2001年

梅棹忠夫監修『住む憩う』（世界旅行 民族の暮らし 3）、日本交通公社、1982年

UN. Regional Housing Center, "Batak Toba: Traditional Buildings of Indonesia Vol.1", Bandung, 1973

海野弘、新見隆、フリッツ・リシェカ『ヨーロッパ・トイレ博物誌』INAX出版、1990年

Van Huyen, N., "Les Caractères Coneraoux de la Maison sur Pilotis dans le Sud-Est de L'Asie", 1934

Varanda, F., "Art of building in Yemen", Art and Archaeology Research Papers, London, MIT Press, Cambridge and London, 1982

Verlag, M. R., "Der Grüne Reiseführer, Schweiz", Karlsruhe D, 2001

Viaro, A. M., "Urbanisme et Architecture Traditionnels du Sud de L' Île de Nias", UNESCO, 1980

Viney, G., "Colonial Houses of South Africa", New Holland Publishers, 1987

Walker, L. "American Shelter: An Illustrated Encyclopedia of the American Home", The Overlook Press, 1981（ウォーカー, L『図説 アメリカの住宅 ― 丸太小屋からポストモダンまで』小野木重勝訳、1988年）

Wang Qijun, "Anceint Chinese Architecture: Vernacular Dwellings", China Architecture & Building Press, 2000

王其均『中國傳統民居建築』南天書局出版、台北、1992年

王紹周総主編『中国民族建築』1，江蘇科学技術出版社，1998年

汪之力主編，張祖剛副主編『中国伝統民居建築』山東科学技術出版社，1994年

Warburg, A., "Bilder aus dem Gebiet der Pueblo-Indianer in Nord-Amerika", Vortrag gehalten am 21, 1923（ヴァールブルク，A『蛇儀礼 ― 北アメリカ，プエブロ・インディアン居住地域からのイメージ』加藤哲弘訳，ありな書房，2003年）

Ward-Perkins, J. B., "Roman Architecture", Abrams, 1977

鷲見東観『カシミールの歴史と文化』アポロン社，1980年

Waterson, R. "The Living House: An Anthropology of Architecture in South-East Asia", Oxford University Press, 1990（ウオータソン，R『生きている住まい ― 東南アジア建築人類学』布野修司監訳，アジア都市建築研究会，学芸出版社，1997年）

Wheeler, M. "The Indus Civilization", Cambridge, 1962

Whiffen, M. and F. Koeper, "American architecture", MIT Press, 1983

Wickberg, Nils-Erik, "Byggnadskonst i Finland", Söderström & Co., Helsinki, 1959

Williams, F-N., "Precolonial Communities of Southwestern Africa", National Archives of Namibia, 1991

Winkel, P. P., "Schaloo", Edizioni Poligrafico Fiorentino, 1987

Wiryosumarto, T. H., "Minankabau-West Sumatra", Masalah Bangunan 20(1), 1975

Wright, L., "Clean and Decent: The Fascinating History of the Bathroom & the Water Closet", Routledge & Kegan Paul, 1960（ライト，L『風呂トイレ讃歌』高島平吾訳，晶文社，1989年）

八木幸二・田中厚子『アメリカ木造住宅の旅』丸善，1992年

山田協太・布野修司「フォート・コーチン（ケーララ，インド）の住居類型とその変容過程に関する考察」『日本建築学会計画系論文集』585，2004年11月

山口昌伴『台所空間』エクスナレッジ，1987年

山口昌伴・石毛直道編『家庭の食事空間』ドメス出版，1989年

山口昌伴『世界一周台所の旅』角川書店，2001年

山本明『スウェーデンの街と住まい』丸善，1992年

山本達也『トルコの民家 ― 連結する空間』丸善，1991年

Yamamura, T., 'Indigenous Society and Immigrants: Tourism and Retailing in Lijiang, China, a World Heritage city', "Tourism: An International Interdisciplinary Journal", 51(2), 2003

山村高淑・城所哲夫・大西隆「世界遺産を観光資源とした観光産業の実態とその課題に関する研究 ― 中国・麗江旧市街地における観光関連店舗の経営実態分析」『第36回日本都市計画学会学術研究論文集』，2001年

山根周・沼田典久・布野修司・根上英志「アーメダバード旧市街（グジャラート，インド）における街区空間の構成」『日本建築学会計画系論文集』538，2000年12月

Yampolsky, M., "The Traditional Architecture of Mexico", Thames and Hudson, London, 1993

梁澤訓『済州島の住居建築の変遷に関する調査研究』漢陽大学修士論文，1988年

梁澤訓「済州島の民家の住生活に関する建築計画的研究」『大韓建築学会論文集』5（4），1989年

八尾師誠編著『銭湯へ行こう イスラーム編 お風呂のルーツを求めて』TOTO出版，1993年

窰洞調査団『生きている地下住居』彰国社，1988年

吉田桂二『検証 日本人の「住まい」はどこから来たか？ ― 韓国・中国・東南アジアの建築見聞録』鳳山社，1986年

吉田桂二『図説 世界の民家・町並み事典』柏書房，1990年

吉田集而『風呂とエクスタシー ― 入浴の文化人類学』平凡社選書，1995年

吉阪隆正編『住まいの原型』Ⅱ，鹿島出版会，1973年

ヨウ箱守『ニューメキシコの建築 ― 石と土と光の教会』丸善，2000年

雲南工業大学建築学系・麗江納西族自治県城郷建設環保局『麗江 ― 美麗的納西家園』中国建築工業出版社，1997年

Yuswadi, S., "Pra Penelitian Sejarah Arsitektur Indonesia", Fakultas Sastra University, Indonesia, 1979

Zialcita, F. N. and M. I. Jr. Tinio, "Philippine Ancestral Houses 1810-1930", GCF Books, Quezon City,

执笔者介绍（以日文发音为序）

Nuno da mota Veiga C. Alves		
	建筑师　现居葡萄牙	V 06（浦田智子訳［東京大学大学院工学研究科］）
清井哲人	人间环境大学人间环境专攻	Ⅷpanorama，01，02
浅川滋男	鸟取环境大学环境情报学部	column5
马场航	京都大学大学院工学研究科	Ⅲ06
Silvio Lous Cordeiro		
	建筑师　现居巴西	column13（ウルシマと共同執筆，山口潔子訳）
Moussa Dembele		
	京都府立大学大学院人间环境科学研究科	Ⅵ05（前田昌弘訳），09（政木哲也訳）
Murat Dundar	京都大学大学院工学研究科	Ⅳ08（山田協太訳），07（村上和訳）
远藤聪子	京都大学大学院亚非地域研究研究科	Ⅵ08
藤冈悠一郎	京都大学大学院亚非地域研究研究科	Ⅵ12
布野修司	（参见编者介绍）　序章，Ⅰpanorama，01，02（朴と共同執筆），03（韓と共同執筆），05（田中暎郎と共同執筆），06（鄧奕と共同執筆），07（周と共同執筆），Ⅱ05，07〜11，Ⅱ17，18，Ⅲ08，15（高松と共同執筆），Ⅳ01，02，V 14，17，Ⅵ01，Ⅶ01	
畑聪一	芝浦工业大学工学部	column9
服部志帆	京都大学大学院亚非地域研究研究科	Ⅵ03
平川智章	兵库县立淡路看护专门学校	Ⅵ06
平田隆行	和歌山大学体系工学部	Ⅱ01
广富纯	佐藤综合计划	Ⅳ09，Ⅶ05
本多友常	和歌山大学体系工学院	column12
今川朱美	京都大学大学院工学研究科	V 12
井上 ERIKO	京都女子大学家政学部	Ⅰ08，11，12
石本雄大	京都大学大学院亚非地域研究研究科	Ⅵ07
角桥彩子	空间视角研究所	Ⅸ02
韩胜旭	京都大学大学院工学研究科	Ⅰ03（布野と共同執筆）
片桐正夫	日本大学理工学部	column4
菊地成朋	九州大学大学院人间环境学研究院	column10
栗原伸治	日本大学生物资源学部	column1
黑刑贤一	竹中工务店	Ⅲ03（モハン・パントと共同執筆），04（田中裕子と共同執筆）
桑原正庆	京都市	Ⅶ04，08
前田昌弘	京都大学大学院工学研究科	Ⅷ09
牧纪男	京都大学防灾研究所	Ⅶpanorama，08，lecture10
Samitham Manawadu	Moratua University in Sri （斯里兰卡）	Ⅲ14（桑原正慶訳）
政木哲也	京都大学大学院工学研究科	Ⅶ06
增井正哉	奈良女子大学生筈环境学部	column7
Milena Metalkova Markova	国际教养大学国际教养学部	V 18
水谷玲子	大林组	Ⅷ03
水谷俊博	武藏野大学人间关系学部／水谷俊博建筑设计事务所	V 02，03
森田一弥	森田一弥建筑工房	Ⅰ14，Ⅳ03，10
村上和	京都大学大学院工学研究科	Ⅸ03
根上英志	大原法律公务员专门学校	Ⅲ09
西真如	京都大学大学院亚非地域研究研究科	Ⅵ04
丹羽哲矢	久米设计	V 04，05，lecture8，V panorama
大辻绚子	文部科学省	Ⅲ12
应地利明	立命馆大学文学部	Ⅵ10，lecture12
冈田知子	西日本工业大学工学部	Ⅰ10
冈田保良	国土馆大学伊拉克古代文化研究所	column8

Nawit Ongsavangchai		
	京都大学大学院工学研究科	Ⅱ20 (桑原正慶訳)
Claudia Olear		
	Paris La Villeto 建筑大学（法国）	Ⅷ07 (山口潔子訳)
Mohan Pant	宇治市	Ⅲ01(廣冨純訳), 02(廣冨純訳), 03(黒川賢一と共同執筆)
朴重信	日本学术振兴会外国人特别研究员	
	（滋贺县立大学大学院环境科学研究科）	Ⅰ02 (布野と共同執筆), 04
Josef Prijotomo SURABAYA	工科大学（印度尼西亚）	column6 (山本直彦訳)
Riitta Salastie	赫尔辛基市（芬兰）	Ⅴ15 (村上和訳)
佐藤圭一	日本学术振兴会外国人特别研究员（立命馆大学大学院文学研究科）	
		Ⅴ11, Ⅵpanorama, 13, 14, lecture9
Efffrosyni Savvidou	建筑师 希腊	Ⅴ01 (村上和訳)
重村力	神户大学工学部/大学院自然科学研究科	column3
重富淳一	朝日住宅中心	lecture7
清水郁郎	国立民族学博物馆	Ⅱ21
周国凰	山本理显设计工场	Ⅰ07 (布野と共同執筆)
相马贵代	京都大学大学院亚非地域研究研究科	Ⅵ11
孙晓刚	京都大学大学院亚非地域研究研究科	Ⅵ02
铃木星穗	竹中工务店	Ⅶ02, 05
Lozicki Szymon	京都大学大学院工学研究科	Ⅴ16 (政木哲也訳)
高桥俊也	滋贺县立大学大学院环境科学研究科	Ⅶ03, Ⅷ06
高松健一郎	大成建设	Ⅲ15 (布野と共同執筆)
武内正和	文化厅	Ⅲ05
田中暎郎	英和设计企划	Ⅰ05 (布野と共同執筆)
田中麻里	群马大学教育学部	Ⅱ19, Ⅴ13, Ⅸpanorama, lecture1, 2
田中裕子	Interium zoen Office	Ⅲ04 (黒川賢一と共同執筆)
Bettina langner-Taramoto		
	Langner 寺本建筑设计研究所	Ⅴ07, 10
Thomas Daniell	京都精华大学设计学部	Ⅸ04 (前田昌弘訳)
Juan Ysidro Tineo		
	京都工艺纤维大学工艺科学研究科	Ⅷ04 (政木哲也訳)
邓奕	日本学术振兴会外国人特别研究员（筑波大学大学院体系信息工学研究科）	
		Ⅰ06 (布野と共同執筆)
鱼谷繁礼	鱼谷繁礼建筑研究所	Ⅸ01, lecture11
宇高雄志	兵库县立大学环境人间学部	Ⅱ06
Andrea Yuri Urushima		
	京都大学大学院人间/环境学研究科 column13 (コルデイロと共同執筆, 山口潔子訳)
胁田祥尚	广岛工业大学环境学部	Ⅱ14, 16, lecture4, 5
渡边丰和	渡边丰和建筑工房/京都造型艺术大学艺术学部	column11
山田协太	京都大学大学院工学研究科	Ⅲ11, 13, Ⅳpanorama, 04～06
山口洁子	日本学术振兴会外国人特别研究员（滋贺县立大学大学院环境科学研究科） Ⅱ02～04, lecture6
山本麻子	一级建筑士事务所 Alphaville	Ⅴ08, 09
山本直彦	滋贺县立大学大学院环境科学研究科	Ⅱpanorama, 12, 13, 15
山村高淑	京都嵯峨艺术大学艺术学部	Ⅰ13
山根周	滋贺县立大学人间文化学部	Ⅲ10
山崎寿一	神户艺术大学工学部建筑学科	column2
阙铭崇	空间工房	Ⅰ15
柳室纯	京都大学大学院工学研究科	Ⅶ07, Ⅸ05
柳泽究	神户大学工大学大学院艺术工学研究科	Ⅲpanorama, 07, lecture3
八代克彦	手工艺大学建筑技能工艺学科	Ⅰ09